KB244724

손해평가사 1차
한권으로 끝내기

　손해평가사 자격증은 농업재해보험 관련 손해평가를 전문적으로 수행하는 국가 전문 자격입니다. 손해평가사는 객관적이고 공정한 농업재해보험의 손해평가를 위해 손해액 및 보험가액의 평가, 피해사실의 확인, 그 외 손해평가에 필요한 사항에 대한 업무를 수행합니다.

　손해평가사 자격증은 농작물재해보험 제도 내에서 재해를 입은 농지 및 과수원의 손해를 객관적으로 평가하는 국가공인 자격으로, 안정성과 전문성을 모두 갖춘 자격증으로 평가받고 있습니다.

　손해평가사 1차 시험은 총 세 과목으로 이루어지며 각 과목별 출제경향은 다음과 같습니다.

제1과목 「상법」 중 보험편

　손해평가사 1차 상법 보험편 시험은 법조문 기반 객관식 형태로 출제되며, 주로 보험계약법 제1장 통칙, 제2장 제1절 손해보험 통칙, 제 2절 화재보험에 관련된 내용을 다룹니다.

　시험 문제의 상당 부분이 법조문에 기반하고 있어, 법조문을 정확히 숙지하는 것이 중요합니다. 과거 기출 문제를 분석하여 출제 패턴을 파악하고, 반복적으로 출제되는 부분을 집중적으로 학습한다면 고득점을 취득할 수 있는 과목입니다.

제2과목 「농어업재해보험법령」

　재해보험사업과 농업재해보험손해평가요령 등 손해평가사의 직무수행에서 꼭 알아야 할 법률지식 및 전문지식을 평가하는 문제들로 출제되고 있습니다. 농어업재해보험법령의 주요 내용과 손해평가요령을 중심으로 정리하여 학습하는 것이 중요합니다. 반복 출제 포인트 암기 등을 통해 실전 대비를 하면 점수를 안정적으로 확보할 수 있습니다.

제3과목 농학개론 중 재배학 및 원예작물학

　재배학의 기본 원리(토양, 물, 온도, 비료 등), 작물의 생육 과정, 주요 재배 기술과 원예작물의 종류와 특징을 묻는 문제가 출제됩니다. 제1과목 상법과 제2과목 농어업재해보험법령에 비해 학습내용이 매우 광범위합니다. 재배학 및 원예작물학은 타 과목에 비해 과락률이 높기 때문에 꼼꼼한 학습이 필요하며, 과락을 면하는 수험전략을 선택하는 것이 일반적입니다.

　본서는 최근 시행된 손해평가사 시험의 출제경향을 꼼꼼하게 분석하여 출제가능성이 높은 핵심이론만을 수록하였습니다. 또한 각 장별로 최신 핵심기출문제 풀이를 통해 출제경향을 파악할 수 있도록 하여 손해평가사 1차 시험에 완벽하게 대비할 수 있도록 구성하였습니다.

　또한 손해평가사 시험의 특성상 관련 법령 및 고시, 규정 등을 적용·응용해 풀어야 하는 문제가 많으므로 가장 최근에 개정되어 시행 중인 관련 법령 및 고시, 규정 등을 꼼꼼하게 반영하여 수록하였습니다.

　이 책으로 손해평가사를 준비하는 많은 수험생들의 합격을 기원합니다.

편저자 김대원

1. 기본 정보

***개요**

자연재해·병충해·화재 등 농업재해로 인한 보험금 지급사유 발생 시 신속하고 공정하게 그 피해사실을 확인하고 손해액을 평가하는 일을 수행

※ 근거법령 : 농어업재해보험법

***변천과정**

o 2015. 5. 15 : 손해평가사 자격시험의 실시 및 관리에 관한 업무위탁 및 고시(농림축산식품부)

o ~ 현재 : 한국산업인력공단에서 손해평가사 자격시험 시행

***수행직무**

o 피해사실의 확인

o 보험가액 및 손해액의 평가

o 그 밖의 손해평가에 필요한 사항

***소속부처명**

o 소관부처 : 농림축산식품부(재해보험정책과)

o 운용기관 : 농업정책보험금융원(보험2부)

***실시기관 :** 한국산업인력공단(http://www.q-net.or.kr/site/loss)

2. 시험 정보

***응시자격 :** 제한 없음

※ 단, 부정한 방법으로 시험에 응시하거나 시험에서 부정한 행위를 해 시험의 정지/무효 처분이 있은 날 부터 2년이 지나지 아니하거나, 손해평가사의 자격이 취소된 날부터 2년이 지나지 아니한 자는 응시할 수 없음 [농어업재해보험법 제11조의4제4항]

***원서접수방법**

o 큐넷 손해평가사 홈페이지(http://www.Q-Net.or.kr/site/loss)에서 접수

　※ 인터넷 활용 불가능자의 내방접수(공단지부·지사)를 위해 원서접수 도우미 지원

　※ 단체접수는 불가함

o 원서접수 시 최근 6개월 이내에 촬영한 본인의 상반신 사진파일 (JPG, JPEG 파일, 사이즈 : 90픽셀(가로) X 120픽셀(세로) 이상, 300DPI 권장, 200KB 이하) 등록 (단, 기존 Q-Net 회원일 경우 마이페이지에서 사진 수정·등록)

　※ 원서접수 시 등록한 사진으로 자격증이 발급되며 변경불가

o 원서접수 마감시각까지 수수료를 결제하여야 접수 완료

*시험과목 및 방법

구 분	시험과목	시험방법
제1차 시험	1. 「상법」 보험편 2. 농어업재해보험법령(「농어업재해보험법」, 「농어업재해보험법 시행령」 및 농림축산식품부장관이 고시하는 손해평가 요령을 말함) 3. 농학개론 중 재배학 및 원예작물학	객관식 4지 택일형
제2차 시험	1. 농작물재해보험 및 가축재해보험의 이론과 실무 2. 농작물재해보험 및 가축재해보험 손해평가의 이론과 실무	주관식

*시험시간

구 분	시험과목	문항 수	입실	시험시간
제1차 시험	① 「상법」 보험편 ② 농어업재해보험법령 ③ 농학개론 중 재배학 및 원예작물학	과목별 25문항 (총 75문항)	09:00	09:30~ 11:00 (90분)
제2차 시험	① 농작물재해보험 및 가축재해보험의 이론과 실무 ② 농작물재해보험 및 가축재해보험 손해평가의 이론과 실무	과목별 10문항	09:00	09:30~ 11:30 (120분)

o 답안 작성 기준
  - 제1차 시험의 답안은 시험시행일에 시행되고 있는 관련 법령 등을 기준으로 작성
  - 제2차 시험의 답안은 농업정책보험금융원에서 등재하는 「농업재해보험·손해평가
    의이론과 실무」를 기준으로 작성
   *「농업재해보험·손해평가의 이론과 실무」는 농업정책보험금융원 홈페이지(손해
    평가사 자격시험 - 공지사항)에서 확인 가능

*합격기준(농어업재해보험법 시행령 제12조의6)

구 분	합 격 결 정 기 준
제1차 시험	매 과목 100점을 만점으로 하여 매 과목 40점 이상과 전 과목 평균 60점 이상을 득점 한 사람을 합격자로 결정
제2차 시험	매 과목 100점을 만점으로 하여 매 과목 40점 이상과 전 과목 평균 60점 이상을 득점 한 사람을 합격자로 결정

목차

제1과목

「상법」 보험편

제1장 통칙

제1장 통칙

01 | 보험제도

(1) 보험의 개념과 목적

① 자본주의 사회에서 우발적인 동질의 위험에 놓인 다수의 사람이 하나의 동질의 동위험단체를 구성하여 통계적 기초에 의하여 산출된 금액을 내어 기금을 마련하고, 우연한 사고를 당한 사람에게 재산적 급여를 함으로써 경제생활의 불안을 제거 또는 경감시키고자 하는 제도이다.

② 경제생활의 불안을 제거할 목적으로, 동종의 우연한 사고발생의 위험에 처한 다수인(다수의 경제주체)이 결합하여 보험단체를 구성하고, 소액의 금전(보험료)을 갹출하여 기금(공동준비재산)을 형성한 뒤 사고를 당한 자가 이로부터 금전이나 기타 재산적 급여(보험금)을 받는 사회경제 제도이다.

③ 보험은 사고발생의 적극적 방지가 아니라 사고가 일어난 후 그 경제적 손해를 소극적으로 회복하는 데 목적이 있다.

(2) 위험

① 위험의 사전적 정의는 '안전하지 못함 혹은 실패하거나 목숨을 위태롭게 할 만함'이다. 즉, 신체나 생명의 안위를 위협하거나 실패를 함으로써 경제적인 손해를 초래할 수 있음을 의미한다고 할 수 있다.

② 보험학에서는 위험을 '지각력이 있는 경제주체가 경제적 손해를 입을 가능성'이라고 정의될 수 있으며, 이 정의는 경제 주체의 불확실성의 인식이라는 마음의 상태와 객체를 사용·수익·처분할 수 없게 되는 손해의 개념 및 객관적으로 측정할 수 있는 손해발생의 빈도와 심도를 모두 포함한다.

③ 위험의 사전적 정의가 크게 경제적 손해와 신체적 안위를 포함하지만 경제적 손해를 다루는 보험에서는 신체적 안위 역시 경제적 측면에서 접근하고자 하는 것이다.

위험과 관련된 개념

- 위태(Hazard) : Hazard는 위험 상황 또는 위험한 상태를 말하며, 이를 줄여 '위태'(危殆)라고 한다. 위태는 특정한 사고로 인하여 발생할 수 있는 손해의 가능성을 새로이 창조하거나 증가시킬 수 있는 상태를 말한다.
- 손인(Peril) : 손인은 손해(loss)의 원인으로서 이를 줄여 손인(損因)이라고 하기도 한다. 화재, 폭발, 지진, 폭풍우, 홍수, 자동차 사고, 도난, 사망 등이 바로 손인이다. 일반적으로 '사고'라고 부르는 것이다.
- 손해(Loss) : 위험한 상황(hazard)에서 사고(peril)가 발생하여 초래되는 것이 물리적·경제적·정신적 손해이다. 즉, 손해(損害, loss)는 손인의 결과로 발생하는 가치의 감소를 의미한다.

(3) 보험가입대상 위험의 특성

① 우연 발생적인 사고

㉠ 우연한 사고(보험사고)라 함은 "계약성립 당시 특정의 사고가 그 발생여부, 발생시기가 불확정하다는 것"을 의미하는 것으로 그 불확정성은 객관적임을 요하지 아니하고 주관적으로 계약당사자에게 불확정하면 되는 것이므로 보험은 사행성(우연)을 그 특질로 하는 한편 보험사고는 일정한 기간(보험기간)내에 생긴 것이어야 한다.

㉡ 피보험자 혹은 주변인의 고의에 의한 손해까지 보상해야 한다면 도덕적 위태의 증가로 보험료 급증을 초래할 것이며 보험을 업으로 하기 어렵게 된다.

② 다수의 동질적 위험

다수의 동질적 위험은 이를 바탕으로 하여 대수의 법칙(大數의 法則)에 의거 손해를 추정할 수 있게 되며 따라서 보험료 산출이 가능해진다. 또한, 다수의 동질적 위험은 위험을 분산시킬 수 있다는 의미가 된다.

③ 측정가능한 손해

손해액을 경제가치로 환산할 수 있어야 한다는 뜻이며, 정신적 가치나 개인적인 가치만을 포함하는 경우 등은 보험대상에서 제외된다.

(4) 보험의 원리

① 위험의 분담

㉠ 같은 위험에 처한 여러 경제 주체가 하나의 공동재산을 형성해 우연히 큰 손해를 입은 구성원에게 이를 보상하는 것을 말한다.

ⓛ 예를 들어, 2억원짜리 집을 가지고 있는 사람이 화재사고에 대비하여 2억원의 돈을 준비하려고 한다면 1년에 1천만원씩 저축해도 20년이 걸리지만, 1만명의 사람들이 1년간 보험료로 2만원씩만 분담한다면 바로 2억원의 돈이 준비된다.

② 대수의 법칙

측정 대상의 숫자 또는 측정 횟수가 많아지면 많아질수록 실제의 결과가 예상된 결과에 가까워진다는 보험의 일반원칙이다. 예를 들어 주사위를 굴려서 6개의 숫자 중 하나가 나오는 확률은 굴리는 회수를 늘리면 늘릴수록 1/6에 가까워진다.

③ 수지상등의 원칙(보험단체 자족의 원칙)

위험단체 구성원(보험가입자)이 낸 보험료 총액과 보험회사에서 지급하는 보험금 총액이 같아야 한다는 원칙이다.

$$n(보험가입자수) \times P(보험료) = r(사고발생건수) \times Z(지급보험금)$$

④ 급부 및 반대급부 균등의 원칙

보험계약자가 지급하는 보험료와 보험사고발생 시 보험사가 지급하는 보험금의 합계액이 같다는 원칙으로 렉시스의 법칙이라고도 일컬어진다. 사고발생의 확률이 높을수록 보험료가 높아진다.

$$P(보험료) = Z(지급보험금) \times W(사고발생률)$$

⑤ 이득금지의 원칙

보험으로 인해서 이득을 보아서는 안된다는 손해보험의 원칙을 말한다. 손해보험은 손해의 보전을 목적으로 하기 때문에 피보험자는 손해보험에 의해서 그가 입은 실제 손해만큼만 보상을 받아야 하며 손해액 이상을 보상받아서는 안 된다.

(5) 보험의 기본적인 특성

① **위험의 전가** : 보험에 가입한 사람들이 평소 위험의 규모에 맞춰 책정된 보험료를 보험회사에 내면서 언제 닥칠지 알 수 없는 손해의 위험을 보험회사에 전가하는 행위이다. 손해가 발생할 확률은 낮지만 한 번 발생했을 때 그 피해가 큰 경우 이를 보험회사에 넘김으로써 손해를 적절하게 대처할 수 있도록 한다.

② **위험의 결합** : 각 계약자들의 손해를 모든 계약자들이 함께 함으로써 실제 손해를 평균손해로 대체하는 것이다. 이는 손해가 일어났을 때 그 손해를 해당 보험에 가입한 모든 사람들에게 분산시키는 효과를 나타낸다. 일종의 대수의 법칙이라 할 수 있다.

③ **우연적 손실의 보상** : 발생한 손해 중에서도 특히 우연히 발생한 손해에 대해 보상하는 것을 말한다. 즉 어떤 목적을 가지고 일으킨 손해에 대해서는 보상이 이루어지지

않는다.

④ **실제 손실에 대한 보상** : 실제로 일어난 손해에 대해 그것을 손해 전 상황으로 되돌리거나 복구할 수 있도록 금전적으로 보상하는 것에 해당하지 이러한 보상으로 이익을 보는 것은 아니다.

(6) 보험의 종류

① 「**상법」에 따른 보험의 종류**

㉠ 인보험 : 인보험에서 '인'이란 사람을 의미하는 말로 말 그대로 인명과 신체에 대해 사고가 일어났을 경우 보험계약에 따라 보상하는 보험이다. 인보험의 종류로는 '생명보험', '상해보험', '질병보험' 등이 있다.

㉡ 손해보험 : 사고가 일어났을 때 보험에 가입한 사람에게 일어난 재산상의 손해에 대해 보상해주는 보험이다. 「상법」에서 말하는 손해보험의 종류로는 '화재보험', '운송보험', '해상보험', '책임보험', '자동차보험" 등이 이에 해당한다.

② 「**보험업법」에 따른 보험의 종류**

㉠ 생명보험 : 위험보장을 목적으로 사람의 생존 또는 사망에 관하여 약정한 금전 및 그 밖의 급여를 지급할 것을 약속하고 대가를 수수하는 계약을 말한다. (예) 연금보험계약 등

㉡ 손해보험 : 위험보장을 목적으로 우연한 사건(제3보험에 따른 질병 · 상해 및 간병은 제외함)으로 발생하는 손해에 대하여 금전 및 그 밖의 급여를 지급할 것을 약속하고 대가를 수수하는 계약을 말한다. (예) 화재보험계약, 해상보험계약, 자동차보험계약 등

㉢ 제3보험 : 위험보장을 목적으로 사람의 질병 · 상해 또는 이에 따른 간병에 관하여 금전 및 그 밖의 급여를 지급할 것을 약속하고 대가를 수수하는 계약을 말한다. (예) 상해보험계약 등

③ **가입대상에 의한 분류**

㉠ 기업보험 : 기업인이 안정적인 경영을 위해 가입하는 보험이다.

예 '해상보험', '항공보험', '재보험', '물건(기계)이나 건물 등에 대한 화재보험' 등

㉡ 가계보험 : 개인이 안정적인 가계 생활을 위해 가입하는 보험이다.

예 '생명보험', '화재보험', '자동차보험' 등

④ **보험 목적의 범위에 따른 구분**

㉠ 개별보험 : 개개의 물건 또는 사람을 보험의 목적으로 하는 보험이다.

㉡ **집합보험**★

• 집합된 물건을 일괄하여 보험의 목적으로 한 때에는 피보험자의 가족과 사용인

의 물건도 보험의 목적에 포함된 것으로 한다. 이 경우에는 그 보험은 그 가족 또는 사용인을 위하여서도 체결한 것으로 본다.

- 집합된 물건을 일괄하여 보험의 목적으로 한 때에는 그 목적에 속한 물건이 보험기간 중에 수시로 교체된 경우에도 보험사고의 발생 시에 현존한 물건은 보험의 목적에 포함된 것으로 한다.
- 보험계약자가 파산선고를 받거나 보험료의 지급을 지체한 때에는 그 타인이 그 권리를 포기하지 아니하는 한 그 타인도 보험료를 지급할 의무가 있다.

⑤ 보험관계에 따른 구분

㉠ 원보험(原保險) : 보험회사가 보험계약자로부터 최초로 보험계약을 직접 인수한 것을 말한다.

㉡ **재보험(再保險)** : 보험계약자로부터 보험을 인수한 원보험회사가 원보험계약상의 책임의 일부나 전부를 다른 보험자, 즉 재보험자에게 재차 쌍방합의나 계약을 통해 인수시킨 보험을 말한다. 재보험은 책임보험의 성격을 가지고 있으며, 원보험계약 효력에 영향을 미치지 않는다.

⑥ 보험금 지급방법에 따른 분류

㉠ 정액보험 : 보험금 지급시기에 관계 없이 항상 보험금이 일정액인 보험

㉡ 비정액보험 : 보험금이 일정하게 확정되어 있지 않은 보험

02 | 보험계약의 기초

(1) 보험계약의 법적 성질★

① 유상 · 쌍무계약성

보험계약자는 보험료를 지급할 것을 약정하고 이에 대해 보험자는 보험금액 기타의 급부를 지급할 것을 약정한 것으로서 유상계약이고, 보험금액과 보험료는 서로 대가관계에 있는 채무이므로 쌍무계약이다.

② 낙성 · 불요식계약성

보험계약은 보험자와 보험계약자의 의사의 합치만으로 성립하고 그 성립요건으로서 특별한 요식행위를 요하지 않는다는 의미이다. 따라서 보험료의 지급이나, 보험증권의 작성이 없더라도 당사자의 의사의 합치만으로 보험계약은 성립하게 된다.

③ **상행위성**

상법상 보험의 인수를 영업으로 하는 경우에는 기본적 상행위(상법 제46조 17호)가 되고, 보험자는 당연상인이 된다. 따라서 보험계약은 상행위성을 갖지만 금융감독위원회의 인가를 받은 보험자만이 체결할 수 있고, 어느 정도 강제성이 수반되는 등 계약자유의 원칙이 그만큼 제한을 받는다.

④ **선의계약성**

보험계약이 사행계약이라는 특성 때문에 당사자의 선의에 기초를 둔 계약이라는 선의계약성이 강조되어, 보험계약의 도박화를 방지하는데 노력하고 있다.

⑤ **사행계약성**

보험자의 보험금지급채무는 우연한 사고(보험사고)의 발생을 조건으로 한다는 특성이 있다. 이처럼 보험계약은 우연한 사건에 의해 재산관계에 변동을 생기게 한다는 점에서 사행계약의 특성이 있다.

⑥ **계속계약성**

보험계약은 보험자가 일정기간(보험기간)안에 발생한 보험사고에 대해 보험금을 지급할 책임을 지는 것으로서 그 기간동안 계속하여 계약관계가 존재하므로 계속적 계약의 성질을 갖는다.

⑦ **부합계약성**

보험계약은 동일한 위험에 직면한 보험단체의 개념을 전제로 다수의 보험계약자를 상대로 동일한 내용의 계약이 반복적으로 체결되는 특성 때문에 계약의 정형화가 요구되고 필연적으로 부합계약의 성질을 갖는다. 따라서 보험계약은 보통거래약관인 보통보험약관에 의해 정형적으로 체결된다.

(2) 보험계약 당사자

① **보험자(보험회사)**

㉠ 계약에 따라 지급사유가 발생했을때 보험금을 지급하여야 할 의무가 있는 사람(者) 즉, 보험회사를 말한다.

㉡ 보험자는 사기나 계약위반 사유 등이 없다면 반드시 약정한 내용에 따라 보험금을 지급하여야 하며, 이는 국가의 건전한 경제상황 유지를 위해서도 중요한 일이라 정부에서 재정건정성을 지속적으로 확인할 필요가 있다.

㉢ 권리 : 보험료 청구권, 계약해지권, 보험금 반환청구권, 보험금액 감액청구권, 대위권 (손해보험)

㉣ 의무 : 보험금 지급의무, 보험증권 교부의무, 보험료 반환의무, 이익배당의무, 보험약관 교부 및 설명의무, 보험료적립금 반환의무(인보험), 해약환급금 반환의무(인

보험)

② 보험계약자★

ㄱ 보험자와 계약을 체결하는 사람으로, 실질적으로 계약과 관련된 권리와 의무를 지니고 있는 사람이라고 할 수 있다.

ㄴ 보험계약자는 보험회사에 1차적으로 보험료 지급의무를 지는 자이다.

ㄷ **권리** : 보험증권 교부청구권, 보험료 반환청구권, 보험료 감액청구권, 임의 해지권, 보험수익자 지정변경권(인보험)

ㄹ **의무** : 보험료 지급의무, 고지의무, 통지의무(위험변경증가, 보험사고발생), 위험유지 의무, 손해방지의무(손해보험만)

용어 체크

- 소급효(遡及效) : 법적 효력이 과거로 거슬러 올라가 발생하는 것을 뜻하는 법률용어
- 해제 : 유효하게 성립한 계약을 "소급하여" 소멸시키는 것
- 해지 : 계속적인 계약을 "장래에 향하여" 실효시키는 것
- 최고 : 상대방에게 일정한 행위를 하도록 독촉하는 통지를 하는 것

(3) 보험계약의 보조자

① 보험대리점(보험대리상)★

ㄱ 일정한 보험회사를 위하여 보험계약의 체결을 대리하는 하는 것을 영업으로 하는 독립된 상인을 말한다.

ㄴ 보험자는 보험대리상의 권한 중 일부를 제한할 수 있다. 다만, 보험자는 그러한 권한 제한을 이유로 선의의 보험계약자에게 대항하지 못한다.

보험대리상의 권한(646조의2 제1항)

- 보험계약자로부터 보험료를 수령할 수 있는 권한
- 보험자가 작성한 보험증권을 보험계약자에게 교부할 수 있는 권한
- 보험계약자로부터 청약, 고지, 통지, 해지, 취소 등 보험계약에 관한 의사표시를 수령할 수 있는 권한
- 보험계약자에게 보험계약의 체결, 변경, 해지 등 보험계약에 관한 의사표시를 할 수 있는 권한

② 보험설계사(모집인)

    ㉠ 보험대리상이 아니면서 특정한 보험자를 위하여 계속적으로 보험계약의 체결을 중개하는 자이다.

    ㉡ 보험자의 사용인으로서 한 회사에 소속되어 보험에 가입할 자에 대하여 보험계약의 청약을 인수하는 자를 말한다.

    ㉢ 고지수령권과 보험계약체결권이 없으며, 다만 보험설계사는 보험자 발행 영수증으로 보험료 수령권, 보험자 발행 보험증권 교부권이 있다.

(4) 보험계약의 이해관계자★

① 피보험자

    ㉠ 보험금 지급사유 발생을 일으키는 사람을 뜻한다. 즉, 피보험자가 사고 등으로 목숨을 잃거나 건강에 이상이 생기면 보험자는 보험금 지급사유가 발생한다.

    ㉡ 손해보험에서의 피보험자 : 피보험 이익 주체, 보험사고 시 손해보상(보험금) 청구권

    ㉢ 인보험에서의 피보험자 : 보험의 객체(보험의 목적, 보험에 붙여진 자), 보험금 청구권 없음

    ㉣ 15세미만자, 심신상실자 또는 심신박약자의 사망을 보험사고로 한 보험계약은 무효로 한다. 다만, 심신박약자가 보험계약을 체결하거나 제735조의3에 따른 단체보험의 피보험자가 될 때에 의사능력이 있는 경우에는 그러하지 아니하다.

② 보험수익자

    ㉠ 보험금을 지급하기로 약정한 보험사고가 발생한 경우, 실제 보험금을 수령하는 대상을 말한다.

    ㉡ 계약자, 피보험자와 동일하게 계약할 수도 있고, 보험계약 체결 시나 유지 중에 계약자가 보험수익자를 지정할 수도 있다.

    ㉢ 보험계약자는 보험수익자를 지정 또는 변경할 수 있으며, 계약자가 지정권을 행사하지 아니하고 사망한때에는 피보험자를 보험수익자로 한다.

> 자기를 위한 보험계약 : 보험계약자 = 피보험자·보험수익자
> 타인을 위한 보험계약 : 보험계약자 ≠ 피보험자·보험수익자

(5) 그 밖의 요소

① 보험료★

    ㉠ 보험계약에 따라 보험계약자가 보험자에게 지급하는 금액을 말한다.

ⓛ 보험료는 보험금액을 기준으로 하여 위험률에 따라 결정된다. 이것은 보험계약기간을 단위로 하여 위험을 측정하고 그에 따라 보험료가 결정되므로 그 기간의 위험과 보험료와는 불가분으로 연결된다. 따라서 기간 중에 계약이 해지되면 경과기간에 대한 보험료는 반환청구할 수 없고 미경과분에 관하여서는 별도 약정이 없는 한 청구를 할 수 있다.

ⓒ 보험료 중에서 「제1회 보험료」란 첫 번째 지급하는 보험료를 말하고, 「계속보험료」란 처음 납입한 보험료 이후부터 보험 만기 시까지 계약자가 납입하는 보험료를 말한다.

ⓔ 보험자가 손해를 보상할 경우에 보험료의 지급을 받지 아니한 잔액이 있으면 그 지급기일이 도래하지 아니한 때라도 보상할 금액에서 이를 공제할 수 있다.

② 보험금(보험가입금액)★

㉠ 보험금이란 보험자(보험회사)가 보험사고가 발생한 때에 피보험자(손해보험) 또는 보험수익자(인보험)에게 지급해야 할 금액을 말한다.

ⓛ 보험금은 보험사고가 발생하면 보험자가 지급하기로 약정한 금액으로서 정액보험과 손해보험에 따라 그 의미에 차이가 있다. 즉 보험자(보험회사)는 생명보험과 같은 정액보험의 경우에는 보험계약에서 정한 보험금액을 보험사고 발생시에 지급할 의무를 지나(상법 제730조), 손해보험의 경우에는 보험사고로 인한 실손해액을 보상하는 것이므로(동법 제665조), 보험계약에서 예정한 보험금액과 보험사고의 발생시에 보험자가 지급하는 보험금액이 일치하지 않는 경우가 있다.

③ 보험가액

손해보험에서 피보험이익의 가액으로 보험자가 지급하여할 법률상 최고한도액을 말한다.

(6) 보험기간★

① 보험기간이란 '보험자의 책임이 시작되어 종료될 때까지의 기간'을 말하며, 이를 책임기간(責任期間) 또는 위험기간(危險期間)이라고도 한다.

② 보험계약기간(保險契約期間)이란 '보험계약이 성립하여 존속하는 기간' 즉 보험계약의 성립 시부터 그 종료 시까지의 기간을 말한다. 단, 예외는 아래와 같다.

> ■ 보험기간 〈 보험계약기간 = 예정보험 [계약 - 물건 선적 - 통지 - 책임개시]
> ■ 보험기간 〉 보험계약기간 = 소급보험 [계약체결 - 계약전 물건 - 소급책임]

③ 대부분의 경우 보험기간은 보험계약기간과 일치하지만, 양자가 반드시 일치하는 것은 아니다. 가령 일정한 면책기간을 설정하는 질병보험처럼 보험기간이 보험가입 후의

특정 시점부터 개시되는 경우 또는 보험에 가입하기 이전의 시점으로부터 보험기간이 개시되는 소급보험의 경우는 양자가 일치하지 않는다.

④ 보험료 기간

　㉠ 보험료 기간이란 '보험료를 산출의 기초가 되는 단위기간'을 말하며, 위험측정기간이라고도 한다.

　㉡ 보험기간과의 관계 : 보험자의 보상책임기간인 보험기간과 보험료기간은 손해보험의 경우 통상 일치하는 것이 보통이지만, 생명보험의 경우 1개의 보험기간 속에 수 개의 보험료기간이 존재한다.

(7) 보험사고(保險事故)

① 의의

　㉠ 보험사고란 손해보험에서 계약상 보험자의 보상의무를 구체화한 사고를 말하며, 인보험에서는 보험자의 보험금 지급의무를 구체화한 사고로, 피보험자의 생(生)과 사(死)의 사고를 말한다.

　㉡ 보험자가 보험금 기타 급여를 지급할 것을 약정하는 우연하게 발생하는 일정한 사고이다.

　㉢ 손해보험 계약은 생명보험과 마찬가지로 장해, 입원, 수술, 진단 등 계약자나 피보험자 본인에게 발생하는 사고와 주택화재, 차량 손해, 일상생활 중 타인의 신체와 재물에 미치는 손해, 법률비용 등도 보험사고가 될 수 있다.

② 요건★

　㉠ 보험사고의 우연성

　　보험사고가 되기 위해서는 그 사고의 발생이 우연한 것이어야 하며 만약 이미 발생한 사고이거나 혹은 발생할 수 없는 사고를 보험금지급의 요건으로 정한 보험계약은 보험사고의 요소 가운데 우연성을 결한 것으로서 무효가 된다. 다만 당사자 쌍방과 피보험자가 어떤 사고가 이미 발생하였거나 혹은 발생할 가능성이 없다는 것을 알지 못하고 그 사고를 보험사고로 하여 보험계약을 체결한 때에는 계약을 유효한 것으로 인정한다.

　㉡ 보험사고의 특정성

　　보험사고는 일정한 보험의 목적에 대하여 일어나는 일정한 사고로서 보험계약에서 특정한 것만을 의미한다. 예컨대 농작물재해보험에서 태풍피해를 보상으로 붙여진 보험의 농작물이 멸실되었다 하더 라도 그 것이 가뭄(한해:旱害)으로 인한 것인 때에는 보험사고로 인정되지 않는다.

ⓒ **적법성** : 적법한 사고이어야 한다. 따라서 고의사고 등은 보험사고가 될 수 없다.
ⓔ **보험사고의 대상** : 사고의 발생에는 대상이 있어야 한다.

03 ┃ 보험계약 총칙

(1) 보험계약의 의의(638조)

보험계약은 당사자 일방이 **약정한 보험료를 지급**하고 재산 또는 생명이나 신체에 **불확정한 사고**가 발생할 경우에 상대방이 일정한 보험금이나 그 밖의 급여를 지급할 것을 **약정**함으로써 **효력**이 생긴다.

(2) 보험계약의 성립(638조의2)

① **보험자가 보험계약자로부터** 보험계약의 청약과 함께 보험료 상당액의 전부 또는 일부의 지급을 받은 때에는 다른 약정이 없으면 **30일 내**에 그 상대방에 대하여 **낙부의 통지를 발송하여야 한다.** 그러나 인보험계약의 피보험자가 신체검사를 받아야 하는 경우에는 그 기간은 신체검사를 받은 날부터 기산한다.

② 보험자가 제1항의 규정에 의한 기간 내에 **낙부의 통지**를 해태한 때에는 **승낙한 것으로 본다.**

③ 보험자가 보험계약자로부터 보험계약의 청약과 함께 보험료 상당액의 전부 또는 일부를 받은 경우에 그 청약을 승낙하기 전에 보험계약에서 정한 보험사고가 생긴 때에는 그 청약을 거절할 사유가 없는 한 보험자는 **보험계약상의 책임을 진다.** 그러나 인보험계약의 피보험자가 신체검사를 받아야 하는 경우에 그 검사를 받지 아니한 때에는 그러하지 아니하다.

오답노트

① 보험자가 보험계약자부터 보험계약의 청약과 함께 보험료 상당액의 전부 또는 일부의 지급을 받은 때에는 다른 약정이 없으면 지체 없이 그 상대방에 대하여 낙부의 통지를 발송하여야 한다. (× ☞ 30일 내에)

② 보험자가 기간 내에 낙부의 통지를 해태한 때에는 승낙한 것으로 추정한다. (× ☞ 본다)

③ 보험자가 보험계약자로부터 보험계약의 청약과 함께 보험료 상당액의 전부 또는 일부를 받은 경우에 그 청약을 승낙하기 전에 보험계약에서 정한 보험사고가 생긴 때에는 보험자는 보험

계약상의 책임이 없다. (× ☞ 그 청약을 거절할만 한 사유가 있는 경우 보험자는 보험계약상의 책임이 없다.)

추정한다 & 간주한다

- 추정한다 ≠ 간주한다
- ~~~로 본다 = ~~~로 간주한다
- '간주'란 A라는 사실과 본질적으로 다른 B라는 사실을 법률상 A라는 사실과 동일하게 취급하는 것을 말한다.
- 보험자가 서면으로 질문한 사항은 중요한 고지사항으로 **간주된다**.(× ☞ 추정한다.)

(3) 보험약관의 교부 · 설명 의무(638조의3)

① 보험자는 보험계약을 체결할 때에 보험계약자에게 보험약관을 교부하고 그 약관의 중요한 내용을 **설명하여야 한다.**

② 보험자가 약관의 교부 · 설명을 위반한 경우 **보험계약자**는 보험계약이 성립한 날부터 **3개월** 이내에 그 계약을 **취소할 수 있다.**

오답노트

① 보험약관의 교부·설명의무자는 피보험자이다.(× ☞ 보험계약자)
② 보험자는 보험계약이 성립되고 보험료의 전부 또는 일부를 지급 받은 때에 보험계약자 에게 보험약관을 교부하고 그 약관의 중요한 내용을 설명하여야 한다.
(× ☞ 보험자는 보험계약을 체결할 때)
③ 보험자가 약관의 교부설명의무를 위반한 경우 보험계약자는 보험계약이 성립한 날부터 3개월 이내에 그 계약을 해지할 수 있다. (× ☞ 취소)

(4) 타인을 위한 보험(제639조)

① 보험계약자는 위임을 받거나 위임을 받지 아니하고 특정 또는 불특정의 타인을 위하여 보험계약을 체결할 수 있다. 그러나 손해보험계약의 경우에 그 타인의 위임이 없는 때에는 보험계약자는 이를 보험자에게 **고지하여야** 하고, 그 고지가 없는 때에는 타인이 그 보험계약이 체결된 사실을 알지 못하였다는 사유로 보험자에게 **대항하지 못한다.**

② 제1항의 경우에는 그 타인은 **당연히** 그 계약의 이익을 받는다. 그러나 손해보험계약의 경우에 보험계약자가 그 타인에게 보험사고의 발생으로 생긴 손해의 배상을 한 때에는 보험계약자는 그 타인의 권리를 해하지 아니하는 범위안에서 보험자에게 보험금액의 지급을 청구할 수 있다.

③ 제1항의 경우에는 보험계약자는 보험자에 대하여 보험료를 지급할 의무가 있다. 그러나 보험계약자가 파산선고를 받거나 보험료의 지급을 지체한 때에는 그 타인이 그 권리를 포기하지 아니하는 한 그 **타인도 보험료를 지급할 의무가 있다.**

(5) 보험증권의 교부(제640조)

① 보험자는 보험계약이 성립한 때에는 **지체 없이** 보험증권을 작성하여 보험계약자에게 **교부하여야 한다.** 그러나 보험계약자가 보험료의 전부 또는 최초의 보험료를 지급하지 아니한 때에는 그러하지 아니하다.

② 기존의 보험계약을 연장하거나 변경한 경우에는 보험자는 그 보험증권에 그 사실을 기재함으로써 보험증권의 교부에 **갈음할 수 있다.**

(6) 증권에 관한 이의약관의 효력(제641조)

보험계약의 당사자는 보험증권의 **교부가 있은 날로부터** 일정한 기간 내에 한하여 그 증권내용의 정부에 관한 이의를 할 수 있음을 약정할 수 있다. 이 기간은 **1월을 내리지 못한다.**

(7) 증권의 재교부청구(제642조)

보험증권을 멸실 또는 현저하게 훼손한 때에는 보험계약자는 보험자에 대하여 증권의 재교부를 청구할 수 있다. 그 증권작성의 비용은 **보험계약자의 부담**으로 한다.

오답노트

- 보험자는 보험계약이 성립한 때에는 10일 이내에 보험증권을 작성하여 보험계약자에게 교부하여야 한다. (× ☞ 지체 없이)
- 보험계약의 당사자는 보험증권의 교부가 있은 날로부터 일정한 기간 내에 한하여 그 증권내용의 정부에 관한 이의를 할 수 있음을 약정할 수 있다. 이 기간은 10일 이상으로 하여야 한다. (× ☞ 1월을 내리지 못한다)
- 보험증권을 멸실 또는 현저하게 훼손한 때에는 보험계약자는 보험자에 대하여 증권의 재교부를 청구할 수 있다. 그 증권작성의 비용은 보험자의 부담으로 한다.
  (× ☞ 보험계약자)

(8) 소급보험(제643조)

보험계약은 그 계약전의 어느 시기를 보험기간의 시기로 할 수 있다.

(9) 보험사고의 객관적 확정의 효과(제644조)

보험계약당시에 보험사고가 이미 발생하였거나 또는 발생할 수 없는 것인 때에는 그 계약은 **무효로 한다.** 그러나 당사자 쌍방과 피보험자가 이를 알지 못한 때에는 **그러하지 아니하다.**

(10) 대리인이 안 것의 효과(제646조)

대리인에 의하여 보험계약을 체결한 경우에 **대리인이 안 사유는 그 본인이 안 것과 동일**한 것으로 한다.

(11) 보험대리상 등의 권한(제646조의2)

① 보험대리상은 다음 각 호의 권한이 있다.
 ㉠ 보험계약자로부터 보험료를 수령할 수 있는 권한
 ㉡ 보험자가 작성한 보험증권을 보험계약자에게 교부할 수 있는 권한
 ㉢ 보험계약자로부터 청약, 고지, 통지, 해지, 취소 등 보험계약에 관한 의사표시를 수령할 수 있는 권한
 ㉣ 보험계약자에게 보험계약의 체결, 변경, 해지 등 보험계약에 관한 의사표시를 할 수 있는 권한
② 제①항에도 불구하고 보험자는 보험대리상의 제①항 각 호의 권한 중 일부를 제한할 수 있다. 다만, 보험자는 그러한 권한 제한을 이유로 선의의 보험계약자에게 대항하

지 못한다.

③ 보험대리상이 아니면서 특정한 보험자를 위하여 계속적으로 보험계약의 체결을 중개하는 자는 제①항제1호(보험자가 작성한 영수증을 보험계약자에게 교부하는 경우만 해당한다) 및 제2호의 권한이 있다.

④ 피보험자나 보험수익자가 보험료를 지급하거나 보험계약에 관한 의사표시를 할 의무가 있는 경우에는 제①항부터 제③항까지의 규정을 그 피보험자나 보험수익자에게도 적용한다.

(12) 특별위험의 소멸로 인한 보험료의 감액청구(제647조)

보험계약의 당사자가 특별한 위험을 예기하여 보험료의 액을 정한 경우에 보험기간중 그 예기한 **위험**이 **소멸**한 때에는 보험계약자는 그 후의 보험료의 **감액**을 **청구**할 수 있다.

(13) 보험계약의 무효로 인한 보험료반환청구(제648조)

보험계약의 전부 또는 일부가 무효인 경우에 **보험계약자와 피보험자**가 선의이며 중대한 과실이 없는 때에는 보험자에 대하여 보험료의 전부 또는 일부의 반환을 청구할 수 있다. **보험계약자와 보험수익자**가 선의이며 중대한 과실이 없는 때에도 같다.

보험료 감액청구 및 반환청구★

- **감액청구** : 계약자는 예기한 특별한 위험소멸시 또는 보험금액이 보험가액을 현저하 게 초과 시(감액은 장래에 대해서 만 가능)
- **반환청구** : 보험계약 전부 또는 일부가 무효인 경우에 계약자, 피보험자, 수익자 선 의이며 중대과실 없는 때 보험자에 대하여 보험료 전부 또는 일부 반환청구
- **보험료 청구권 소멸시효** : 2년(보험자→보험계약자에게 청구)

> **오답노트**
>
> - 보험계약의 당사자가 특별한 위험을 예기하여 보험료의 액을 정한 경우에 보험기간중 그 예기한 위험이 소멸한 때에도 보험계약자는 그 후의 보험료의 감액을 청구할 수 있다. (× ☞ 소멸한 때에는)
> - 보험계약의 전부 또는 일부가 무효인 경우에 보험계약자와 피보험자에게 중대한 과실이 있어도 보험자에 대하여 보험료의 전부 또는 일부의 반환을 청구할 수 있다.
>   (× ☞ 선의이며 중대한 과실이 없는 때에는)

(14) 사고발생전의 임의해지(제649조)

① 보험사고가 발생하기 전에는 **보험계약자는 언제든지** 계약의 전부 또는 일부를 **해지할 수 있다.** 그러나 **제639조의 보험계약**의 경우에는 보험계약자는 그 타인의 동의를 얻지 아니하거나 보험증권을 소지하지 아니하면 그 계약을 해지하지 못한다.

② 보험사고의 발생으로 보험자가 보험금액을 지급한 때에도 보험금액이 감액되지 아니하는 보험의 경우에는 보험계약자는 그 **사고발생후에도 보험계약을 해지할 수 있다.**

③ 제1항의 경우에는 보험계약자는 당사자간에 다른 약정이 없으면 **미경과보험료의 반환을 청구할 수 있다.**

> **오답노트**
>
> - 보험사고의 발생으로 보험자가 보험금액을 지급한 때에도 보험금액이 감액되지 아니하는 보험의 경우라도 보험계약자는 그 사고발생후에도 보험계약을 해지할 수 없다.
>   (× ☞ 에는, 있다)
> - 보험사고 발생후 보험계약을 해지한 경우에는 보험계약자는 당사자간에 다른 약정이 없으면 미경과보험료의 반환을 청구할 수 있다. (× ☞ 발생전)

(15) 보험료의 지급과 지체의 효과(제650조)

① 보험계약자는 계약체결후 **지체 없이** 보험료의 전부 또는 제1회 보험료를 지급하여야 하며, 보험계약자가 이를 지급하지 아니하는 경우에는 다른 약정이 없는 한 계약성립 후 **2월**이 경과하면 그 계약은 **해제**된 것으로 본다.

② 계속보험료가 약정한 시기에 지급되지 아니한 때에는 보험자는 **상당한 기간을 정하여 보험계약자에게 최고**하고 그 기간 내에 지급되지 아니한 때에는 그 계약을 해지할 수 있다.

③ 특정한 타인을 위한 보험의 경우에 보험계약자가 보험료의 지급을 지체한 때에는 보험자는 그 **타인에게도** 상당한 기간을 정하여 보험료의 지급을 최고한 후가 아니면 그 계약을 해제 또는 해지하지 못한다.

(16) 보험계약의 부활(제650조의2)

제650조제2항에 따라 보험계약이 해지되고 해지환급금이 지급되지 아니한 경우에 보험계약자는 일정한 기간 내에 연체보험료에 약정이자를 붙여 보험자에게 지급하고 그 계약의 부활을 청구할 수 있다. **제638조의2**의 규정은 이 경우에 준용한다.

> 계속보험료 연체로 해지 + 해지환급금 미지급 + 연체보험료, 약정이자 지급
> ☞ 계약의 부활 청구 가능

(17) 고지의무위반으로 인한 계약해지(제651조)

보험계약당시에 보험계약자 또는 피보험자가 고의 또는 중대한 과실로 인하여 **중요한 사항**을 고지하지 아니하거나 부실의 고지를 한 때에는 보험자는 그 **사실을 안 날로부터 1월내에, 계약을 체결한 날로부터 3년내에** 한하여 계약을 **해지**할 수 있다. 그러나 보험자가 계약당시에 그 사실을 알았거나 중대한 과실로 인하여 알지 못한 때에는 그러하지 아니하다.

고지의무

- 고지의무를 부담하는 자 : 보험계약자, 피보험자
- 고지의무위반으로 인한 계약해지 : 그 사실을 안 날로부터 1월내에, 계약을 체결한 날로부터 3년 내에 행사 가능
- 보험설계사는 고지수령권이 없다. 보험설계사에게 구두 진술한 것은 고지의무를 이행하였다고 볼 수 없다.
- 보험자는 보험대리상의 고지수령을 제한할 수 있다.

(18) 서면에 의한 질문의 효력(제651조의2)

보험자가 서면으로 질문한 사항은 중요한 사항으로 **추정**한다.

(19) 위험변경증가의 통지와 계약해지(제652조)

① 보험기간 중에 보험계약자 또는 피보험자가 사고발생의 위험이 현저하게 변경 또는 증가된 사실을 안 때에는 지체 없이 보험자에게 **통지하여야 한다.** 이를 **해태**한 때에는 보험자는 그 사실을 **안 날로부터 1월내에** 한하여 계약을 해지할 수 있다.

② 보험자가 제1항의 위험변경증가의 통지를 받은 때에는 **1월내에 보험료의 증액을 청구**하거나 **계약을 해지**할 수 있다.

오답노트

- 위험변경 증가 통지 의무자는 : 계약자, 피보험자, 수익자이다. (× ☞ 수익자는 아님)
- 보험기간 중에 보험계약자 또는 피보험자가 사고발생의 위험이 현저하게 변경 또는 증가된 사실 있는 때에는 지체 없이 보험자에게 통지하여야 한다. (× ☞ 사실을 안때에는)
- 보험자가 보험계약자 또는 피보험자로부터 위험변경증가의 통지를 받은 때에는 1월내에 보험료의 증액만을 청구할 수 있다. (× ☞ 보험료의 증액을 청구하거나 계약을 해지할 수 있다.)

---

(20) 보험계약자 등의 고의나 중과실로 인한 위험증가와 계약해지(제653조)

보험기간중에 보험계약자, 피보험자 또는 보험수익자의 고의 또는 중대한 과실로 인하여 사고발생의 위험이 현저하게 변경 또는 증가된 때에는 보험자는 그 사실을 **안 날부터 1월내에 보험료의 증액을 청구**하거나 **계약을 해지**할 수 있다.

(21) 보험자의 파산선고와 계약해지(제654조)

① 보험자가 **파산의 선고**를 받은 때에는 보험계약자는 계약을 해지할 수 있다.

② 제①항의 규정에 의하여 해지하지 아니한 보험계약은 파산선고 후 **3월**을 경과한 때에는 그 **효력**을 잃는다.

(22) 계약해지와 보험금청구권(제655조)

① 보험사고가 발생한 후라도 보험자가 제650조(보험료의 지급과 지체의 효과), 제651조(고지의무위반으로 인한 계약해지), 제652조(위험변경증가의 통지와 계약해지), 제653조(보험계약자 등의 고의나 중과실로 인한 위험증가와 계약해지)에 따라 계약을 해지하였을 때에는 보험금을 지급할 책임이 없고 이미 지급한 **보험금의 반환**을 **청구**할 수 있다.

② 다만, 고지의무(告知義務)를 위반한 사실 또는 위험이 **현저**하게 변경되거나 증가된 사실이 보험사고 발생에 영향을 미치지 아니하였음이 증명된 경우에는 보험금을 지

급할 책임이 있다.

- 보험사고가 발생한 후라도 보험자가 보험료 지급 지체로 해지한 경우 보험금을 지급할 책임이 없고 이미 지급한 보험금의 경우 반환을 청구할 수 없다.
(× ☞ 보험금의 반환을 청구할 수 있다)
- 보험사고가 발생한 후라도 보험자가 보험계약자, 피보험자의 위험변경증가 통지의무를 해태하여 보험계약을 해지한 경우 보험금을 지급할 책임이 없고 이미 지급한 보험금의 반환을 청구할 수 없다. (× ☞ 있다)
- 위험이 현저하게 변경되거나 증가된 사실이 보험사고 발생에 영향을 미치지 아니하였음이 증명된 경우에는 보험자는 보험금을 지급할 책임이 있다. 이의 입증책임은 보험자에게 있다.
(× ☞ 보험계약자)

(23) 보험료의 지급과 보험자의 책임개시(제656조)

보험자의 책임은 당사자간에 **다른 약정이 없으면** 최초의 보험료의 지급을 받은 때로부터 개시한다.

(24) 보험사고발생의 통지의무(제657조)

① **보험계약자** 또는 **피보험자나 보험수익자**는 보험사고의 발생을 안 때에는 **지체 없이** 보험자에게 그 통지를 발송하여야 한다.

② 보험계약자 또는 피보험자나 보험수익자가 제①항의 통지의무를 해태함으로 인하여 손해가 증가된 때에는 **보험자**는 그 증가된 손해를 보상할 책임이 없다.

- 보험자의 책임은 당사자간에 다른 약정이 있으면 최초의 보험료의 지급을 받은 때로부터 개시한다. (× ☞ 다른 약정이 없으면)
- 보험계약자 또는 보험수익자는 보험사고의 발생을 안 때에는 지체 없이 보험자에게 그 통지를 발송하여야 한다. (× ☞ 피보험자나 보험수익자)
- 보험계약자 또는 피보험자나 보험수익자가 사고발생 통지의무를 해태함으로 인하여 손해가 증가된 때에 는 보험자는 그 증가된 손해도 보상할 책임이 있다.
(× ☞ 손해를 보상할 책임이 없다)

(25) 보험금액의 지급(제658조)

보험자는 보험금액의 지급에 관하여 약정기간이 있는 경우에는 그 기간 내에 약정기간이 없는 경우에는 제657조제①항의 통지를 받은 후 지체 없이 지급할 보험금액을 정하고 그 정하여진 날부터 10일내에 피보험자 또는 보험수익자에게 보험금액을 지급하여야 한다.

> 제657조제①항의 통지 : 보험계약자, 피보험자, 보험수익자가 보험사고의 발생을 알고 지체 없이 보험자에게 발송한 통지

(26) 보험자의 면책사유(제659조)

보험사고가 보험계약자 또는 피보험자나 보험수익자의 고의 또는 중대한 과실로 인하여 생긴 때에는 보험자는 보험금액을 지급할 책임이 없다.

(27) 전쟁위험 등으로 인한 면책(제660조)

보험사고가 전쟁 기타의 변란으로 인하여 생긴 때에는 당사자간에 다른 약정이 없으면 보험자는 보험금액을 지급할 책임이 없다.

(28) 재보험(제661조)

보험자는 보험사고로 인하여 부담할 책임에 대하여 다른 보험자와 재보험계약을 체결할 수 있다. 이 재보험계약은 원보험계약의 효력에 영향을 미치지 아니한다.

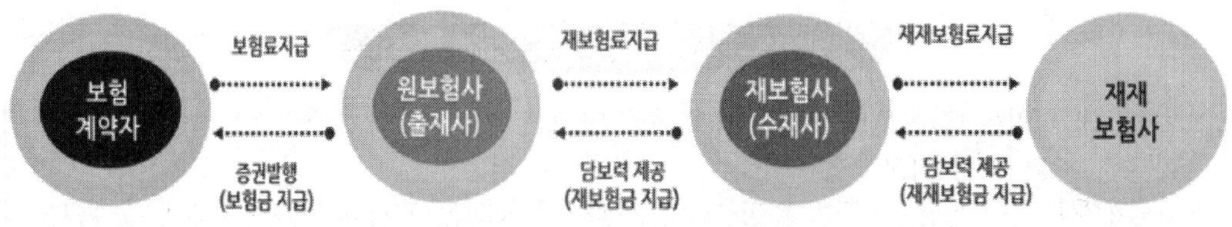

[계약관계와 위험의 전가]

출처 : 코리안리

(29) 소멸시효(제662조)

보험금청구권은 3년간, 보험료 또는 적립금의 반환청구권은 3년간, 보험료청구권은 2년간 행사하지 아니하면 시효의 완성으로 소멸한다.

- 보험금청구권 : 보험금 지급사유가 발생한 경우에, 피보험 또는 보험수익자가 보험자(보험회사)에 대하여 보험금을 청구할 수 있는 권리
- 보험료청구권 : 보험계약에서 보험계약자는 보험자의 위험부담에 대한 반대급부로 보험료를 납입할 의무를 지는데, 이에 대하여 보험자(보험회사)가 보험계약자에 대하여 갖는 보험료를 청구할 수 있는 권리

(30) 보험계약자 등의 불이익변경금지(제663조)

이 편의 규정은 당사자간의 특약으로 **보험계약자 또는 피보험자나 보험수익자의 불이익으로 변경하지 못한다.** 그러나 재보험 및 해상보험 기타 이와 유사한 보험의 경우에는 그러하지 아니하다.

(31) 상호보험, 공제 등에의 준용(제664조)

이 편(編)의 규정은 그 성질에 반하지 아니하는 범위에서 상호보험(相互保險), 공제(共濟), 그 밖에 이에 준하는 계약에 **준용**한다. 준용의 의미는 특정 조문을 그와 성질이 유사한 규율 대상에 대해 그 성질에 따라 다소 수정하여 적용하도록 하는 것이다.

오답노트

- 보험자는 보험금액의 지급에 관하여 약정기간이 없는 경우에는 보험사고 발생 통지를 받은 후 <u>10일이내</u>에 지급할 보험금액을 정하고 그 정하여진 날부터 <u>지체 없이</u> 피보험자 또는 보험수익자에게 보험금액을 지급하여야 한다. (× ☞ 지체 없이, 10일내에)
- 보험사고가 전쟁 기타의 변란으로 인하여 생긴 때에는 당사자간에 다른 약정이 있는 경우라도 보험자는 보험금액을 지급할 책임이 없다.
(× ☞ 당사자간에 다른 약정이 없으면)
- 보험금청구권은 <u>2년간</u>, 보험료 또는 적립금의 반환청구권은 <u>2년간</u>, 보험료청구권은 <u>3년간</u> 행사하지 아니하면 시효의 완성으로 소멸한다. (× ☞ 3년, 3년, 2년)

제1장 핵심기출문제

1. 보험계약에 관한 설명으로 옳지 않은 것은?

① 보험계약은 유상·쌍무계약이다.
② 보험계약은 보험자의 청약에 대하여 보험계약자가 승낙함으로써 성립한다.
③ 보험계약은 보험자의 보험금 지급책임이 우연한 사고의 발생에 달려 있으므로 사행계약의 성질을 갖는다.
④ 보험계약은 부합계약이다.

정답 및 해설

[해설]
낙성·불요식계약성 : 보험계약은 보험자와 보험계약자의 의사의 합치만으로 성립하고 그 성립요건으로서 특별한 요식행위를 요하지 않는다는 의미이다. 따라서 보험료의 지급이나, 보험증권의 작성이 없더라도 당사자의 의사의 합치만으로 보험계약은 성립하게 된다.

[정답] ②

---

2. 보험대리상의 권한에 해당하는 것은?

① 보험자가 작성한 보험증권을 피보험자에게 교부할 수 있는 권한
② 보험계약자로부터 보험계약의 체결, 변경, 해지 등 보험계약의 의사표시를 수령할 수 있는 권한
③ 보험계약자에게 청약, 고지, 통지, 해지, 취소 등 보험계약에 관한 의사표시를 할 수 있는 권한
④ 보험계약자로부터 보험료를 수령할 수 있는 권한

정답 및 해설

[해설] 보험대리상 등의 권한(상법 제646조의2)

① 보험계약자로부터 보험료를 수령할 수 있는 권한
② 보험자가 작성한 보험증권을 보험계약자에게 교부할 수 있는 권한

③ 보험계약자로부터 청약, 고지, 통지, 해지, 취소 등 보험계약에 관한 의사표시를 수령할 수 있는 권한
④ 보험계약자에게 보험계약의 체결, 변경, 해지 등 보험계약에 관한 의사표시를 할 수 있는 권한

[정답] ④

3. 타인을 위한 보험에 관한 설명으로 옳은 것은?

① 보험계약자는 위임을 받지 아니하면 특정의 타인을 위하여 보험계약을 체결할 수 없다.
② 타인을 위한 보험계약의 경우에 그 타인은 수익의 의사표시를 하여야 그 계약의 이익을 받을 수 있다.
③ 보험계약자가 불특정의 타인을 위한 보험을 그 타인의 위임 없이 체결할 경우에는 이를 보험자에게 고지할 필요가 없다.
④ 타인을 위한 보험계약의 경우 보험계약자가 보험료의 지급을 지체한 때에는 그 타인이 그 권리를 포기하지 아니하는 한 그 타인도 보험료를 지급할 의무가 있다.

정답 및 해설

[해설] ① 보험계약자는 위임을 받거나 위임을 받지 아니하고 특정 또는 불특정의 타인을 위하여 보험계약을 체결할 수 있다.
②③ 손해보험계약의 경우에 그 타인의 위임이 없는 때에는 보험계약자는 이를 보험자에게 고지하여야 하고, 그 고지가 없는 때에는 타인이 그 보험계약이 체결된 사실을 알지 못하였다는 사유로 보험자에게 대항하지 못한다.

[정답] ④

4. 상법상 보험에 관한 설명으로 옳은 것은?

① 보험증권의 멸실로 보험계약자가 증권의 재교부를 청구한 경우 증권의 작성비용은 보험자의 부담으로 한다.
② 보험기간의 시기는 보험계약 이후로만 하여야 한다.
③ 보험계약당시에 보험사고가 이미 발생하였을 경우 당사자 쌍방과 피보험자가 이를 알지 못하였어도 그 계약은 무효이다.
④ 보험계약의 당사자는 보험증권의 교부가 있은 날로부터 일정한 기간 내에 한하여 그 증권내용의 정부에 관한 이의를 할 수 있음을 약정할 수 있다. 이 기간은 1월을 내리지 못한다.

> **정답 및 해설**
>
> [해설] ① 증권작성의 비용은 보험계약자의 부담으로 한다.
> ② 소급보험(상법 제643조) : 보험계약은 그 계약전의 어느 시기를 보험기간의 시기로 할 수 있다.
> ③ 보험계약당시에 보험사고가 이미 발생하였거나 또는 발생할 수 없는 것인 때에는 그 계약은 무효로 한다. 그러나 당사자 쌍방과 피보험자가 이를 알지 못한 때에는 그러하지 아니하다.
> ④ 증권에 관한 이의약관의 효력(상법 제641조)
>
> [정답] ④

5. 보험계약의 해지에 관한 설명으로 옳지 않은 것은?

① 보험계약자가 보험계약을 전부 해지했을 때에는 언제든지 미경과보험료의 반환을 청구할 수 있다.

② 타인을 위한 보험의 경우를 제외하고, 보험사고가 발생하기 전에는 보험계약자는 언제든지 보험계약의 전부를 해지할 수 있다.

③ 타인을 위한 보험계약의 경우 보험사고가 발생하기 전에는 그 타인의 동의를 얻으면 그 계약을 해지할 수 있다.

④ 보험금액이 지급된 때에도 보험금액이 감액되지 아니하는 보험의 경우에는 보험계약자는 그 사고발생후에도 보험계약을 해지할 수 있다.

> **정답 및 해설**
>
> [해설] 상법 제649조(사고발생전의 임의해지)
> ① 보험계약자는 당사자간에 다른 약정이 없으면 미경과보험료의 반환을 청구할 수 있다.
>
> [정답] ①

6. 보험료의 지급과 지체의 효과에 관한 설명으로 옳은 것은?

① 보험계약자는 계약체결후 지체 없이 보험료의 전부 또는 제1회 보험료를 지급하여야 한다.

② 계속보험료가 약정한 시기에 지급되지 아니한 때에는 보험자는 상당한 기간을 정하여 보험계약자에게 최고하고 그 기간 내에 지급되지 아니한 때에는 그 계약은 해지된 것으로 본다.

③ 특정한 타인을 위한 보험의 경우에 보험계약자가 보험료의 지급을 지체한 때에는 보험자는 그 계약을 해제 또는 해지할 수 있다.

④ 보험계약자가 최초보험료를 지급하지 아니한 경우에는 다른 약정이 없는 한 계약성립후 1월이 경과하면 그 계약은 해제된 것으로 본다.

[해설] 상법 제650조(보험료의 지급과 지체의 효과)

① 보험계약자는 계약체결후 지체 없이 보험료의 전부 또는 제1회 보험료를 지급하여야 하며, 보험계약자가 이를 지급하지 아니하는 경우에는 다른 약정이 없는 한 계약성립후 2월이 경과하면 그 계약은 해제된 것으로 본다.

② 계속보험료가 약정한 시기에 지급되지 아니한 때에는 보험자는 상당한 기간을 정하여 보험계약자에게 최고하고 그 기간 내에 지급되지 아니한 때에는 그 계약을 해지할 수 있다.

③ 특정한 타인을 위한 보험의 경우에 보험계약자가 보험료의 지급을 지체한 때에는 보험자는 그 타인에게도 상당한 기간을 정하여 보험료의 지급을 최고한 후가 아니면 그 계약을 해제 또는 해지하지 못한다.

[정답] ①

7. 고지의무에 관한 설명으로 옳지 않은 것은?

① 고지의무를 부담하는 자는 보험계약상의 보험계약자 또는 보험수익자이다.

② 보험계약자가 고의로 중요한 사항을 고지하지 아니한 경우, 보험자는 계약 체결일로부터 1월이 된 시점에는 계약을 해지할 수 있다.

③ 보험자가 계약당시에 보험계약자의 고지의무위반 사실을 알았을 때에는 계약을 해지할 수 없다.

④ 보험계약자가 중대한 과실로 중요한 사항을 고지하지 아니한 경우, 보험자는 계약체결일로부터 5년이 경과한 시점에는 계약을 해지할 수 없다.

[해설] 고지의무는 보험계약자나 피보험자가 보험계약 체결 당시에 사고발생률을 측정하기 위하여 필요한 중요사항에 관하여 고지해야 할 의무 또는 부실고지를 해서는 안 될 의무를 말한다(상법 제651조). 고지의무를 부담하는 자는 보험계약자와 피보험자이다.

[정답] ①

8. 보험약관에 관한 설명으로 옳은 것을 모두 고른 것은? (다툼이 있으면 판례에 따름)

ㄱ. 보통보험약관이 계약당사자에 대하여 구속력을 가지는 것은 보험계약 당사자 사이에서 계약내용에 포함시키기로 합의하였기 때문이다.

ㄴ. 보험자가 약관의 교부·설명 의무를 위반한 경우에 보험계약이 성립한 날부터 3개월 이내에는 피보험자 또는 보험수익자도 그 계약을 해지할 수 있다.

ㄷ. 약관의 내용이 이미 법령에 의하여 정하여진 것을 되풀이 하는 정도에 불과한 경우, 보험
   자는 고객에게 이를 따로 설명하지 않아도 된다.

① ㄱ, ㄴ   ② ㄱ, ㄷ
③ ㄴ, ㄷ   ④ ㄱ, ㄴ, ㄷ

정답 및 해설

[해설] 상법 제638조의3(보험약관의 교부 · 설명 의무)
① 보험자는 보험계약을 체결할 때에 보험계약자에게 보험약관을 교부하고 그 약관의 중요한 내용을 설명하여야 한다.
② 보험자가 약관의 교부설명을 위반한 경우 보험계약자는 보험계약이 성립한 날부터 3개월 이내에 그 계약을 취소
   할 수 있다.

[정답] ②

9. 위험변경증가의 통지와 계약해지에 관한 설명으로 옳은 것은?

① 보험기간 중에 피보험자가 사고발생의 위험이 현저하게 변경 또는 증가된 사실을 안 때에
   는 지체 없이 보험자에게 통지하여야 한다.
② 보험계약체결 직전에 보험계약자가 사고발생의 위험이 변경 또는 증가된 사실을 안 때에
   는 지체 없이 보험자에게 통지하여야 한다.
③ 보험기간 중에 위험변경증가의 통지를 받은 때에는 보험자는 3개월 내에 보험료의 증액을
   청구할 수 있다.
④ 보험기간 중에 위험변경증가의 통지를 받은 때에는 보험자는 3개월 내에 계약을 해지할
   수 있다.

정답 및 해설

[해설] 상법 제652조(위험변경증가의 통지와 계약해지)
① 보험기간 중에 보험계약자 또는 피보험자가 사고발생의 위험이 현저하게 변경 또는 증가된 사실을 안 때에는
   지체 없이 보험자에게 통지하여야 한다. 이를 해태한 때에는 보험자는 그 사실을 안 날로부터 1월내에 한하여
   계약을 해지할 수 있다.
② 보험자가 보험기간 중에 위험변경증가의 통지를 받은 때에는 1월내에 보험료의 증액을 청구하거나 계약을 해지할
   수 있다.

[정답] ①

10. 보험계약자 등의 고의나 중과실로 인한 위험증가와 계약해지에 관한 설명으로 옳지 않은 것은? (다툼이 있으면 판례에 따름)

① 보험기간 중에 보험계약자의 중대한 과실로 인하여 사고발생의 위험이 현저하게 증가된 때에는 보험자는 그 사실을 안 날부터 1월내에 보험료의 증액을 청구할 수 있다.

② 위험의 현저한 변경이나 증가된 사실과 보험사고 발생과의 사이에 인과관계가 부존재 한다는 점에 관한 주장·입증책임은 보험자 측에 있다.

③ 보험기간 중에 피보험자의 고의로 인하여 사고발생의 위험이 현저하게 증가된 때에는 보험자는 그 사실을 안 날부터 1월내에 계약을 해지할 수 있다.

④ 사고 발생의 위험이 현저하게 변경 또는 증가된 사실이라 함은 그 변경 또는 증가된 위험이 보험계약의 체결 당시에 존재하고 있었다면 보험자가 보험계약을 체결하지 않았거나 적어도 그 보험료로는 보험을 인수하지 않았을 것으로 인정되는 정도의 것을 말한다.

[해설] ② 상법 제655조 단서에 의하여, 고지의무(告知義務)를 위반한 사실 또는 위험이 현저하게 변경되거나 증가된 사실이 보험사고 발생에 영향을 미치지 아니하였음이 증명된 경우에는 보험금을 지급할 책임이 있다.

[정답] ②

11. 보험사고발생의 통지의무에 관한 설명으로 옳은 것은?

① 상법은 보험사고발생의 통지의무위반 시 보험자의 계약해지권을 규정하고 있다.

② 보험계약자는 보험사고의 발생을 안 때에는 상당한 기간 내에 보험자에게 그 통지를 발송하여야 한다.

③ 피보험자가 보험사고발생의 통지의무를 해태함으로 인하여 손해가 증가된 때에는 보험자는 그 증가된 손해를 보상할 책임이 없다.

④ 보험수익자는 보험사고발생의 통지의무자에 포함되지 않는다.

[해설] 상법 제657조(보험사고발생의 통지의무)
① 통지의무란 보험계약의 효과로 발생된 의무로서 보험기간 중에 일정한 사실의 발생을 보험자에게 알리는 보험계약자 측의 의무를 말한다. 여기에는 위험의 변경·증가 통지의무와 보험사고 발생의 통지의무 그리고 기타 재보험의 특수한 통지의무가 있다.
② 보험계약자 또는 피보험자나 보험수익자는 보험사고의 발생을 안 때에는 지체 없이 보험자에게 그 통지를 발송하여야 한다.
③ 보험계약자 또는 피보험자나 보험수익자가 ②항의 통지의무를 해태함으로 인하여 손해가 증가된 때에는 보험자는 그 증가된 손해를 보상할 책임이 없다.

[정답] ③

12. 보험계약의 선의성을 유지하기 위해 상법 보험편에서 정하고 있는 내용으로 옳지 않은 것은?

　① 보험계약자, 피보험자의 고지의무
　② 손해보험에서 계약자, 피보험자의 고의 또는 중대한 과실에 따른 손해에 대한 면책
　③ 보험계약 성립시 보험자의 보험증권 작성 및 교부
　④ 손해보험에서 보험계약자, 피보험자의 보험사고 발생시 손해방지 의무

정답 및 해설

[해설] 보험계약 성립시 보험자의 보험증권 작성 및 교부는 보험의 선의성과는 무관하다

[정답] ③

13. 약관설명의무에 관한 내용이다. 상법 보험편에서 정하고 있는 내용으로 올바른 것은?

　① 보험자의 약관 설명의무 위반인 경우 보험계약자는 보험계약이 체결된 날부터 3개월 이내에 그 계약을 취소할 수 있다.
　② 보험자의 약관 설명의무 위반인 경우 보험계약자는 보험계약이 체결된 날부터 3개월 이내에 그 계약을 해지할 수 있다.
　③ 보험자의 약관 설명의무 위반인 경우 보험계약자는 보험계약이 성립한 날부터 3개월 이내에 그 계약을 취소할 수 있다.
　④ 보험자의 약관 설명의무 위반인 경우 보험계약자는 보험계약이 성립한 날부터 3개월 이내에 그 계약을 해지할 수 있다.

정답 및 해설

[해설] 보험자의 약관 설명의무 위반인 경우 보험계약자는 보험계약이 성립한 날부터 3개월 이내에 그 계약을 취소할 수 있다.(상법 638조의3)

[정답] ③

14. 보험증권에 관한 내용이다. 다음 보기 중 가장 옳은 것은?

① 보험자는 보험계약을 체결한 때에는 지체 없이 보험증권을 작성하여 보험계약자에게 교부하여야 한다. 그러나 보험계약자가 보험료의 전부 또는 최초의 보험료를 지급하지 아니한 때에는 그러하지 아니하다.

② 보험계약의 당사자는 보험증권의 교부가 있은 날로부터 일정한 기간 내에 한하여 그 증권내용의 정부에 관한 이의를 할 수 있음을 약정할 수 있다. 이 기간은 1월을 내리지 못한다.

③ 기존의 보험계약을 연장하거나 변경한 경우에는 보험자는 반드시 새로운 작성하여 보험증권의 교부하여야 한다.

④ 보험증권을 멸실 또는 현저하게 훼손한 때에는 보험계약자는 보험자에 대하여 증권의 재교부를 청구할 수 있다. 그 증권작성의 비용은 보험자의 부담으로 한다.

[해설] ① 보험자는 보험계약이 성립한 때에는 지체 없이 보험증권을 작성하여 보험계약자에게 교부하여야 한다. 그러나 보험계약자가 보험료의 전부 또는 최초의 보험료를 지급하지 아니한 때에는 그러하지 아니하다.
③ 기존의 보험계약을 연장하거나 변경한 경우에는 보험자는 그 보험증권에 그 사실을 기재함으로써 보험증권의 교부에 갈음할 수 있다.
④ 보험증권을 멸실 또는 현저하게 훼손한 때에는 보험계약자는 보험자에 대하여 증권의 재교부를 청구할 수 있다. 그 증권작성의 비용은 보험계약자의 부담으로 한다.

[정답] ②

15. 특별위험의 소멸에 관한 내용이다. 가장 올바른 것을 고르시오?

① 특별위험을 예기하여 보험자는 보험료의 액을 정한다.

② 보험기간중 그 예기한 특별위험이 소멸된 경우 보험계약자는 보험료의 감액을 청구할 수 있으며, 보험료의 감액은 소급효가 인정되고 있다.

③ 보험기간중 그 예기한 특별위험이 감소된 경우 보험계약자는 그 후의 보험료의 감액을 청구할 수있으며 보험료의 감액은 소급효가 인정되고 있다.

④ 보험기간중 그 예기한 특별위험이 소멸된 경우 보험계약자는 그 후의 보험료의 감액을 청구할 수 있다.

[해설] ① 보험계약의 당사자가 특별위험을 예기하여 액을 정한다.
② 보험기간중 그 예기한 특별위험이 소멸된 경우 보험계약자는 그 후의 보험료의 감액을 청구할 수 있으며 보험료의 감액은 소급효가 인정되지 않는다. 즉 장래에 한하여 적용된다.
④ 보험기간중 그 예기한 특별위험이 소멸된 경우 보험계약자는 보험료의 감액을 청구할 수 있으며, 보험료의 감액은 소급효가 불인정되고 있다.(보험료의 감액은 장래에 한하여 감액한다)

[정답] ④

16. 보험료의 지급과 보험자의 책임개시에 관한 사항이다. 가장 옳은 것은?

① 보험자의 책임은 당사자간에 다른 약정이 없으면 최초 보험료를 지급받은 때부터 개시한다.

② 보험자의 책임은 당사자가의 약정 유무와 무관하게 최초 보험료를 지급받은 때부터 개시한다.

③ 보험자의 책임은 당사자간에 다른 약정이 있으면 최초 보험료를 지급받은 때부터 개시한다.

④ 보험자의 책임은 당사자간에 다른 약정이 없으면 보험계약이 성립한 때부터 개시한다.

정답 및 해설

[해설] 상법 제656조(보험료의 지급과 보험자의 책임개시)
보험자의 책임은 당사자간에 다른 약정이 없으면 최초의 보험료의 지급을 받은 때로부터 개시한다.

[정답] ①

17. 초과보험에 관한 설명으로 옳은 것은?

① 보험계약자의 사기로 인하여 체결된 초과보험계약의 초과된 부분은 무효로 한다.

② 초과보험의 효과로서 보험료 감액 청구에 따른 보험료의 감액은 소급효가 있다.

③ 초과보험이 성립하기 위해서는 보험계약의 목적의 가액이 보험금액을 현저하게 초과하여야 한다.

④ 보험가액이 보험기간 중에 현저하게 감소한 경우에 보험자 또는 보험계약자는 보험료와 보험금액의 감액을 청구할 수 있다.

정답 및 해설

[해설] 초과보험(제669조)
① 보험계약자의 사기로 인하여 체결된 보험계약은 무효로 한다.
② 초과보험의 효과로서 보험료 감액 청구에 따른 보험료의 감액은 소급효가 불인정된다.
③ 초과보험이 성립하기 위해서는 보험금액이 보험계약 목적의 가액을 현저하게 초과하여야 한다.

[정답] ④

18. 보험사고 발생통지와 보험금액 지급에 관한 사항이다. 가장 옳지 않은 것은?

① 보험계약자 또는 피보험자나 보험수익자가 사고발생 통지의무를 해태함으로 인하여 손해가 증가된 때에는 보험자는 그 증가된 손해를 보상할 책임이 없다.
② 보험계약자 또는 피보험자나 보험수익자는 보험사고가 발생한 때에는 지체 없이 보험자에게 그 통지를 발송하여야 한다.
③ 보험자는 보험금액의 지급에 관하여 약정기간이 있는 경우에는 그 약정 기간 내에 피보험자 또는 보험수익자에게 보험금액을 지급하여야 한다.
④ 보험자는 보험금액의 지급에 관하여 약정이 없는 경우에는 사고발생통지를 받은 후 지체없이 지급할 보험금액을 정하고 그 정하여진 날부터 10일내에 피보험자 또는 보험수익자에게 보험금액을 지급하여야 한다.

[해설] 상법 제657조(보험사고발생의 통지의무)
보험계약자 또는 피보험자나 보험수익자는 보험사고의 발생을 안 때에는 지체 없이 보험자에게 그 통지를 발송하여야 한다.

[정답] ②

19. 보험자의 면책에 관한 사항이다. 가장 옳지 않는 것은?

① 보험사고가 보험계약자 또는 피보험자나 보험수익자의 고의 또는 중대한 과실로 인하여 생긴 때에는 보험자는 보험금액을 지급할 책임이 없다.
② 보험사고가 전쟁 기타의 변란으로 인하여 생긴 때에는 당사자간에 다른 약정이 있으면 보험자는 보험금액을 지급할 책임을 면하지 못한다.
③ 보험사고가 보험계약자 또는 피보험자의 고의 또는 중대한 과실로 인하여 생긴 때에는 보험자는 보험금액을 지급할 책임이 없다. 다만 수익자의 고의 또는 중대한 과실로 인하여 생긴때에는 보험자는 보험금 지급의 책임을 면하지 못한다.
④ 보험사고가 전쟁 기타의 변란으로 인하여 생긴 때에는 당사자간에 다른 약정이 없으면 보험자는 보험금액을 지급할 책임이 없다.

[해설] 상법 제659조(보험자의 면책사유)
보험사고가 보험계약자 또는 피보험자나 보험수익자의 고의 또는 중대한 과실로 인하여 생긴 때에는 보험자는 보험금액을 지급할 책임이 없다.

[정답] ③

20. 상법 보험편에서 정하고 있는 내용 중 가장 옳은 것을 고르시오?

① 보험자는 보험사고로 인하여 부담할 책임에 대하여 다른 보험자와 재보험계약을 체결할 수 있다. 이 재보험계약은 원보험계약의 효력에 영향을 미친다.

② 보험금청구권은 3년간, 보험료 또는 적립금의 반환청구권은 2년간, 보험료청구권은 2 년간 행사하지 아니하면 시효의 완성으로 소멸한다.

③ 상법 보험편의 규정은 당사자간의 특약으로 보험계약자 또는 피보험자나 보험수익자의 불이익으로 변경하지 못한다. 재보험 및 해상보험 기타 이와 유사한 보험의 경우에는 또한 같다.

④ 상법 보험편의 규정은 그 성질에 반하지 아니하는 범위에서 상호보험, 공제, 그 밖에 이에 준하는 계약에 준용한다.

정답 및 해설

[해설] ① 제661조(재보험) : 보험자는 보험사고로 인하여 부담할 책임에 대하여 다른 보험자와 재보험계약을 체결할 수 있다. 이 재보험계약은 원보험계약의 효력에 영향을 미치지 아니한다.

② 제662조(소멸시효) : 보험금청구권은 3년간, 보험료 또는 적립금의 반환청구권은 3년간, 보험료청구권은 2년 간 행사하지 아니하면 시효의 완성으로 소멸한다.

③ 제663조(보험계약자 등의 불이익변경금지) : 이 편의 규정은 당사자간의 특약으로 보험계약자 또는 피보험자나 보험수익자의 불이익으로 변경하지 못한다. 그러나 재보험 및 해상보험 기타 이와 유사한 보험의 경우에는 그러하지 아니하다.

[정답] ④

제2장 손해보험

01 | 통칙

(1) 손해보험자의 책임(제665조)

손해보험계약의 보험자는 보험사고로 인하여 생길 **피보험자**의 재산상의 손해를 보상할 책임이 있다.

(2) 손해보험증권(제666조)

손해보험증권에는 다음의 사항을 기재하고 **보험자가 기명날인** 또는 **서명**하여야 한다.

1. 보험의 목적	2. 보험사고의 성질
3. 보험금액	4. 보험료와 그 지급방법
5. 보험기간을 정한 때에는 그 시기와 종기	6. 무효와 실권의 사유
7. 보험계약자의 주소와 성명 또는 상호	7의2. 피보험자의 주소, 성명 또는 상호
8. 보험계약의 연월일	9. **보험증권의 작성지**와 그 작성년월일

※ 기재사항이 아닌 것 : 보험자의 설립 연월일, 보험계약 체결 장소, 보험료의 산출방법

(3) 상실이익 등의 불산입(제667조)

보험사고로 인하여 상실된 피보험자가 얻을 이익이나 보수는 당사자간에 다른 약정이 없으면 보험자가 보상할 손해액에 산입하지 아니한다.

(4) 보험계약의 목적(제668조)

① 손해보험계약은 손해의 보상을 목적으로 하는 것이므로 손해의 전제로서 손해를 문제삼을 어떠한 이익이 존재하여야 한다. 이익을 '피보험이익'이라고 하며, 상법에서는 '보험계약의 목적'이라고 부르고 있다.

② 보험계약은 **금전으로 산정할 수 있는 이익**에 한하여 보험계약의 목적으로 할 수 있다.

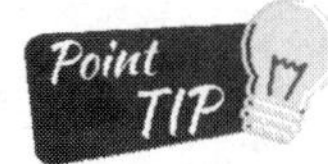

피보험이익의 요건

- 경제적 이익 : 피보험이익은 금전적으로 산정할 수 있는 이익으로 여기서 말하는 '금전적으로 산정할 수 있는 이익'이란 객관적 평가가 가능한 이익을 의미한다. 즉 금전적으로 산정할 수 없는 손해는 사실상 불가능하다는 것인데 이는 피보험자가 보험을 남용해 실제 손해액 이상의 손해보상을 받을 염려가 있기 때문이다. 따라서 감정적 이익이나 기호이익 등은 피보험이익이 될 수 없다.
- 확정적 이익 : 피보험이익은 보험계약을 체결할 당시 존재나 소속이 확정되어 있거나 적어도 사고가 발생했을 때까지 확정할 수 있는 것이어야 한다. 따라서 피보험이익은 확정할 수만 있으면 현재의 이익 외 장래의 이익이나 조건부 이익 등도 보험계약의 목적으로 할 수 있다.
- 적법한 이익 : 피보험이익은 법의 보호를 받을 수 있어야하므로 선량한 풍속 기타 사회질서에 위반한 사항을 내용으로 하는 법률행위는 무효로 한다. 즉 탈세나 절도 및 도박 등으로 인해 얻을 이익 등은 피보험이익으로 인정되지 않는다.

(5) 초과보험(제669조)

① 보험금액이 보험계약의 목적의 가액을 현저하게 초과한 때에는 **보험자** 또는 **보험계약자**는 보험료와 보험금액의 감액을 청구할 수 있다. 그러나 **보험료의 감액은 장래에 대하여서만 그 효력이 있다.**

② 제1항의 가액은 계약당시의 가액에 의하여 정한다.

③ 보험가액이 보험기간 중에 현저하게 감소된 때에도 제1항과 같다.

④ 제1항의 경우에 계약이 보험계약자의 사기로 인하여 체결된 때에는 그 계약은 무효로 한다. 그러나 보험자는 그 사실을 안 때까지의 보험료를 청구할 수 있다.

보험가입금액과 보험가액

- 보험가입금액 : 보험가입자의 재산 피해에 따른 손해가 발생한 경우 보험에서 최대로 보상할 수 있는 한도액으로서 보험가입자와 재배보험사업자간에 약정한 금액
- 보험가액 : 재산보험에 있어 피보험이익을 금전으로 평가한 금액으로 보험 목적에 발생할 수 있는 최대 손해액(재해보험사업자가 실제 지급하는 보험금은 보험가액을 초과할 수 없음)
- 초과보험 : 보험가입금액 〉 보험가액
- 일부보험 : 보험가입금액 〈 보험가액
- 전부보험 : 보험가입금액 = 보험가액

(6) 기평가보험(제670조)

① 당사자간에 보험가액을 정한 때에는 그 가액은 사고발생시의 가액으로 정한 것으로 **추정**한다.

② 그러나 그 가액이 사고발생시의 가액을 현저하게 초과할 때에는 **사고발생시의 가액**을 보험가액으로 한다.

(7) 미평가보험(제671조)

당사자간에 보험가액을 정하지 아니한 때에는 사고발생시의 가액을 보험가액으로 한다.

(8) 중복보험(제672조)

① 동일한 보험계약의 목적과 동일한 사고에 관하여 수개의 보험계약이 동시에 또는 순차로 체결된 경우에 그 **보험금액의 총액**이 보험가액을 초과한 때에는 보험자는 **각자의 보험금액의 한도에서 연대책임**을 진다. 이 경우에는 각 보험자의 보상책임은 **각자의 보험금액의 비율**에 따른다.

② 동일한 보험계약의 목적과 동일한 사고에 관하여 수개의 보험계약을 체결하는 경우에는 보험계약자는 각 보험자에 대하여 각 보험계약의 내용을 통지하여야 한다.

③ 제669조제4항의 규정은 제1항의 보험계약에 준용한다.

(9) 중복보험과 보험자 1인에 대한 권리포기(제673조)

제672조의 규정에 의한 수개의 보험계약을 체결한 경우에 보험자 1인에 대한 권리의 포기는 다른 보험자의 권리의무에 **영향**을 미치지 아니한다.

(10) 일부보험(제674조)

보험가액의 일부를 보험에 붙인 경우에는 보험자는 **보험금액의 보험가액**에 대한 비율에 따라 보상할 책임을 진다. 그러나 당사자간에 다른 약정이 있는 때에는 보험자는 **보험금액의 한도내**에서 그 손해를 보상할 책임을 진다.

(11) 사고발생 후의 목적멸실과 보상책임(제675조)

보험의 목적에 관하여 **보험자가 부담할 손해**가 생긴 경우에는 그 후 그 목적이 보험자가 부담하지 아니하는 보험사고의 발생으로 인하여 멸실된 때에도 보험자는 이미 생긴 손해를 보상할 책임을 면하지 못한다.

(12) 손해액의 산정기준(제676조)

① 보험자가 보상할 손해액은 그 손해가 발생한 때와 곳의 가액에 의하여 산정한다. 그러나 당사자간에 다른 약정이 있는 때에는 그 신품가액에 의하여 손해액을 산정할 수 있다.

② 제1항의 손해액의 산정에 관한 비용은 보험자의 부담으로 한다.

손해보상 원칙의 적용 제외

- 신가보험 : 신품가액에 의해 손해를 보상하는 계약이다. 이는 피보험자가 신구교환차익을 얻어 이득금지의 원칙에 위배되지만 공서양속과 보험의 목적에 어긋나지 않으므로 예외로 인정한다.
- 전손 시 협정보험가액 : 보험계약 당사자 간에 미리 보험가액을 협정한 가평가보험의 경우 그 보험가액이 실제 손해액보다 많은 경우에도 그 차액이 적으면 협정보험가액으로 보상한다.
- 손해방지비용 : 손해 방지 및 경감을 위해 필요하거나 유익했던 비용을 말한다. 보험계약자, 피보험자가 손해방지를 위하여 소요된 비용으로 보험자는 손해액과 손해방지비용의 합계액이 보험금액을 초과하더라도 보상한다.
- 생명보험 : 생명보험에서는 이득금지의 원칙이 적용되지 않는다. 단, 상해나 질병보험에서는 치료에 들어가는 의료실비가 부정액보험으로 손해보험의 성격을 가져 당사자 특약으로 이득금지의 원칙이 적용될 수 있다.

(13) 보험료체납과 보상액의 공제(제677조)

보험자가 손해를 보상할 경우에 보험료의 지급을 받지 아니한 잔액이 있으면 그 지급기일이 도래하지 아니한 때라도 보상할 금액에서 이를 공제할 수 있다.

(14) 보험자의 면책사유(제678조)

보험의 목적의 성질, 하자 또는 자연소모로 인한 손해는 보험자가 이를 보상할 책임이 없다.

(15) 보험목적의 양도(제679조)

① 피보험자가 보험의 목적을 양도한 때에는 양수인은 보험계약상의 권리와 의무를 승계한 것으로 추정한다.

② 제1항의 경우에 보험의 목적의 양도인 또는 양수인은 보험자에 대하여 지체 없이 그 사실을 통지하여야 한다.

(16) 손해방지의무(제680조)

보험계약자와 피보험자는 손해의 방지와 경감을 위하여 노력하여야 한다. 그러나 이를 위하여 필요 또는 유익하였던 비용과 보상액이 보험금액을 초과한 경우라도 보험자가 이를 부담한다.

(17) 보험목적에 관한 보험대위(제681조)

① 보험의 목적의 전부가 멸실한 경우에 보험금액의 전부를 지급한 보험자는 그 목적에 대한 피보험자의 권리를 취득한다.

② 그러나 보험가액의 일부를 보험에 붙인 경우에는 보험자가 취득할 권리는 보험금액의 보험가액에 대한 비율에 따라 이를 정한다.

 **용어 체크**

- 잔존물 대위 : 보험의 목적의 전부가 멸실한 경우에 보험금 전액을 지급한 보험자가 피보험자의 보험의 목적에 관한 (물권적)권리를 법률상 당연히 취득하는 제도
- 잔존물대위권 : 잔존물대위의 권리

(18) 제3자에 대한 보험대위(제682조)

① 손해가 제3자의 행위로 인하여 발생한 경우에 **보험금을 지급한** 보험자는 그 지급한 금액의 한도에서 그 제3자에 대한 보험계약자 또는 피보험자의 권리를 취득한다. 다만, 보험자가 보상할 **보험금의 일부를 지급한** 경우에는 피보험자의 권리를 침해하지 **아니하는 범위에서 그 권리를 행사할** 수 있다.

② 보험계약자나 피보험자의 제1항에 따른 권리가 그와 생계를 같이 하는 가족에 대한 것인 경우 보험자는 그 권리를 **취득하지 못한다.** 다만, 손해가 그 가족의 **고의로** 인하여 발생한 경우에는 **그러하지 아니하다.**

 **용어 체크**

- 청구권 대위 : 보험금을 지급한 보험자(보험회사)가 보험사고의 발생에 책임이 있는 제3자에 대하여 보험계약자 또는 피보험자의 권리를 취득하는 것을 말하며, 보험자대위라고도 한다.

02 | 화재보험

(1) 화재보험

① 화재보험계약에서 화재라 함은 화력의 독립연소를 뜻한다. 보험자는 연소를 수반하지 아니한 화력으로 인한 손해에 대하여는 보상할 책임이 없다.

② 건물 및 해당 건물의 수용물에 일어난 화재로 생긴 피해를 보상하는 보험이다.

(2) 화재보험자의 책임(제683조)

화재로 인하여 생긴 **손해를 보상할 목적**으로 하는 손해보험계약이다.

화재보험의 피보험이익

- 피보험이익 : 보험사고와 관련하여 피보험자가 가지는 경제적인 이익
- 동일건물에 대한 화재보험계약 시 소유주의 피보험이익(건물손실), 임차인의 피보험이익(점포휴업), 목적물 담보권자의 피보험이익(채권보전)

(3) 소방 등의 조치로 인한 손해의 보상(제684조)

보험자는 화재의 소방 또는 손해의 감소에 필요한 조치로 인하여 생긴 손해를 보상할 책임이 있다.

(4) 화재보험증권(제685조)

① 건물을 보험의 목적으로 한 때에는 그 소재지, **구조와 용도**

② 동산을 보험의 목적으로 한 때에는 그 **존치한 장소의 상태와 용도**

③ 보험가액을 정한 때에는 그 가액

(5) 집합보험의 목적(제686조)

집합된 물건을 일괄하여 보험의 목적으로 한 때에는 피보험자의 가족과 사용인의 물건도 **보험의 목적에 포함된 것으로 한다.** 이 경우에는 그 보험은 그 가족 또는 사용인을 위하여서도 체결한 것으로 본다.

(6) 동전(제687조)

집합된 물건을 일괄하여 보험의 목적으로 한 때에는 그 목적에 속한 물건이 보험기간중에 수시로 교체된 경우에도 **보험사고의 발생 시**에 현존한 물건은 보험의 목적에 포함된 것으로 한다.

특정보험 & 총괄보험

- 특정보험 : 보험의 목적이 특정되어 있는 것을 담보하는 보험
- 총괄보험 : 보험의 목적이 특정되지 아니하고 수시로 교체되는 것을 예정하고 있는 보험

- [기출유형] 집합보험 중에서 보험의 목적이 특정되어 있는 것을 담보하는 보험을 <u>총괄보험</u>이라고 하며, 보험목적의 일부 또는 전부가 수시로 교체될 것을 예정하고 있는 보험을 <u>특정보험</u>이라 한다. (× ☞ 특정보험, 총괄보험)

제2장 핵심기출문제

1. 손해보험에 관한 설명으로 옳지 않은 것은? (단, 다른 약정이 없음을 전제로 함)

① 보험사고로 인하여 상실된 피보험자가 얻을 보수는 보험자가 보상할 손해액에 산입하여야 한다.
② 보험계약은 금전으로 산정할 수 있는 이익에 한하여 보험계약의 목적으로 할 수 있다.
③ 무효와 실권의 사유는 손해보험증권의 기재사항이다.
④ 당사자간에 보험가액을 정하지 아니한 때에는 사고발생시의 가액을 보험가액으로 한다.

[해설] 상법 제667조 (상실이익 등의 불산입)
보험사고로 인하여 상실된 피보험자가 얻을 이익이나 보수는 당사자간에 다른 약정이 없으면 보험자가 보상할 손해액에 산입하지 아니한다.

[정답] ①

2. 손해보험계약에서의 피보험이익에 관한 설명으로 옳지 않은 것은?

① 피보험이익은 보험의 도박화를 방지하는 기능이 있다.
② 피보험이익은 적법한 것이어야 한다.
③ 피보험이익은 보험자의 책임범위를 정하는 표준이 된다.
④ 동일한 건물에 대하여 소유권자와 저당권자는 각자 독립한 보험계약을 체결할 수 없다.

[해설] 동일한 건물에 대하여 소유권자와 저당권자는 각자 독립한 보험계약을 체결할 수 있다. 즉 소유권자는 소유이익, 저당권자는 담보이익, 임차인은 사용이익이라는 피보험이익이 있으므로 피보험 이익이 다른 경우 각자는 보험계약을 체결할 수 있다.

[정답] ④

3. 손해보험자의 책임과 손해보험 증권에 관한 사항이다. 가장 옳지 않은 것은?

① 손해보험 증권에는 보험의 목적과 보험사고의 성질이 기재되어야 한다.
② 손해보험 증권에는 보험금액, 보험료와 그 지급방법이 기재되어야 한다.
③ 손해보험 증권은 보험계약 당사자가 합의하여 작성하고 보험증권에는 계약 당사자가 기명 날인하고 서명 하여야 한다.
④ 손해보험계약의 보험자는 보험사고로 인하여 생길 피보험자의 재산상의 손해를 보상할 책임이 있다.

[해설] 상법 제666조(손해보험증권)
손해보험증권에는 다음의 사항을 기재하고 보험자가 기명날인 또는 서명하여야 한다.

1. 보험의 목적	2. 보험사고의 성질
3. 보험금액	4. 보험료와 그 지급방법
5. 보험기간을 정한 때에는 그 시기와 종기	6. 무효와 실권의 사유
7. 보험계약자의 주소와 성명 또는 상호	7의2. 피보험자의 주소, 성명 또는 상호
8. 보험계약의 연월일	9. **보험증권의 작성지**와 그 작성년월일

[정답] ③

4. 손해보험에 관한 설명으로 옳지 않은 것은? (단, 다른 약정이 없음을 전제로 함)

① 보험사고로 인하여 상실된 피보험자가 얻을 보수는 보험자가 보상할 손해액에 산입하여야 한다.
② 보험계약은 금전으로 산정할 수 있는 이익에 한하여 보험계약의 목적으로 할 수 있다.
③ 무효와 실권의 사유는 손해보험증권의 기재사항이다.
④ 당사자간에 보험가액을 정하지 아니한 때에는 사고발생시의 가액을 보험가액으로 한다.

[해설] 상법 제667조(상실이익 등의 불산입)
보험사고로 인하여 상실된 피보험자가 얻을 이익이나 보수는 당사자간에 다른 약정이 없으면 보험자가 보상할 손해액에 산입하지 아니한다.

[정답] ①

5. 보험금액의 지급에 관한 설명으로 옳지 않은 것은? (다툼이 있으면 판례에 따름)

① 보험금액의 지급에 관하여 약정기간이 있는 경우, 보험자는 그 기간 내에 보험금액을 지급하여야 한다.

② 보험금액의 지급에 관하여 약정기간이 없는 경우, 보험자는 보험사고발생의 통지를 받은 후 지체 없이 지급할 보험금액을 정하여야 한다.

③ 보험금액의 지급에 관하여 약정기간이 없는 경우, 보험금액이 정하여진 날부터 1월내에 보험수익자에게 보험금액을 지급하여야 한다.

④ 보험계약자의 동의없이 보험자와 피보험자 사이에 한 보험금 지급기한 유예의 합의는 유효하다.

정답 및 해설

[해설] 상법 제658조(보험금액의 지급)
보험자는 보험금액의 지급에 관하여 약정기간이 있는 경우에는 그 기간 내에 약정기간이 없는 경우에는 제657조제1항의 통지를 받은 후 지체 없이 지급할 보험금액을 정하고 그 정하여진 날부터 10일내에 피보험자 또는 보험수익자에게 보험금액을 지급하여야 한다.

[정답] ③

6. 중복보험에 관한 설명으로 옳은 것을 모두 고른 것은?

ㄱ. 중복보험의 경우 보험자 1인에 대한 권리의 포기는 다른 보험자의 권리의무에 영향을 미치지 않는다.

ㄴ. 중복보험계약을 체결하는 경우에는 보험계약자는 각 보험자에 대하여 각 보험계약의 내용을 통지하여야 한다.

ㄷ. 중복보험에서 보험금액의 총액이 보험가액을 초과한 때에는 보험자는 각자의 보험금액의 한도에서 연대책임을 진다.

① ㄱ

② ㄱ, ㄴ

③ ㄴ, ㄷ

④ ㄱ, ㄴ, ㄷ

정답 및 해설

[해설] 상법 제672조(중복보험)
① 동일한 보험계약의 목적과 동일한 사고에 관하여 수개의 보험계약이 동시에 또는 순차로 체결된 경우에 그 보험금액의 총액이 보험가액을 초과한 때에는 보험자는 각자의 보험금액의 한도에서 연대책임을 진다. 이 경우에는 각 보험자의 보상책임은 각자의 보험금액의 비율에 따른다.

② 동일한 보험계약의 목적과 동일한 사고에 관하여 수개의 보험계약을 체결하는 경우에는 보험계약자는 각 보험자에 대하여 각 보험계약의 내용을 통지하여야 한다.
③ 제669조제4항의 규정은 제1항의 보험계약에 준용한다.

* 상법 제673조(중복보험과 보험자 1인에 대한 권리포기)
  제672조의 규정에 의한 수개의 보험계약을 체결한 경우에 보험자 1인에 대한 권리의 포기는 다른 보험자의 권리의무에 영향을 미치지 아니한다.

[정답] ④

7. 미평가보험 및 중복보험에 관한 내용이다, 가장 옳지 않은 것은?

① 동일한 보험계약의 목적과 동일한 사고에 관하여 수개의 보험계약이 동시에 또는 순차로 체결된 경우에 그 보험금액의 총액이 보험가액을 초과한 때에는 보험자는 각자의 보험금액의 한도에서 연대책임을 진다. 이 경우에는 각 보험자의 보상책임은 각자의 보험금액의 비율에 따른다.
② 동일한 보험계약의 목적과 동일한 사고에 관하여 수개의 보험계약을 체결한 경우에 보험자 1인에 대한 권리의 포기는 다른 보험자의 권리의무에 영향을 미치지 아니한다.
③ 동일한 보험계약의 목적과 동일한 사고에 관하여 수개의 보험계약을 체결하는 경우에는 보험계약자는 각 보험자에 대하여 각 보험계약의 내용을 통지하여야 한다.
④ 당사자간에 보험가액을 정하지 아니한 때에는 계약당시의 가액을 보험가액으로 한다.

정답 및 해설

[해설] 상법 제671조(미평가보험)
당사자간에 보험가액을 정하지 아니한 때에는 사고발생시의 가액을 보험가액으로 한다.

[정답] ④

8. 甲은 보험가액이 2억원인 건물에 대하여 보험금액을 1억원으로 하는 손해보험에 가입하였다. 이에 관한 설명으로 옳지 않은 것은? (단, 다른 약정이 없음을 전제로 함)

① 일부보험에 해당한다.
② 전손(全損)인 경우에는 보험자는 1억원을 지급한다.
③ 1억원의 손해가 발생한 경우에는 보험자는 1억원을 지급한다.
④ 8천만원의 손해가 발생한 경우에는 보험자는 4천만원을 지급한다.

[해설] ③ 전손사고 시라도 손해액에 대해 50%만 보상받을 수 있기 때문에 5천만원을 지급한다.(비례보상)
일부보험(보험가액〉보험가입금액)이란 보험가입금액이 보험가액에 미달한 경우의 보험을 말한다. 보험회사는 보험가액에 대한 보험가입금액의 비율에 따라 보상 한다.
※ 보상액 = 손해액 × (보험가입금액/보험가액)

[정답] ③

9. 일부보험에 관한 내용이다. 가장 옳지 않은 것은?

① 보험가액의 일부를 보험에 붙인 보험이다.
② 보험자는 보험금액의 보험가액에 대한 비율에 따라 보상할 책임이 있다.
③ 일부보험의 경우 당사자간의 약정이 있는 경우 보험자는 보험금액의 한도 내용에 그 손해를 보상할 책임이 있다.
④ 일부보험의 경우 당사자간의 약정이 없는 경우 보험자는 보험금액의 한도 내용에 그 손해를 보상할 책임이 있다.

[해설] 상법 제674조(일부보험)
보험가액의 일부를 보험에 붙인 경우에는 보험자는 보험금액의 보험가액에 대한 비율에 따라 보상할 책임을 진다.
그러나 당사자간에 다른 약정이 있는 때에는 보험자는 보험금액의 한도내에서 그 손해를 보상할 책임을 진다.

[정답] ④

10. 손해액 산정에 관한 설명으로 옳지 않은 것은?

① 손해액 산정에 필요한 비용은 보험자와 보험계약자 및 보험수익자가 공동으로 부담한다.
② 당사자간에 다른 약정이 있는 때에는 신품가액에 의하여 보험자가 보상할 손해액을 산정할 수 있다.
③ 보험사고로 인하여 상실된 피보험자가 얻을 이익은 당사자간에 다른 약정이 없으면 보험자가 보상할 손해액에 산입하지 아니한다.
④ 손해보상은 원칙적으로 금전으로 하지만 당사자의 합의로 손해의 전부 또는 일부를 현물로 보상할 수 있다.

[해설] 상법 제676조(손해액의 산정기준)
① 보험자가 보상할 손해액은 그 손해가 발생한 때와 곳의 가액에 의하여 산정한다. 그러나 당사자간에 다른 약정이 있는 때에는 그 신품가액에 의하여 손해액을 산정할 수 있다.
② 제1항의 손해액의 산정에 관한 비용은 보험자의 부담으로 한다.

[정답] ①

11. 손해보험에 관한 설명으로 옳지 않은 것은?

① 보험자가 손해를 보상할 경우에 보험료의 지급을 받지 아니한 잔액이 있으면 그 지급기일이 도래하지 아니한 때라도 보상할 금액에서 이를 공제할 수 있다.
② 보험계약자가 손해의 방지와 경감을 위하여 필요 또는 유익하였던 비용과 보상액이 보험금액을 초과한 경우에는 보험자는 보험금액의 한도내에서 이를 부담한다.
③ 보험의 목적에 관하여 보험자가 부담할 손해가 생긴 경우에는 그 후 그 목적이 보험자가 부담하지 아니하는 보험사고의 발생으로 인하여 멸실된 때에도 보험자는 이미 생긴 손해를 보상할 책임을 면하지 못한다.
④ 보험의 목적의 자연소모로 인한 손해는 보험자가 이를 보상할 책임이 없다.

[해설] 상법 제680조(손해방지의무)
보험계약자와 피보험자는 손해의 방지와 경감을 위하여 노력하여야 한다. 그러나 이를 위하여 필요 또는 유익하였던 비용과 보상액이 보험금액을 초과한 경우라도 보험자가 이를 부담한다.

[정답] ②

12. 손해보험에서 사고발생 후의 보험목적 멸실과 보상책임에 관한 내용이다. 가장 옳은 것은?

① 보험의 목적에 보험자가 부담할 손해가 발생하고 이후 보험자가 부담하지 않는 보험사고 발생으로 보험 목적이 멸실한 경우 보험자는 이후 생긴 손해를 보상할 책임을 면하지 못한다.
② 보험의 목적에 보험자가 부담할 손해가 발생하고 이후 보험자가 부담하지 않는 보험사고 발생으로 보험 목적이 멸실한 경우 보험자는 보험자가 부담할 손해를 보상할 책임이 없다.

③ 보험의 목적에 보험자가 부담할 손해가 발생하고 이후 보험자가 부담하지 않는 보험사고 발생으로 보험 목적이 멸실한 경우 보험자는 이미 생긴 손해를 보상할 책임을 면하지 못한다.

④ 보험의 목적에 보험자가 부담할 손해가 발생하고 이후 보험자가 부담하지 않는 보험사고 발생으로 보험 목적이 멸실한 경우 보험자는 모든 손해를 보상할 책임이 있다.

정답 및 해설

[해설] 상법 제675조(사고발생 후의 목적멸실과 보상책임)
보험의 목적에 관하여 보험자가 부담할 손해가 생긴 경우에는 그 후 그 목적이 보험자가 부담하지 아니하는 보험사고의 발생으로 인하여 멸실된 때에도 보험자는 이미 생긴 손해를 보상할 책임을 면하지 못한다.

[정답] ③

13. 초과보험에 관한내용이다. 다음 중 바르지 않은 것은?

① 보험금액이 보험계약의 목적의 가액을 현저하게 초과한 때에는 보험자 또는 보험계약자는 보험료와 보험금액의 감액을 청구할 수 있으며. 보험료의 감액은 소급효가 인정되고 있다.

② 보험계약의 목적의 가액은 보험계약당시의 가액에 의하여 정한다.

③ 계약이 보험계약자의 사기로 인하여 체결된 때에는 그 계약은 무효로 한다. 그러나 보험자는 그 사실을 안 때까지의 보험료를 청구할 수 있다.

④ 보험가액이 보험기간 중에 현저하게 감소되어 보험금액이 보험가액을 현저하게 초과된 때에는 보험자 또는 보험계약자는 보험료와 보험금액의 감액을 청구할 수 있다. 그러나 보험료의 감액은 장래에 대하여서만 그 효력이 있다.

정답 및 해설

[해설] 보험금액이 보험계약의 목적의 가액을 현저하게 초과한 때에는 보험자 또는 보험계약자는 보험료와 보험금액의 감액을 청구할 수 있으며. 보험료의 감액은 장래에 대하여서만 그 효력이 있다.

[정답] ①

14. 보험목적에 관한 보험대위에 관한 설명으로 가장 옳은 것은?

① 보험의 목적의 전부가 멸실한 경우에 보험금액의 전부를 지급한 보험자는 그 목적에 대한 피보험자의 권리를 취득한다.

② 보험의 목적의 일부가 멸실한 경우에 보험금액의 전부를 지급한 보험자는 그 목적에 대한 피보험자의 권리를 취득한다.

③ 보험가액의 일부를 보험에 붙인 보험에서 보험의 목적의 일부가 멸실한 경우에 보험금액의 전부를 지급한 경우 보험자가 취득할 권리는 보험금액의 보험가액에 대한 비율에 따라 이를 정한다.

④ 보험가액의 일부를 보험에 붙인 보험에서 보험의 목적의 전부가 멸실한 경우에 보험금액의 전부를 지급한 경우 보험자는 그 목적에 대한 피보험자의 권리를 취득한다.

[해설] 상법 제681조(보험목적에 관한 보험대위)
보험의 목적의 전부가 멸실한 경우에 보험금액의 전부를 지급한 보험자는 그 목적에 대한 피보험자의 권리를 취득한다. 그러나 보험가액의 일부를 보험에 붙인 경우에는 보험자가 취득할 권리는 보험금액의 보험가액에 대한 비율에 따라 이를 정한다. (목적물 대위는 잔존물 대위를 말함)

[정답] ①

15. 제3자에 대한 보험자 대위에 관한 내용이다. 가장 옳지 않은 것은?

① 손해가 제3자의 행위로 인하여 발생한 경우에 보험금을 지급한 보험자는 그 지급한 금액의 한도에서 그 제3자에 대한 보험계약자 또는 피보험자의 권리를 취득한다.

② 보험자가 보상할 보험금의 일부를 지급한 경우에는 피보험자의 권리를 침해하지 아니 하는 범위에서 그 권리를 행사할 수 있다.

③ 손해가 생계를 같이하는 가족의 중대한 과실로 인하여 발생한 경우에 보험금을 지급한 보험자는 보험계약자나 피보험자가 가지는 권리를 취득하지 못한다.

④ 손해가 생계를 같이하는 가족의 고의로 인하여 발생한 경우에 보험금을 지급한 보험자는 보험계약자나 피보험자가 가지는 권리를 취득하지 못한다.

[해설] 상법 제682조(제3자에 대한 보험대위)
① 손해가 제3자의 행위로 인하여 발생한 경우에 보험금을 지급한 보험자는 그 지급한 금액의 한도에서 그 제3자에 대한 보험계약자 또는 피보험자의 권리를 취득한다. 다만, 보험자가 보상할 보험금의 일부를 지급한 경우에는 피보험자의 권리를 침해하지 아니하는 범위에서 그 권리를 행사할 수 있다.
② 보험계약자나 피보험자의 제1항에 따른 권리가 그와 생계를 같이 하는 가족에 대한 것인 경우 보험자는 그 권리

를 취득하지 못한다. 다만, 손해가 그 가족의 고의로 인하여 발생한 경우에는 그러하지 아니하다.

[정답] ④

---

16. 화재보험에 관한 설명으로 옳은 것은? (다툼이 있으면 판례에 따름)

① 화재가 발생한 건물을 수리하면서 지출한 철거비와 폐기물처리비는 화재와 상당인과관계가 있는 건물수리비에는 포함되지 않는다.
② 피보험자가 화재 진화를 위해 살포한 물로 보험목적이 훼손된 손해는 보상하지 않는다.
③ 불에 탈 수 있는 목조교량은 화재보험의 목적이 될 수 없다.
④ 보험자가 손해를 보상함에 있어서 화재와 손해 간에 상당인과관계가 필요하다.

정답 및 해설

[해설] 상법 제683조(화재보험자의 책임)
화재로 인하여 생긴 손해를 보상할 목적으로 하는 손해보험계약이다. 이를 통해 화재보험에서는 일반적으로 위험보편의 원칙이 적용된다. 손해보험사고와 피보험자가 실제로 입은 재산상의 손해는 상당한 인과관계가 있어야 한다.

[정답] ④

---

17. 화재보험에 관한 사항이다. 가장 옳지 않은 것은?

① 화재보험계약의 보험자는 화재로 인하여 생긴 손해를 보상할 책임이 있다.
② 보험자는 화재의 소방 또는 손해의 감소에 필요한 조치로 인하여 생긴 손해를 보상할 책임이 있다.
③ 화재보험증권에는 건물을 목적으로 한 때에는 그 존치한 장소의 상태와 용도를 기재하여야 한다.
④ 화재보험증권에는 보험사고의 성질을 기재하여야 한다.

정답 및 해설

[해설] 상법 제685조(화재보험증권의 기재사항)
① 건물을 보험의 목적으로 한 때에는 그 소재지, 구조와 용도
② 동산을 보험의 목적으로 한 때에는 그 존치한 장소의 상태와 용도
③ 보험가액을 정한 때에는 그 가액

[정답] ③

18. 화재보험에 관한 설명으로 옳은 것은?

① 보험자는 화재 또는 소방활동 등 손해의 감소에 필요한 조치로 인하여 생긴 손해도 보상할 책임이 없다.
② 보험가액을 정한 때에는 그 가액은 화재보험증권에 기재하여야 한다.
③ 집합보험에서는 피보험자의 가족과 사용인의 물건은 보험목적에 포함 된 것으로 보지 않는다.
④ 집합물건을 일괄하여 보험 목적으로 한 때에는 그 목적에 속한 물건이 보험기간 중 수시로 교체된 경우에도 보험가입당시에 현존하는 물건을 보험의 목적에 포함 된 것으로 한다.

[해설] ① 보험자는 화재 또는 소방활동 등 손해의 감소에 필요한 조치로 인하여 생긴 손해도 보상할 책임이 있다.
③ 집합보험에서는 피보험자의 가족과 사용인의 물건은 보험목적에 포함 된 것으로 한다. 이 경우에는 그 보험은 그 가족 또는 사용인을 위하여서도 체결 된 것으로 본다.
④ 집합물건을 일괄하여 보험 목적으로 한 때에는 그 목적에 속한 물건이 보험기간 중 수시로 교체된 경우에도 그 보험사고 발생시에 현존한 물건을 보험의 목적에 포함 된 것으로 한다.

[정답] ②

19. 집합보험에 관한 설명으로 옳은 것은?

① 피보험자의 가족의 물건은 보험의 목적에 포함되지 않는 것으로 한다.
② 집합보험이란 경제적으로 독립한 여러 물건의 집합물을 보험의 목적으로 한 보험을 말한다.
③ 보험의 목적에 속한 물건이 보험기간중에 수시로 교체된 경우에는 보험사고의 발생 시에 현존한 물건이라도 보험의 목적에 포함되지 않는 것으로 한다.
④ 피보험자의 사용인의 물건은 보험의 목적에 포함되지 않는 것으로 한다.

[해설] 상법 제686조(집합보험의 목적)
집합보험은 집합된 물건을 일괄하여 보험의 목적으로 담보하는 보험을 말한다. 집합된 물건을 일괄하여 보험의 목적으로 한 때에는 피보험자의 가족과 사용인의 물건도 보험의 목적에 포함된 것으로 한다. 이 경우에는 그 보험은 그 가족 또는 사용인을 위하여서도 체결한 것으로 본다.

[정답] ②

20. 甲이 가액이 10억원인 자기 소유의 재산에 대해 A, B보험회사와 보험기간이 동일하고, 보험금액 10억원인 화재보험계약을 순차적으로 각각 체결한 경우 그 법률관계에 관한 설명으로 옳지 않은 것은?

① 만약 甲이 사기에 의하여 두 개의 화재보험계약을 체결하였다면 보험계약은 무효이다.

② 보험기간 중 화재가 발생하여 甲의 재산이 전소되어 10억원의 손해를 입은 경우 甲은 A, B보험회사에게 각각 5억원까지 보험금청구권을 행사할 수 있다.

③ 甲은 B보험회사와 화재보험계약을 체결할 때 A보험회사와의 화재보험계약의 내용을 통지할 의무가 있다.

④ 甲이 A보험회사에 대한 권리를 포기하더라도 B보험회사의 권리의무에 영향을 미치지 않는다.

정답 및 해설

[해설] ② 甲은 A, B보험회사에게 각각 10억원까지 보험금청구권을 행사할 수 있으나 보험자는 각자의 보험금액의 한도에서 연대책임을 지며 각 보험자의 보상책임은 각자의 보험금액의 비율에 따라 각각 5억원의 보험금 지급책임을 지게 된다.

* 상법 제672조(중복보험)
동일한 보험계약의 목적과 동일한 사고에 관하여 수개의 보험계약이 동시에 또는 순차로 체결된 경우에 그 보험금액의 총액이 보험가액을 초과한 때에는 보험자는 **각자의 보험금액의 한도에서 연대책임**을 진다. 이 경우에는 각 보험자의 보상책임은 **각자의 보험금액의 비율**에 따른다.

[정답] ②

제 2 과목

농어업재해보험법령

제1장	농어업재해보험법

01 | 농어업재해보험 개요

(1) 목적(법 제1조)

농어업재해보험법은 농어업재해로 인하여 발생하는 **농작물, 임산물, 양식수산물, 가축과 농어업용 시설물**의 피해에 따른 손해를 보상하기 위한 농어업재해보험에 관한 사항을 규정함으로써 **농어업 경영의 안정과 생산성 향상**에 이바지하고 **국민경제의 균형 있는 발전**에 기여함을 목적으로 한다.

(2) 정의(법 제2조)

농어업재해	• 농업재해 : 농작물·임산물·가축 및 농업용 시설물에 발생하는 **자연재해·병충해·조수해(鳥獸害)·질병 또는 화재** • 어업재해 : 양식수산물 및 어업용 시설물에 발생하는 자연재해·질병 또는 화재를 말한다.
농어업재해보험	농어업재해로 발생하는 재산 피해에 따른 손해를 보상하기 위한 보험을 말한다.
보험가입금액	보험가입자의 **재산 피해**에 따른 손해가 발생한 경우 보험에서 **최대로 보상할 수 있는 한도액**으로서 보험가입자와 보험사업자 간에 약정한 금액을 말한다.
보험료	보험가입자와 보험사업자 간의 약정에 따라 보험가입자가 보험사업자에게 내야 하는 금액을 말한다.
보험금	보험가입자에게 재해로 인한 재산 피해에 따른 손해가 발생한 경우 보험 가입자와 보험사업자 간의 약정에 따라 보험사업자가 보험가입자에게 지급하는 금액을 말한다.
시범사업	농어업재해보험사업(재해보험사업)을 전국적으로 실시하기 전에 보험의 효용성 및 보험 실시 가능성 등을 검증하기 위하여 일정 기간 **제한된 지역**에서 실시하는 보험사업을 말한다.

(3) 기본계획 및 시행계획의 수립·시행(법 제2조의 2)

① 농림축산식품부장관과 해양수산부장관은 농어업재해보험(이하 "재해보험"이라 한다)의 활성화를 위하여 농업재해보험심의회 또는 어업재해보험심의회의 심의를 거쳐 재해보험 발전 **기본계획**을 **5년마다** 수립·시행하여야 한다.

② 기본계획에는 다음 각 호의 사항이 포함되어야 한다.

　　㉠ 재해보험사업의 발전 방향 및 목표

　　㉡ 재해보험의 종류별 가입률 제고 방안에 관한 사항

　　㉢ 재해보험의 대상 품목 및 대상 지역에 관한 사항

　　㉣ 재해보험사업에 대한 지원 및 평가에 관한 사항

　　㉤ 그 밖에 재해보험 활성화를 위하여 농림축산식품부장관 또는 해양수산부장관이 필요하다고 인정하는 사항

③ 농림축산식품부장관과 해양수산부장관은 기본계획에 따라 **매년** 재해보험 발전 **시행계획**을 수립·시행하여야 한다.

④ 농림축산식품부장관과 해양수산부장관은 기본계획 및 시행계획을 수립하고자 할 경우 제26조(통계의 수집·관리 등)에 따른 통계자료를 반영하여야 한다.

⑤ 농림축산식품부장관 또는 해양수산부장관은 기본계획 및 시행계획의 수립·시행을 위하여 필요한 경우에는 관계 중앙행정기관의 장, 지방자치단체의 장, 관련 기관·단체의 장에게 관련 자료 및 정보의 제공을 요청할 수 있다. 이 경우 자료 및 정보의 제공을 요청받은 자는 특별한 사유가 없으면 그 요청에 따라야 한다.

⑥ 그 밖에 기본계획 및 시행계획의 수립·시행에 필요한 사항은 **대통령령**으로 정한다.

(4) 재해보험 등의 심의(법 제2조의3)

재해보험 및 농어업재해재보험에 관한 다음 각 호의 사항은 제3조에 따른 농업재해보험심의회 또는 「수산업·어촌 발전 기본법」에 따른 **중앙 수산업·어촌정책심의회**의 심의를 거쳐야 한다.

① 재해보험에서 보상하는 **재해의 범위**에 관한 사항

② 재해보험사업에 대한 **재정지원**에 관한 사항

③ 손해평가의 **방법과 절차**에 관한 사항

④ 농어업재해재보험사업에 대한 정부의 **책임범위**에 관한 사항

⑤ 재보험사업 관련 자금의 **수입과 지출의 적정성**에 관한 사항

⑥ 그 밖에 제3조에 따른 농업재해보험심의회의 위원장 또는 「수산업·어촌 발전 기본법」 제8조제1항에 따른 중앙 수산업·어촌정책심의회의 위원장이 재해보험 및 재보험에 관하여 회의에 부치는 사항

※ 해양수산부에 중앙 수산업·어촌정책심의회(이하 "중앙심의회"라 한다)를 두고, 광역시·특별자치시·도·특별자치도에 시·도 수산업·어촌정책심의회(이하 "시·도심의회"라 한다)를 두며, 시·군 및 자치구에 시·군·구 수산업·어촌정책심의회(이하 "시·군·구심의회"라 한다)를 둔다.

02 ┃ 농업재해보험심의회 구성 및 운영

(1) 농업재해보험심의회(법 제3조)

① 농업재해보험 및 농업재해**재보험**에 관한 다음 각 호의 사항을 심의하기 위하여 농림축산식품부장관 소속으로 농업재해보험심의회(이하 이 조에서 "심의회"라 한다)를 둔다.

    ㉠ 제2조의3 각 호의 사항

    ㉡ 재해보험 목적물의 선정에 관한 사항

    ㉢ 기본계획의 수립·시행에 관한 사항

    ㉣ 다른 법령에서 심의회의 심의사항으로 정하고 있는 사항

② 심의회는 위원장 및 부위원장 각 **1명**을 포함한 **21명 이내**의 위원으로 구성한다.

③ 심의회의 위원장은 **농림축산식품부차관**으로 하고, 부위원장은 위원 중에서 **호선(互選)**한다.

④ 심의회의 위원은 다음 각 호의 어느 하나에 해당하는 사람 중에서 농림축산식품부장관이 임명하거나 위촉하는 사람으로 한다. 이 경우 다음 각 호에 해당하는 사람이 각각 1명 이상 포함되어야 한다.

    ㉠ **농림축산식품부장관**이 재해보험이나 농업에 관한 학식과 경험이 풍부하다고 인정하는 사람

    ㉡ 농림축산식품부의 재해보험을 담당하는 3급 공무원 또는 고위공무원단에 속하는 공무원

    ㉢ 자연재해 또는 보험 관련 업무를 담당하는 **기획재정부·행정안전부·해양수산부·금융위원회·산림청**의 3급 공무원 또는 고위공무원단에 속하는 공무원

    ㉣ **농림축산업인단체의 대표**

⑤ 위원의 임기는 **3년**으로 한다.

⑥ 심의회는 그 심의 사항을 검토·조정하고, 심의회의 심의를 보조하게 하기 위하여 심의회에 다음 각 호의 분과위원회를 둔다.

    ㉠ 농작물재해보험분과위원회

    ㉡ 임산물재해보험분과위원회

    ㉢ 가축재해보험분과위원회

    ㉣ 그 밖에 대통령령으로 정하는 바에 따라 두는 분과위원회

⑦ 심의회는 제1항 각 호의 사항을 심의하기 위하여 필요한 경우에는 농업재해보험에 관하여 전문지식이 있는 자, 농업인 또는 이해관계자의 의견을 들을 수 있다.

⑧ 제1항부터 제7항까지에서 규정한 사항 외에 심의회 및 분과위원회의 구성과 운영 등에 필요한 사항은 **대통령령**으로 정한다.

(2) 위원장의 직무(영 제2조)

① 「농어업재해보험법」에 따른 농업재해보험심의회(이하 "심의회"라 한다)의 위원장(이하 "위원장"이라 한다)은 심의회를 대표하며, 심의회의 업무를 총괄한다.

② 심의회의 부위원장은 위원장을 보좌하며, 위원장이 부득이한 사유로 직무를 수행할 수 없을 때에는 그 직무를 대행한다.

(3) 회의(영 제3조)

① 위원장은 심의회의 회의를 소집하며, 그 의장이 된다.

② 심의회의 회의는 재적위원 **3분의 1** 이상의 요구가 있을 때 또는 위원장이 필요하다고 인정할 때에 소집한다.

③ 심의회의 회의는 재적위원 **과반수**의 출석으로 개의(開議)하고, 출석위원 **과반수**의 찬성으로 의결한다.

(4) 위원의 해촉(영 제3조의2)

농림축산식품부장관은 법에 따른 위원이 다음 각 호의 어느 하나에 해당하는 경우에는 해당 위원을 **해촉(解囑)**할 수 있다.

① 심신장애로 인하여 직무를 수행할 수 없게 된 경우

② 직무와 관련된 비위사실이 있는 경우

③ 직무태만, 품위손상이나 그 밖의 사유로 인하여 위원으로 적합하지 아니하다고 인정되는 경우

④ 위원 스스로 직무를 수행하는 것이 곤란하다고 의사를 밝히는 경우

(5) 분과위원회(영 제4조)

① 법에 따른 분과위원회는 농업인안전보험분과위원회로 한다.

② 분과위원회는 다음 각 호의 구분에 따른 사항을 검토·조정하여 심의회에 보고한다.

    ㉠ 농작물재해보험분과위원회 : 농작물재해보험에 관한 사항

    ㉡ 임산물재해보험분과위원회 : 임산물재해보험에 관한 사항

    ㉢ 가축재해보험분과위원회 : 가축재해보험에 관한 사항

    ㉣ 농업인안전보험분과위원회 : 「농어업인의 안전보험 및 안전재해예방에 관한 법률」에 따른 심의사항 중 농업인안전보험에 관한 사항

③ 분과위원회는 분과위원장 1명을 포함한 9명 이내의 분과위원으로 성별을 고려하여 구성한다.

④ 분과위원장 및 분과위원은 심의회의 위원 중에서 전문적인 지식과 경험 등을 고려하여 위원장이 지명한다.

⑤ 분과위원회의 회의는 위원장 또는 분과위원장이 필요하다고 인정할 때에 소집한다.

⑥ 제1항부터 제5항까지에서 규정한 사항 외에 분과위원장의 직무 및 분과위원회의 회의에 관해서는 제2조제1항 및 제3조제1항 · 제3항을 준용한다.

(6) 수당 등(영 제5조)

① 심의회 또는 분과위원회에 출석한 위원 또는 분과위원에게는 예산의 범위에서 수당, 여비 또는 그 밖에 필요한 경비를 지급할 수 있다.

② 다만, **공무원인 위원** 또는 **분과위원**이 그 소관 업무와 직접 관련하여 심의회 또는 분과위원회에 출석한 경우에는 그러하지 아니하다.

(7) 운영세칙(영 제6조)

제2조(위원장 직무), 제3조(심의회의), 제3조의2(위원의 해촉), 제4조(분과위원회) 및 제5조(수당)에서 규정한 사항 외에 심의회 또는 분과 위원회의 운영에 필요한 사항은 심의회의 의결 후 위원장이 정한다.

03 ┃ 재해보험사업

(1) 재해보험의 종류 등(법 제4조)

① 농림축산식품부장관 관장 : 농작물재해보험, 임산물재해보험, 가축재해보험

② 해양수산부장관 관장 : 양식수산물재해보험

(2) 보험목적물(법제5조)

① 보험목적물의 구체적인 범위는 보험의 효용성 및 보험 실시 가능성 등을 종합적으로 고려하여 **농업재해보험심의회** 또는 「수산업 · 어촌 발전 기본법」 에 따른 **중앙 수산업 · 어촌정책심의회**를 거쳐 **농림축산식품부장관** 또는 **해양수산부장관**이 고시한다.

농작물재해보험	• 농작물 및 농업용 시설물
임산물재해보험	• 임산물 및 임업용 시설물
가축재해보험	• 가축 및 축산시설물
양식수산물보험	• 양식수산물 및 양식시설물

② 정부는 보험목적물의 범위를 확대하기 위하여 노력하여야 한다.

(3) 보상의 범위 등(법 제6조)

① 재해보험에서 보상하는 재해의 범위는 해당 **재해의 발생 빈도, 피해 정도 및 객관적인 손해평가방법** 등을 고려하여 재해보험의 종류별로 **대통령령**으로 정한다.

② 정부는 재해보험에서 보상하는 재해의 범위를 확대하기 위하여 노력하여야 한다.

(4) 재해보험에서 보상하는 재해의 범위(영 제8조 관련)

재해보험의 종류	보상하는 재해의 범위
농작물·임산물 재해보험	• 자연재해, 조수해(鳥獸害), 화재 및 보험목적물별로 농림축산식품부장관이 정하여 고시하는 병충해
가축 재해보험	• 자연재해, 화재 및 보험목적물별로 농림축산식품부장관이 정하여 고시하는 질병
양식수산물 재해보험	• 자연재해, 화재 및 보험목적물별로 해양수산부장관이 정하여 고시하는 수산질병

* 비고 : 재해보험사업자는 보험의 효용성 및 보험 실시 가능성 등을 종합적으로 고려하여 위의 대상 재해의 범위에서 다양한 보험상품을 운용할 수 있다.

(5) 보험가입자(법 제7조, 영 제9조)

재해보험에 가입할 수 있는 자는 농림업, 축산업, **양식수산업**에 종사하는 **개인** 또는 **법인**으로 하고, 구체적인 보험가입자의 기준은 대통령령으로 정한다.

재해보험의 종류	보험가입자의 기준
농작물재해보험	• 농림축산식품부장관이 고시하는 농작물을 재배하는 자
임산물재해보험	• 농림축산식품부장관이 고시하는 임산물을 재배하는 자
가축재해보험	• 농림축산식품부장관이 고시하는 가축을 사육하는 자
양식수산물재해보험	• 해양수산부장관이 고시하는 양식수산물을 양식하는 자

(6) 보험사업자(법 제8조)

① 재해보험사업을 할 수 있는 자는 다음 각 호와 같다.
　㉠ 「수산업협동조합법」에 따른 **수산업협동조합중앙회**(이하 "수협중앙회"라 한다)
　㉡ 「산림조합법」에 따른 **산림조합중앙회**
　㉢ 「보험업법」에 따른 **보험회사**
② 재해보험사업을 하려는 자는 **농림축산식품부장관** 또는 **해양수산부장관**과 재해보험사업의 약정을 체결하여야 한다.
③ 약정을 체결하려는 자는 다음 각 호의 서류를 농림축산식품부장관 또는 해양수산부장관에게 제출하여야 한다.
　㉠ **사업방법서, 보험약관, 보험료 및 책임준비금산출방법서**
　㉡ 그 밖에 대통령령으로 정하는 서류
④ 재해보험사업의 약정을 체결하는 데 필요한 사항은 대통령령으로 정한다.

(7) 재해보험사업의 약정체결(영 제10조)

① 재해보험 사업의 약정을 체결하려는 자는 농림축산식품부장관 또는 해양수산부장관이 정하는 바에 따라 재해보험사업 약정체결신청서에 서류를 첨부하여 **농림축산식품부장관** 또는 **해양수산부장관**에게 제출하여야 한다.
② 농림축산식품부장관 또는 해양수산부장관은 재해보험사업을 하려는 자와 재해보험사업의 약정을 체결할 때에는 다음 각 호의 사항이 포함된 약정서를 작성하여야 한다.
　㉠ **약정기간**에 관한 사항
　㉡ 재해보험사업의 약정을 체결한 자(재해보험사업자)가 **준수**하여야 할 사항
　㉢ 재해보험사업자에 대한 **재정지원**에 관한 사항
　㉣ 약정의 **변경·해지** 등에 관한 사항
　㉤ 그 밖에 재해보험사업의 **운영**에 관한 사항
③ "대통령령으로 정하는 서류"란 **정관**을 말한다.
④ 제출을 받은 농림축산식품부장관 또는 해양수산부장관은 「전자정부법」에 따른 행정정보의 공동이용을 통하여 **법인 등기사항증명서**를 확인하여야 한다.

(8) 보험료율의 산정(법 제9조, 영 제11조)

① 농림축산식품부장관 또는 해양수산부장관과 재해보험사업의 약정을 체결한 자(재해보험사업자)는 재해보험의 보험료율을 객관적이고 합리적인 통계자료를 기초로 하여 **보험목적물별** 또는 **보상방식별**로 산정하되, 다음 각 호의 구분에 따른 단위로 산정하

여야 한다.

행정구역 단위	• 특별시·광역시·도·특별자치도 또는 시(특별자치시와 「제주특별자치도 설치 및 국제자유도시 조성을 위한 특별법」에 따라 설치된 행정시를 포함한다)· 군·자치구. • 다만, 「보험업법」 제129조에 따른 보험료율 산출의 원칙에 부합하는 경우에는 자치구가 아닌 구·읍·면·동 단위로도 보험료율을 산정할 수 있다.
권역 단위	• 농림축산식품부장관 또는 해양수산부장관이 행정구역 단위와는 따로 구분하여 고시하는 지역 단위

「보험업법」 제129조(보험요율 산출의 원칙)

보험회사는 보험요율을 산출할 때 객관적이고 합리적인 통계자료를 기초로 대수(大數)의 법칙 및 통계신뢰도를 바탕으로 하여야 하며, 다음 각호의 사항을 지켜야 한다
1. 보험요율이 보험금과 그 밖의 급부(給付)에 비하여 지나치게 높지 아니할 것
2. 보험요율이 보험회사의 재무건전성을 크게 해칠 정도로 낮지 아니할 것
3. 보험요율이 보험계약자 간에 부당하게 차별적이지 아니할 것
4. 자동차보험의 보험요율인 경우 보험금과 그 밖의 급부와 비교할 때 공정하고 합리적인 수준일 것

② 재해보험사업자는 보험약관안과 보험료율안에 대통령령으로 정하는 변경이 예정된 경우 이를 공고하고 필요한 경우 **이해관계자의 의견을 수렴**하여야 한다.

③ **변경사항의 공고**(영 제11조)

　㉠ 보험가입자의 권리가 축소되거나 의무가 확대되는 내용으로 보험약관안의 변경이 예정된 경우

　㉡ 보험상품을 폐지하는 내용으로 보험약관안의 변경이 예정된 경우

　㉢ 보험상품의 변경으로 기존 보험료율보다 높은 보험료율안으로의 변경이 예정된 경우

(9) 보험모집(법 제10조)

① 재해보험을 모집할 수 있는 자

　㉠ 산림조합중앙회와 그 회원조합의 **임직원**, **수협중앙회와 그 회원조합** 및 「수산업협동조합법」에 따라 설립된 **수협은행의 임직원**

　㉡ 「수산업협동조합법」의 공제규약에 따른 공제모집인으로서 **수협중앙회장** 또는 그 **회원조합장이 인정하는 자**

ⓒ 「산림조합법」의 공제규정에 따른 공제모집인으로서 **산림조합중앙회장**이나 그 회
원조합장이 인정하는 자

ⓓ 「보험업법」 제83조제1항에 따라 보험을 모집할 수 있는 자

② 재해보험의 모집 업무에 종사하는 자가 사용하는 재해보험 안내자료 및 금지행위에
관하여는 「보험업법」 제95조 · 제97조, 제98조 및 「금융소비자 보호에 관한 법률」 제
21조를 준용한다. 다만, 재해보험사업자가 수협중앙회, 산림조합중앙회인 경우에는 「
보험업법」 제95조제1항제5호를 준용하지 아니하며, 「농업협동조합법」, 「수산업협동
조합법」, 「산림조합법」에 따른 조합이 그 조합원에게 이 법에 따른 보험상품의 보험
료 일부를 지원하는 경우에는 「보험업법」 제98조에도 불구하고 해당 보험계약의 체
결 또는 모집과 관련한 특별이익의 제공으로 보지 아니한다.

(10) 사고예방의무 등(법 제10조의 2)

① 보험가입자는 재해로 인한 사고의 예방을 위하여 노력하여야 한다.

② 재해보험사업자는 사고 예방을 위하여 보험가입자가 납입한 보험료의 일부를 되돌
려줄 수 있다.

04 | 손해평가 및 제반규정

(1) 손해평가 등(법 제11조)

① 손해평가의 담당

재해보험사업자는 보험목적물에 관한 지식과 경험을 갖춘 사람 또는 그 밖의 관계
전문가를 손해평가인으로 위촉하여 손해평가를 담당하게 하거나 손해평가사 또는 「
보험업법」에 따른 손해사정사에게 손해평가를 담당하게 할 수 있다.

② 손해평가 요령

㉠ **손해평가인, 손해평가사, 손해사정사**는 농림축산식품부장관, 해양수산부장관이 정
하여 고시하는 손해평가요령에 따라 손해평가를 하여야 한다.

㉡ 손해평가는 공정하고, 객관적으로 실시하여야 한다.

㉢ 손해평가는 고의로 진실을 숨기거나 거짓으로 손해평가를 하여서는 아니 된다.

③ 교차손해평가

㉠ 재해보험사업자는 공정하고 객관적인 손해평가를 위하여 동일 시 · 군 · 구(자치구)

내에서 교차손해평가(손해평가인 상호간에 담당지역을 교차하여 평가하는 것)를 수행할 수 있다.

   ⓛ 교차손해평가의 절차·방법 등에 필요한 사항은 **농림축산식품부장관** 또는 **해양수산부장관**이 정한다.

④ 금융위원회와 협의

농림축산식품부장관 또는 **해양수산부장관**은 손해평가 요령을 고시하려면 미리 **금융위원회와 협의**하여야 한다.

⑤ 정기교육 실시

농림축산식품부장관 또는 해양수산부장관은 손해평가인이 공정하고 객관적인 손해평가를 수행할 수 있도록 **연 1회 이상 정기교육**을 실시하여야 한다.

⑥ 기술·정보의 교환

농림축산식품부장관 또는 **해양수산부장관**은 손해평가인 간의 손해평가에 관한 기술·정보의 교환을 지원할 수 있다.

⑦ 손해평가인 자격요건 등

손해평가인으로 위촉될 수 있는 사람의 자격 요건, 정기교육, 기술·정보의 교환 지원 및 손해평가 실무교육 등에 필요한 사항은 **대통령령**으로 정한다.

(2) 손해평가인의 자격요건(영 제12조1항 관련, 별표2)

재해 보험의 종류	손해평가인의 자격요건
농작물 재해보험	1. 재해보험 대상 농작물을 5년 이상 경작한 경력이 있는 **농업인** 2. **공무원**으로 농림축산식품부, 농촌진흥청, 통계청 또는 지방자치단체나 그 소속기관에서 농작물재배 분야에 관한 연구·지도, 농산물 품질관리 또는 농업 통계조사 업무를 3년 이상 담당한 경력이 있는 사람 3. **교원**으로 고등학교에서 농작물재배 분야 관련 과목을 5년 이상 교육한 경력이 있는 사람 4. **조교수** 이상으로 「고등교육법」 제2조에 따른 학교에서 농작물재배 관련학을 3년 이상 교육한 경력이 있는 사람 5. 「보험업법」에 따른 보험회사의 **임직원**이나 「농업협동조합법」에 따른 중앙회와 조합의 임직원으로 영농 지원 또는 보험·공제 관련 **업무를 3년 이상** 담당하였거나 **손해평가 업무를 2년 이상** 담당한 경력이 있는 사람 6. 「고등교육법」 제2조에 따른 학교에서 농작물재배 관련학을 전공하고 농업전문 연구기관 또는 연구소에서 **5년 이상 근무한 학사학위** 이상 소지자 7. 「고등교육법」 제2조에 따른 전문대학에서 보험 관련 학과를 졸업했거나 졸업 예정인 사람

	8. 「학점인정 등에 관한 법률」 제8조에 따라 전문대학의 보험 관련 학과 졸업자(졸업예정자를 포함한다)와 같은 수준 이상의 학력이 있다고 인정받은 사람이나 「고등교육법」 제2조에 따른 학교에서 **80학점**(보험 관련 과목 학점이 **45학점** 이상이어야 한다) 이상을 이수한 사람 등 제7호에 해당하는 사람과 같은 수준 이상의 학력이 있다고 인정되는 사람 9. 「농수산물 품질관리법」에 따른 **농산물품질관리사** 10. 재해보험 대상 농작물 분야에서 「**국가기술자격법**」에 따른 **기사** 이상의 자격을 소지한 사람
임산물 재해보험	1. 재해보험 대상 임산물을 5년 이상 경작한 경력이 있는 임업인 2. 공무원으로 농림축산식품부, 농촌진흥청, 산림청, 통계청 또는 지방자치단체나 그 소속기관에서 임산물재배 분야에 관한 연구·지도 또는 임업 통계조사 업무를 3년 이상 담당한 경력이 있는 사람 3. 교원으로 고등학교에서 임산물재배 분야 관련 과목을 5년 이상 교육한 경력이 있는 사람 4. 조교수 이상으로 「고등교육법」 제2조에 따른 학교에서 임산물재배 관련학을 3년 이상 교육한 경력이 있는 사람 5. 「보험업법」에 따른 보험회사의 임직원이나 「산림조합법」에 따른 중앙회와 조합의 임직원으로 산림경영 지원 또는 보험·공제 관련 업무를 3년 이상 담당하였거나 손해평가 업무를 2년 이상 담당한 경력이 있는 사람 6. 「고등교육법」 제2조에 따른 학교에서 임산물재배 관련학을 전공하고 임업전문 연구기관 또는 연구소에서 5년 이상 근무한 학사학위 이상 소지자 7. 「고등교육법」 제2조에 따른 전문대학에서 보험 관련 학과를 졸업했거나 졸업 예정인 사람 8. 「학점인정 등에 관한 법률」 제8조에 따라 전문대학의 보험 관련 학과 졸업자(졸업예정자를 포함한다)와 같은 수준 이상의 학력이 있다고 인정받은 사람이나 「고등교육법」 제2조에 따른 학교에서 80학점(보험 관련 과목 학점이 45학점 이상이어야 한다) 이상을 이수한 사람 등 제7호에 해당하는 사람과 같은 수준 이상의 학력이 있다고 인정되는 사람 9. 재해보험 대상 임산물 분야에서 「국가기술자격법」에 따른 기사 이상의 자격을 소지한 사람
가축 재해보험	1. 재해보험 대상 가축을 5년 이상 사육한 경력이 있는 농업인 2. 공무원으로 농림축산식품부, 농촌진흥청, 통계청 또는 지방자치단체나 그 소속기관에서 가축사육 분야에 관한 연구·지도 또는 가축 통계조사 업무를 3년 이상 담당한 경력이 있는 사람 3. 교원으로 고등학교에서 가축사육 분야 관련 과목을 5년 이상 교육한 경력이 있는 사람 4. 조교수 이상으로 「고등교육법」 제2조에 따른 학교에서 가축사육 관련학을 3년 이상 교육한 경력이 있는 사람 5. 「보험업법」에 따른 보험회사의 임직원이나 「농업협동조합법」에 따른 중앙회와 조합의 임직원으로 영농 지원 또는 보험·공제 관련 업무를 3년 이상 담당하였거나 손해평가 업무를 2년 이상 담당한 경력이 있는 사람

	6. 「고등교육법」 제2조에 따른 학교에서 가축사육 관련학을 전공하고 축산전문 연구기관 또는 연구소에서 5년 이상 근무한 학사학위 이상 소지자 7. 「고등교육법」 제2조에 따른 전문대학에서 보험 관련 학과를 졸업했거나 졸업 예정인 사람 8. 「학점인정 등에 관한 법률」 제8조에 따라 전문대학의 보험 관련 학과 졸업자(졸업예정자를 포함한다)와 같은 수준 이상의 학력이 있다고 인정받은 사람이나 「고등교육법」 제2조에 따른 학교에서 80학점(보험 관련 과목 학점이 45학점 이상이어야 한다) 이상을 이수한 사람 등 제7호에 해당하는 사람과 같은 수준 이상의 학력이 있다고 인정되는 사람 9. 「수의사법」에 따른 수의사 10. 「국가기술자격법」에 따른 축산기사 이상의 자격을 소지한 사람
양식 수산물 재해보험	1. 재해보험 대상 양식수산물을 5년 이상 양식한 경력이 있는 어업인 2. 공무원으로 해양수산부, 국립수산과학원, 국립수산물품질관리원 또는 지방자치단체에서 수산물양식 분야 또는 수산생명의학 분야에 관한 연구 또는 지도업무를 3년 이상 담당한 경력이 있는 사람 3. 교원으로 수산계 고등학교에서 수산물양식 분야 또는 수산생명의학 분야의 관련 과목을 5년 이상 교육한 경력이 있는 사람 4. 조교수 이상으로 「고등교육법」 제2조에 따른 학교에서 수산물양식 관련학 또는 수산생명의학 관련학을 3년 이상 교육한 경력이 있는 사람 5. 「보험업법」에 따른 보험회사의 임직원이나 「수산업협동조합법」에 따른 수산업협동조합중앙회, 수협은행 및 조합의 임직원으로 수산업지원 또는 보험·공제 관련 업무를 3년 이상 담당하였거나 손해평가 업무를 2년 이상 담당한 경력이 있는 사람 6. 「고등교육법」 제2조에 따른 학교에서 수산물양식 관련학 또는 수산생명의학 관련학을 전공하고 수산전문 연구기관 또는 연구소에서 5년 이상 근무한 학사학위 소지자 7. 「고등교육법」 제2조에 따른 전문대학에서 보험 관련 학과를 졸업했거나 졸업 예정인 사람 8. 「학점인정 등에 관한 법률」 제8조에 따라 전문대학의 보험 관련 학과 졸업자(졸업예정자를 포함한다)와 같은 수준 이상의 학력이 있다고 인정받은 사람이나 「고등교육법」 제2조에 따른 학교에서 80학점(보험 관련 과목 학점이 45학점 이상이어야 한다) 이상을 이수한 사람 등 제7호에 해당하는 사람과 같은 수준 이상의 학력이 있다고 인정되는 사람 9. 「수산생물질병 관리법」에 따른 수산질병관리사 10. 재해보험 대상 양식수산물 분야에서 「국가기술자격법」에 따른 기사 이상의 자격을 소지한 사람 11. 「농수산물 품질관리법」에 따른 수산물품질관리사

(3) 손해평가인 교육(영 제12조)

① 재해보험사업자는 손해평가인으로 위촉된 사람에 대하여 보험에 관한 기초지식, 보험
약관 및 손해평가요령 등에 관한 실무교육을 하여야 한다.

② 손해평가인 정기교육에는 다음 각 호의 사항이 포함되어야 하며, 교육시간은 4시간
이상으로 한다.
　　㉠ 농어업재해보험에 관한 기초지식
　　㉡ 농어업재해보험의 종류별 약관
　　㉢ 손해평가의 절차 및 방법
　　㉣ 그 밖에 손해평가에 필요한 사항으로서 농림축산식품부장관 또는 해양수산부장관
　　　이 정하는 사항

③ 정기교육의 운영에 필요한 사항은 농림축산식품부장관 또는 해양수산부장관이 정하
여 고시한다.

(4) 손해평가사 제도 및 업무(법 제11조의 2, 3)

① **농림축산식품부장관**은 공정하고 객관적인 손해평가를 촉진하기 위하여 손해평가사
제도를 운영한다.

② 손해평가사의 업무
　　㉠ **피해사실의 확인**
　　㉡ **보험가액 및 손해액의 평가**
　　㉢ **그 밖의 손해평가에 필요한 사항**

(5) 손해평가사의 시험 등(제 11조의4)

① 손해평가사가 되려는 사람은 농림축산식품부장관이 실시하는 손해평가사 자격시험에
합격하여야 한다.

② 보험목적물 또는 관련 분야에 관한 전문 지식과 경험을 갖추었다고 인정되는 대통령
령으로 정하는 기준에 해당하는 사람에게는 손해평가사 자격시험 과목의 일부를 면
제할 수 있다.

③ 자격시험 정지 및 무효 : 농림축산식품부장관은 다음 각 호의 어느 하나에 해당하는
사람에 대하여는 그 시험을 정지시키거나 무효로 하고 그 처분 사실을 지체 없이 알
려야 한다.
　　㉠ 부정한 방법으로 시험에 응시한 사람
　　㉡ 시험에서 부정한 행위를 한 사람

④ 응시제한 : 다음 각 호에 해당하는 사람은 그 처분이 있은 날부터 **2년**이 지나지 아니한 경우 제1항에 따른 손해평가사 자격시험에 응시하지 못한다.
  ㉠ 정지·무효 처분을 받은 사람
  ㉡ 손해평가사 자격이 취소된 사람
⑤ 손해평가사 자격시험의 실시, 응시수수료, 시험과목, 시험과목의 면제, 시험방법, 합격기준 및 자격증 발급 등에 필요한 사항은 대통령령으로 정한다.
⑥ 손해평가사는 다른 사람에게 그 명의를 사용하게 하거나 다른 사람에게 그 자격증을 **대여**해서는 아니 된다.
⑦ 누구든지 손해평가사의 자격을 취득하지 아니하고 그 명의를 사용하거나 자격증을 대여받아서는 아니 되며, 명의의 사용이나 자격증의 대여를 **알선**해서도 아니 된다.

(6) 손해평가사 자격시험의 실시 등(영 제12조의 2)

① 손해평가사 자격시험은 매년 1회 실시한다. 다만, 농림축산식품부장관이 손해평가사의 수급(需給)상 필요하다고 인정하는 경우에는 2년마다 실시할 수 있다.
② 농림축산식품부장관은 손해평가사 자격시험을 실시하려면 다음 각 호의 사항을 시험실시 90일 전까지 인터넷 홈페이지 등에 공고해야 한다.
  ㉠ 시험의 일시 및 장소
  ㉡ 시험방법 및 시험과목
  ㉢ 응시원서의 제출방법 및 응시수수료
  ㉣ 합격자 발표의 일시 및 방법
  ㉤ 선발예정인원(농림축산식품부장관이 수급상 필요하다고 인정하여 선발예정인원을 정한 경우만 해당한다)
  ㉥ 그 밖에 시험의 실시에 필요한 사항
③ 손해평가사 자격시험에 응시하려는 사람은 농림축산식품부장관이 정하여 고시하는 응시원서를 농림축산식품부장관에게 제출하여야 한다.
④ 손해평가사 자격시험에 응시하려는 사람은 농림축산식품부장관이 정하여 고시하는 응시수수료를 내야 한다.
⑤ 농림축산식품부장관은 다음 각 호의 어느 하나에 해당하는 경우에는 제4항에 따라 받은 수수료를 다음 각 호의 구분에 따라 반환하여야 한다.
  ㉠ 수수료를 과오납한 경우 : 과오납한 금액 전부
  ㉡ 시험일 20일 전까지 접수를 취소하는 경우 : 납부한 수수료 전부
  ㉢ 시험관리기관의 귀책사유로 시험에 응시하지 못하는 경우 : 납부한 수수료 전부
  ㉣ 시험일 10일 전까지 접수를 취소하는 경우 : 납부한 수수료의 100분의 60

(7) 손해평가사 자격시험의 방법(영 제12조의 3)

① 손해평가사 자격시험은 제1차 시험과 제2차 시험으로 구분하여 실시한다. 이 경우 제2차 시험은 제1차 시험에 합격한 사람과 제1차 시험을 면제받은 사람을 대상으로 시행한다.

② 제1차 시험은 선택형으로 출제하는 것을 원칙으로 하되, 단답형 또는 기입형을 병행할 수 있다.

③ 제2차 시험은 서술형으로 출제하는 것을 원칙으로 하되, 단답형 또는 기입형을 병행할 수 있다.

(8) 손해평가사 자격시험의 과목(영 제12조의 4)

구분	과목
1. 제1차 시험	가. 「상법」 보험편 나. 농어업재해보험법령(「농어업재해보험법」, 「농어업재해보험법 시행령」 및 농림축산식품부장관이 고시하는 손해평가 요령을 말한다) 다. 농학개론 중 재배학 및 원예작물학
2. 제2차 시험	가. 농작물재해보험 및 가축재해보험의 이론과 실무 나. 농작물재해보험 및 가축재해보험 손해평가의 이론과 실무

(9) 손해평가사 자격시험의 일부 면제(영 제12조의 5)

① "대통령령으로 정하는 기준에 해당하는 사람"이란 다음 각 호의 어느 하나에 해당하는 사람을 말한다.

  ㉠ 손해평가인으로 위촉된 기간이 **3년** 이상인 사람으로서 손해평가 업무를 수행한 경력이 있는 사람

  ㉡ 「보험업법」에 따른 **손해사정사**

  ㉢ 다음의 기관 또는 법인에서 손해사정 관련 업무에 **3년** 이상 종사한 경력이 있는 사람

> - 「금융위원회의 설치 등에 관한 법률」에 따라 설립된 **금융감독원**
> - 「농업협동조합법」에 따른 **농업협동조합중앙회**. 이 경우 농업협동조합법 일부 개정 법률에 따라 농협손해보험이 설립되기 전까지의 농업협동조합중앙회에 한정한다.
> - 「보험업법」에 따른 허가를 받은 **손해보험회사**
> - 「보험업법」에 따라 설립된 **손해보험협회**
> - 「보험업법」에 따른 **손해사정을 업(業)으로 하는 법인**
> - 「화재로 인한 재해보상과 보험가입에 관한 법률」에 따라 설립된 **한국화재보험 협회**

② 위 제①항의 의 어느 하나에 해당하는 사람은 손해평가사 자격시험 중 제1차 시험을 면제한다.

③ 제1차 시험에 합격한 사람에 대해서는 다음 회에 한정하여 제1차 시험을 면제한다.

④ 제1차 시험을 면제받으려는 면제신청서에 사실을 증명하는 서류를 첨부하여 농림축산식품부장관에게 신청해야 한다.

⑤ 면제 신청을 받은 농림축산식품부장관은 「전자정부법」에 따른 행정정보의 공동이용을 통하여 신청인의 고용보험 피보험자격 이력내역서, 국민연금가입자 가입증명 또는 건강보험 자격득실확인서를 확인해야 한다. 다만, 신청인이 확인에 동의하지 않는 경우에는 그 서류를 첨부하도록 해야 한다.

(10) 손해평가사 자격시험의 합격기준 등(영 제12조의 6)

① 손해평가사 자격시험의 제1차 시험 합격자를 결정할 때에는 매 과목 100점을 만점으로 하여 매 과목 40점 이상과 전 과목 평균 60점 이상을 득점한 사람을 합격자로 한다.

② 손해평가사 자격시험의 제2차 시험 합격자를 결정할 때에는 매 과목 100점을 만점으로 하여 매 과목 40점 이상과 전 과목 평균 60점 이상을 득점한 사람을 합격자로 한다.

③ 제2항에도 불구하고 농림축산식품부장관이 손해평가사의 수급상 필요하다고 인정하여 제12조의2제2항제5호에 따라 선발예정인원을 공고한 경우에는 매 과목 40점 이상을 득점한 사람 중에서 전(全) 과목 총득점이 높은 사람부터 차례로 선발예정인원에 달할 때까지에 해당하는 사람을 합격자로 한다.

④ 제3항에 따라 합격자를 결정할 때 동점자가 있어 선발예정인원을 초과하는 경우에는 해당 동점자 모두를 합격자로 한다. 이 경우 동점자의 점수는 소수점 이하 둘째자리(셋째자리 이하 버림)까지 계산한다.

⑤ 농림축산식품부장관은 손해평가사 자격시험의 최종 합격자가 결정되었을 때에는 이를 인터넷 홈페이지에 공고하여야 한다.

(11) 손해평가사 자격증의 발급(영 제12조의 7)

농림축산식품부장관은 손해평가사 자격시험에 합격한 사람에게 농림축산식품부장관이 정하여 고시하는 바에 따라 손해평가사 자격증을 발급하여야 한다.

(12) 손해평가 등의 교육(영 제12조의 8)

농림축산식품부장관은 손해평가사의 손해평가 능력 및 자질 향상을 위하여 교육을 실시할 수 있다.

(13) 손해평가사 자격 취소 처분의 세부기준(영 제12조의 9)

위반행위	근거 법조문	처분기준	
		1회 위반	2회 이상 위반
가. 손해평가사의 자격을 거짓 또는 부정한 방법으로 취득한 경우	법 제11조의5 제1항제1호	자격 취소	
나. 거짓으로 손해평가를 한 경우	법 제11조의5 제1항제2호	시정명령	자격 취소
다. 법 제11조의4제6항을 위반하여 다른 사람에게 손해평가사의 명의를 사용하게 하거나 그 자격증을 대여한 경우	법 제11조의5 제1항제3호	자격 취소	
라. 법 제11조의4제7항을 위반하여 손해평가사 명의의 사용이나 자격증의 대여를 알선한 경우	법 제11조의5 제1항제4호	자격 취소	
마. 업무정지 기간 중에 손해평가 업무를 수행한 경우	법 제11조의5 제1항제5호	자격 취소	

(14) 손해평가사 자격 취소 처분의 세부기준(영 제12조의 10)

위반행위	근거 법조문	처분기준		
		1회 위반	2회 위반	3회 이상 위반
가. 업무 수행과 관련하여 「개인정보 보호법」, 「신용정보의 이용 및 보호에 관한 법률」 등 정보 보호와 관련된 법령을 위반한 경우	법 제11조의6 제1항	업무 정지 6개월	업무 정지 1년	업무 정지 1년
나. 업무 수행과 관련하여 보험계약자 또는 보험사업자로부터 금품 또는 향응을 제공받은 경우	법 제11조의6 제1항	업무 정지 6개월	업무 정지 1년	업무 정지 1년
다. 자기 또는 자기와 생계를 같이 하는 4촌 이내의 친족(이하 "이해관계자"라 한다)이 가입한 보험계약에 관한 손해평가를 한 경우	법 제11조의6 제1항	업무 정지 3개월	업무 정지 6개월	업무 정지 6개월
라. 자기 또는 이해관계자가 모집한 보험계약에 대해 손해평가를 한 경우	법 제11조의6 제1항	업무 정지 3개월	업무 정지 6개월	업무 정지 6개월
마. 법 제11조제2항 전단에 따른 손해평가 요령을 준수하지 않고 손해평가를 한 경우	법 제11조의6 제1항	경고	업무 정지 1개월	업무 정지 3개월
바. 그 밖에 손해평가사가 그 직무를 게을리하거나 직무를 수행하면서 부적절한 행위를 했다고 인정되는 경우	법 제11조의6 제1항	경고	업무 정지 1개월	업무 정지 3개월

(15) 손해평가사 자격 취소(법 제11조의 5)

① 농림축산식품부장관은 다음 각 호의 어느 하나에 해당하는 사람에 대하여 손해평가사 자격을 취소할 수 있다. 다만, ㉠ 및 ㉤에 해당하는 경우에는 자격을 취소하여야 한다.

㉠ **손해평가사의 자격을 거짓 또는 부정한 방법으로 취득한 사람**

㉡ 거짓으로 손해평가를 한 사람

㉢ 다른 사람에게 손해평가사의 명의를 사용하게 하거나 그 자격증을 대여한 사람

㉣ 손해평가사 명의의 사용이나 자격증의 대여를 알선한 사람

㉤ 업무정지 기간 중에 손해평가 업무를 수행한 사람

② 제1항에 따른 자격 취소 처분의 세부기준은 대통령령으로 정한다.

(16) 손해평가사의 감독(법 제11조의 6)

① 농림축산식품부장관은 손해평가사가 그 직무를 게을리하거나 직무를 수행하면서 부적절한 행위를 하였다고 인정하면 1년 이내의 기간을 정하여 업무의 정지를 명할 수 있다.

② 제1항에 따른 업무 정지 처분의 세부기준은 대통령령으로 정한다.

(17) 보험금수급전용계좌(법 제11조의 7)

① 재해보험사업자는 수급권자의 신청이 있는 경우에는 보험금을 **수급권자** 명의의 지정된 계좌(보험금수급전용계좌)로 입금하여야 한다. 다만, **정보통신장애**나 그 밖에 **대통령령으로 정하는 불가피한 사유**로 보험금을 보험금수급계좌로 이체할 수 없을 때에는 현금 지급 등 대통령령으로 정하는 바에 따라 보험금을 지급할 수 있다.

② 보험금수급전용계좌의 해당 금융기관은 이 법에 따른 보험금만이 보험금수급전용계좌에 입금되도록 관리하여야 한다.

③ 신청의 방법·절차와 보험금수급전용계좌의 관리에 필요한 사항은 **대통령령**으로 정한다.

(18) 보험금수급전용계좌의 신청 방법·절차 등(영 제12조의 11)

① 보험금을 수급권자 명의의 지정된 계좌로 받으려는 사람은 재해보험사업자가 정하는 보험금 지급청구서에 수급권자 명의의 보험금수급전용계좌를 기재하고, 통장의 사본(계좌번호가 기재된 면을 말한다)을 첨부하여 재해보험사업자에게 제출해야 한다. 보험금수급전용계좌를 변경하는 경우에도 또한 같다.

② "대통령령으로 정하는 불가피한 사유"란 보험금수급전용계좌가 개설된 **금융기관의 폐업·업무 정지** 등으로 정상영업이 불가능한 경우를 말한다.

③ 재해보험사업자는 보험금을 이체할 수 없을 때에는 수급권자의 신청에 따라 다른 금융기관에 개설된 보험금수급전용계좌로 이체해야 한다. 다만, 다른 보험금수급전용계좌로도 이체할 수 없는 경우에는 수급권자 본인의 주민등록증(모바일 주민등록증을 포함한다) 등 신분증명서의 확인을 거쳐 보험금을 직접 현금으로 지급할 수 있다.

(19) 수급권의 보호(법 제12조)

① 재해보험의 보험금을 지급받을 권리는 **압류할 수 없다.** 다만, **보험목적물이 담보로 제공된 경우**에는 그러하지 아니하다.

② 지정된 보험금수급전용계좌의 예금 중 대통령령으로 정하는 액수 이하의 금액에 관한 **채권**은 압류할 수 없다.

③ 보험금의 압류 금지(영 제12조의 12)

> "대통령령으로 정하는 액수"란 다음 각 호의 구분에 따른 보험금 액수를 말한다.
>
> 1. 농작물·임산물·가축 및 양식수산물의 재생산에 직접적으로 소요되는 비용의 보장을 목적으로 법 제11조의7제1항 본문에 따라 보험금수급전용계좌로 입금된 보험금
>   → 입금된 보험금 전액
> 2. 제1호 외의 목적으로 법 제11조의7제1항 본문에 따라 보험금수급전용계좌로 입금된 보험금 → 입금된 보험금의 2분의 1에 해당하는 액수

(20) 보험목적물의 양도에 따른 권리 및 의무의 승계(법 제13조)

재해보험가입자가 재해보험에 가입된 보험목적물을 양도하는 경우 그 양수인은 재해보험 계약에 관한 양도인의 권리 및 의무를 승계한 것으로 **추정**한다.

(21) 업무 위탁(법 제14조, 영 제13조)

① **재해보험사업자**는 재해보험사업을 원활히 수행하기 위하여 필요한 경우에는 보험모집 및 손해평가 등 재해보험 업무의 일부를 대통령령으로 정하는 자에게 위탁할 수 있다.

② "대통령령으로 정하는 자"란 다음의 자를 말한다.
　㉠ 「농업협동조합법」에 따라 설립된 **지역농업협동조합·지역축산업협동조합 및 품목별·업종별협동조합**
　㉡ 「산림조합법」에 따라 설립된 **지역산림조합 및 품목별·업종별산림조합**

　　ⓒ「수산업협동조합법」에 따라 설립된 **지구별 수산업협동조합, 업종별 수산업협동조합, 수산물가공 수산업협동조합 및 수협은행**

　　ⓓ「보험업법」 제187조에 따라 **손해사정을 업으로 하는 자**

　　ⓔ 농어업재해보험 관련 업무를 수행할 목적으로「민법」에 따라 농림축산식품부장관 또는 해양수산부장관의 **허가를 받아 설립된 비영리법인**

(22) 회계 구분(법 제15조)

재해보험사업자는 재해보험사업의 회계를 다른 회계와 구분하여 회계 처리함으로써 **손익 관계**를 명확히 하여야 한다.

(23) 분쟁조정(법 제17조)

재해보험과 관련된 분쟁의 조정(調停)은 **「금융소비자 보호에 관한 법률」**의 규정에 따른다.

(24) 「보험업법」 등의 적용(법 제18조)

① 이 법에 따른 재해보험사업에 대하여는「보험업법」제104조부터 제107조까지, 제118조제1항, 제119조, 제120조, 제124조, 제127조, 제128조, 제131조부터 제133조까지, 제134조제1항, 제136조, 제162조, 제176조 및 제181조제1항을 적용한다. 이 경우 "보험회사"는 "보험사업자"로 본다.

② 이 법에 따른 재해보험사업에 대해서는「금융소비자 보호에 관한 법률」제45조를 적용한다. 이 경우 "금융상품직접판매업자"는 "보험사업자"로 본다.

(25) 재정지원(법 제19조)

① 정부는 예산의 범위에서 재해보험가입자가 부담하는 보험료의 **일부**와 재해보험사업자의 재해보험의 운영 및 관리에 필요한 **비용(운영비)의 전부 또는 일부**를 지원할 수 있다. 이 경우 지방자치단체는 예산의 범위에서 재해보험가입자가 부담하는 보험료의 일부를 추가로 지원할 수 있다.

② 농림축산식품부장관·해양수산부장관 및 **지방자치단체의 장**은 제1항에 따른 지원 금액을 **재해보험사업자**에게 지급하여야 한다.

③ 「풍수해·지진재해보험법」에 따른 **풍수해·지진재해보험에 가입한 자**가 동일한 보험목적물을 대상으로 재해보험에 가입할 경우에는 제1항에도 불구하고 정부가 **재정지원을 하지 아니한다.**

④ 제1항에 따른 보험료와 운영비의 지원 방법 및 지원 절차 등에 필요한 사항은 대통령령으로 정한다.

(26) 보험료 및 운영비의 지원(영 제15조)

① 보험료 또는 운영비의 지원금액을 지급받으려는 재해보험사업자는 농림축산식품부장관 또는 해양수산부장관이 정하는 바에 따라 재해보험 가입현황서나 운영비 사용계획서를 **농림축산식품부장관** 또는 **해양수산부장관**에게 제출하여야 한다.
② 재해보험 가입현황서나 운영비 사용계획서를 제출받은 농림축산식품부장관 또는 해양수산부장관은 보험가입자의 기준 및 재해보험사업자에 대한 재정지원에 관한 사항 등을 확인하여 보험료 또는 운영비의 지원금액을 결정 · 지급한다.
③ **지방자치단체의 장**은 보험료의 일부를 추가 지원하려는 경우 재해보험 가입현황서와 보험가입자의 기준 등을 확인하여 보험료의 지원금액을 결정 · 지급한다.

05 ｜ 재보험사업 및 농어업재해보험기금

(1) 재보험사업(법 제20조)

① **정부**는 재해보험에 관한 재보험사업을 할 수 있다.
② **농림축산식품부장관** 또는 **해양수산부장관**은 재보험에 가입하려는 재해보험사업자와 다음의 사항이 포함된 재보험 약정을 체결하여야 한다.
　㉠ 재해보험사업자가 **정부에 내야 할 보험료(재보험료)**에 관한 사항
　㉡ **정부가 지급하여야 할 보험금(재보험금)**에 관한 사항
　㉢ 그 밖에 재보험수수료 등 **재보험 약정**에 관한 것으로서 대통령령으로 정하는 사항
③ 농림축산식품부장관은 해양수산부장관과 협의를 거쳐 재보험사업에 관한 업무의 일부를 「농업 · 농촌 및 식품산업 기본법」에 따라 설립된 **농업정책보험금융원(농금원)**에 **위탁**할 수 있다.

(2) 재보험 약정서(영 제16조)

"대통령령으로 정하는 사항"이란 다음의 사항을 말한다.
① 재보험 수수료에 관한 사항
② 재보험 약정기간에 관한 사항
③ 재보험 책임범위에 관한 사항
④ 재보험 약정의 변경·해지 등에 관한 사항
⑤ 재보험금 지급 및 분쟁에 관한 사항
⑥ 그 밖에 재보험의 운영·관리에 관한 사항

(3) 기금의 설치(법 제21조)

농림축산식품부장관은 해양수산부장관과 협의하여 공동으로 재보험사업에 필요한 재원에 충당하기 위하여 농어업재해재보험기금(기금)을 설치한다.

(4) 기금계정의 설치(영 제17조)

농림축산식품부장관은 해양수산부장관과 협의하여 기금의 수입과 지출을 명확히 하기 위하여 한국은행에 기금계정을 설치하여야 한다.

(5) 기금의 조성(법 제22조)

① 기금은 다음 각 호의 재원으로 조성한다.
  ㉠ 재보험료
  ㉡ 정부, 정부 외의 자 및 다른 기금으로부터 받은 출연금
  ㉢ 재보험금의 회수 자금
  ㉣ 기금의 운용수익금과 그 밖의 수입금
  ㉤ 제2항에 따른 차입금
  ㉥ 「농어촌구조개선 특별회계법」에 따라 농어촌구조개선 특별회계의 농어촌특별 세 사업계정으로부터 받은 전입금
② 농림축산식품부장관은 기금의 운용에 필요하다고 인정되는 경우에는 해양수산부장관과 협의하여 기금의 부담으로 금융기관, 다른 기금 또는 다른 회계로부터 자금을 차입할 수 있다.

(6) 기금의 용도(법 제23조)

기금은 다음 각 호에 해당하는 용도에 사용한다.
① 재보험금의 지급
② 차입금의 원리금 상환
③ 기금의 관리 · 운용에 필요한 경비(위탁경비를 포함한다)의 지출
④ 그 밖에 농림축산식품부장관이 해양수산부장관과 협의하여 재보험사업을 유지 · 개선
  하는 데에 필요하다고 인정하는 경비의 지출

(7) 기금의 관리 · 운용(법 제24조)

① 기금은 농림축산식품부장관이 해양수산부장관과 협의하여 관리 · 운용한다.
② 농림축산식품부장관은 해양수산부장관과 협의를 거쳐 기금의 관리 · 운용에 관한 사
  무의 일부를 농업정책보험금융원에 위탁할 수 있다.
③ 제1항 및 제2항에서 규정한 사항 외에 기금의 관리 · 운용에 필요한 사항은 대통령령
  으로 정한다.

(8) 기금의 관리 · 운용에 관한 사무의 위탁(영 제18조)

① 농림축산식품부장관은 해양수산부장관과 협의하여 기금의 관리 · 운용에 관한 다음
  각 호의 사무를 「농업 · 농촌 및 식품산업 기본법」 따라 설립된 농업정책보험금융원
  에 위탁한다.
  ㉠ 기금의 관리 · 운용에 관한 회계업무
  ㉡ 재보험료를 납입받는 업무
  ㉢ 재보험금을 지급하는 업무
  ㉣ 여유자금의 운용업무
  ㉤ 그 밖에 기금의 관리 · 운용에 관하여 농림축산식품부장관이 해양수산부장관과 협
    의를 거쳐 지정하여 고시하는 업무
② 기금의 관리 · 운용을 위탁받은 농업정책보험금융원(기금수탁관리자)은 기금의 관리
  및 운용을 명확히 하기 위하여 기금을 다른 회계와 구분하여 회계 처리하여야 한다.
③ 사무처리에 드는 경비는 기금의 부담으로 한다.

(9) 기금의 결산(영 제19조)

① 기금수탁관리자는 회계연도마다 기금결산보고서를 작성하여 다음 회계연도 2월 15일
  까지 농림축산식품부장관 및 해양수산부장관에게 제출하여야 한다.

② **농림축산식품부장관**은 **해양수산부장관**과 **협의**하여 기금수탁관리자로부터 제출받은 기금결산보고서를 검토한 후 심의회의 심의를 거쳐 다음 회계연도 **2월 말일**까지 기획재정부장관에게 제출하여야 한다.

③ 기금결산보고서에는 다음의 서류를 첨부하여야 한다.

    ㉠ 결산 개요

    ㉡ 수입지출결산

    ㉢ 재무제표

    ㉣ 성과보고서

    ㉤ 그 밖에 결산의 내용을 명확하게 하기 위하여 필요한 서류

(10) 여유자금의 운용(영 제20조)

농림축산식품부장관은 해양수산부장관과 **협의**하여 기금의 여유자금을 다음의 방법으로 운용할 수 있다.

① 「은행법」에 따른 은행에의 예치

② 「국채, 공채 또는 그 밖에 자본시장과 금융투자업에 관한 법률」에 따른 증권의 매입

(11) 기금의 회계기관(법 제25조)

① **농림축산식품부장관**은 **해양수산부장관**과 **협의**하여 기금의 수입과 지출에 관한 사무를 수행하게 하기 위하여 소속 공무원 중에서 **기금수입징수관, 기금재무관, 기금지출관 및 기금출납공무원**을 임명한다.

② **농림축산식품부장관**은 기금의 관리·운용에 관한 사무를 위탁한 경우에는 **해양수산부장관**과 **협의**하여 농업정책보험금융원의 임원 중에서 기금수입담당임원과 기금지출원인행위담당임원을, 그 직원 중에서 기금지출원과 기금출납원을 각각 임명하여야 한다. 이 경우 기금수입담당임원은 기금수입징수관의 업무를, 기금지출원인행위담당임원은 기금재무관의 업무를, 기금지출원은 기금지출관의 업무를, 기금출납원은 기금출납공무원의 업무를 수행한다.

임원과 직원	업무
기금수입담당임원	기금수입징수관
기금지출원인행위담당임원	기금재무관
기금지출원(직원)	기금지출관
기금출납원(직원)	기금출납공무원

06 | 재해보험사업의 관리

(1) 농어업재해보험사업의 관리(법 제25조의 2)

① **농림축산식품부장관** 또는 **해양수산부장관**은 재해보험사업을 효율적으로 추진하기 위하여 다음 각 호의 업무를 수행한다.
- ㉠ 재해보험사업의 **관리 · 감독**
- ㉡ 재해보험 상품의 **연구 및 보급**
- ㉢ 재해 관련 통계 생산 및 데이터베이스 **구축 · 분석**
- ㉣ 손해평가인력의 **육성**
- ㉤ 손해평가기법의 **연구 · 개발 및 보급**

② 농림축산식품부장관 또는 해양수산부장관은 다음 각 호의 업무를 농업정책보험금융원에 위탁할 수 있다.
- ㉠ 위 ①항의 ㉠~㉤까지의 업무
- ㉡ 재해보험사업의 약정 체결 관련 업무
- ㉢ 손해평가사 제도 운용 관련 업무
- ㉣ 그 밖에 재해보험사업과 관련하여 농림축산식품부장관 또는 해양수산부장관이 위탁하는 업무

③ 농림축산식품부장관은 손해평가사 자격시험의 실시 및 관리에 관한 업무를 「한국산업인력공단법」에 따른 한국산업인력공단에 위탁할 수 있다.

(2) 통계의 수집 · 관리 등(법 제26조)

① **농림축산식품부장관** 또는 **해양수산부장관**은 보험상품의 운영 및 개발에 필요한 다음 각 호의 지역별, 재해별 통계자료를 수집 · 관리하여야 하며, 이를 위하여 관계 중앙행정기관 및 지방자치단체의 장에게 필요한 자료를 요청할 수 있다.
- ㉠ **보험대상의 현황**
- ㉡ 보험확대 예비품목(제3조제1항제2호에 따라 선정한 보험목적물 도입예정 품목을 말한다)의 현황
- ㉢ 피해 원인 및 규모
- ㉣ 품목별 재배 또는 양식 면적과 생산량 및 가격
- ㉤ 그 밖에 농림축산식품부장관 또는 해양수산부장관이 필요하다고 인정하는 통계자료

② 제1항에 따라 자료를 요청받은 경우 **관계 중앙행정기관** 및 **지방자치단체의** 장은 특별한 사유가 없으면 요청에 따라야 한다.

③ 농림축산식품부장관 또는 해양수산부장관은 재해보험사업의 건전한 운영을 위하여 재해보험 제도 및 상품 개발 등을 위한 조사·연구, 관련 기술의 개발 및 전문인력 양성 등의 진흥 시책을 마련하여야 한다.

④ 농림축산식품부장관 및 해양수산부장관은 통계의 수집·관리, 조사·연구 등에 관한 업무를 대통령령으로 정하는 자에게 위탁할 수 있다.

(3) 통계의 수집·관리 등에 관한 업무의 위탁(법 제21조)

① 농림축산식품부장관 또는 해양수산부장관은 통계의 수집·관리, 조사·연구 등에 관한 업무를 다음 각 호의 어느 하나에 해당하는 자에게 위탁할 수 있다.

   ㉠ 「농업협동조합법」에 따른 **농업협동조합중앙회**

   ㉡ 「산림조합법」에 따른 **산림조합중앙회**

   ㉢ 「수산업협동조합법」에 따른 **수산업협동조합중앙회 및 수협은행**

   ㉣ 「정부출연연구기관 등의 설립·운영 및 육성에 관한 법률」에 따라 설립된 **연구기관**

   ㉤ 「보험업법」에 따른 **보험회사, 보험료율산출기관 또는 보험계리를 업으로 하는 자**

   ㉥ 「민법」 제32조에 따라 농림축산식품부장관 또는 해양수산부장관의 허가를 받아 설립된 **비영리법인**

   ㉦ 「공익법인의 설립·운영에 관한 법률」에 따라 농림축산식품부장관 또는 해양수산부장관의 허가를 받아 설립된 **공익법인**

   ㉧ **농업정책보험금융원**

② 농림축산식품부장관 또는 해양수산부장관은 제1항에 따라 업무를 위탁한 때에는 위탁받은 자 및 위탁업무의 내용 등을 고시하여야 한다.

(4) 시범사업(법 제27조)

① 재해보험사업자는 신규 보험상품을 도입하려는 경우 등 필요한 경우에는 농림축산식품부장관 또는 해양수산부장관과 협의하여 시범사업을 할 수 있다.

② 정부는 시범사업의 원활한 운영을 위하여 필요한 지원을 할 수 있다.

③ 시범사업 실시에 관한 구체적인 사항은 대통령령으로 정한다.

(5) 시범사업 실시(영 제22조)

① 재해보험사업자는 시범사업을 하려면 다음 각 호의 사항이 포함된 사업계획서를 농

림축산식품부장관 또는 해양수산부장관에게 제출하고 협의하여야 한다.

    ㉠ 대상목적물, 사업지역 및 사업기간에 관한 사항

    ㉡ 보험상품에 관한 사항

    ㉢ 정부의 재정지원에 관한 사항

    ㉣ 그 밖에 농림축산식품부장관 또는 해양수산부장관이 필요하다고 인정하는 사항

② 재해보험사업자는 시범사업이 끝나면 **지체 없이** 다음 각 호의 사항이 포함된 사업결과 보고서를 작성하여 농림축산식품부장관 또는 해양수산부장관에게 제출하여야 한다.

    ㉠ 보험계약사항, 보험금 지급 등 전반적인 사업운영 실적에 관한 사항

    ㉡ 사업 운영과정에서 나타난 문제점 및 제도개선에 관한 사항

    ㉢ 사업의 중단·연장 및 확대 등에 관한 사항

③ 농림축산식품부장관 또는 해양수산부장관은 사업결과보고서를 받으면 그 사업결과를 바탕으로 신규 보험상품의 도입 가능성 등을 검토·평가하여야 한다.

(6) 보험가입의 촉진 등(제28조)

정부는 농어업인의 재해대비의식을 고양하고 재해보험의 가입을 촉진하기 위하여 교육·홍보 및 보험가입자에 대한 **정책자금 지원, 신용보증 지원** 등을 할 수 있다.

(7) 보험가입촉진계획의 수립(법 제28조의 2)

① **재해보험사업자**는 농어업재해보험 가입 촉진을 위하여 보험가입촉진계획을 **매년** 수립 하여 농림축산식품부장관 또는 해양수산부장관에게 제출하여야 한다.

② 보험가입촉진계획의 내용 및 그 밖에 필요한 사항은 대통령령으로 정한다.

(8) 보험가입촉진계획의 제출 등(영 제22조의2)

① 보험가입촉진계획에는 다음 각 호의 사항이 포함되어야 한다.

    ㉠ 전년도의 성과분석 및 해당 **연도의 사업계획**

    ㉡ 해당 연도의 보험상품 **운영계획**

    ㉢ 농어업재해보험 **교육 및 홍보계획**

    ㉣ 보험상품의 **개선·개발계획**

    ㉤ 그 밖에 농어업재해보험 가입 촉진을 위하여 필요한 사항

② 재해보험사업자는 수립한 보험가입촉진계획을 **해당 연도 1월 31일까지** 농림축산식품부장관 또는 해양수산부장관에게 제출하여야 한다.

(9) 고유식별정보의 처리(영 제22조의 3)

① 재해보험사업자는 재해보험가입자 자격 확인에 관한 사무를 수행하기 위하여 불가피한 경우 「개인정보 보호법 시행령」에 따른 **주민등록번호**가 포함된 자료를 처리할 수 있다.

② 재해보험사업자는 「상법」에 따른 타인을 위한 보험계약의 체결, 유지·관리, 보험금의 지급 등에 관한 사무를 수행하기 위하여 불가피한 경우 「개인정보 보호법 시행령」에 따른 주민등록번호가 포함된 자료를 처리할 수 있다.

③ 농림축산식품부장관은 다음의 사무를 수행하기 위하여 불가피한 경우 「개인정보 보호법 시행령」에 따른 주민등록번호가 포함된 자료를 처리할 수 있다.

　㉠ 손해평가사 **자격시험**에 관한 사무

　㉡ 손해평가사의 **자격 취소**에 관한 사무

　㉢ 손해평가사의 **감독**에 관한 사무

　㉣ **재해보험사업**의 관리·감독에 관한 사무

(10) 규제의 재검토(영 제22조의4)

농림축산식품부장관 또는 해양수산부장관은 손해평가인의 자격요건에 대하여 2018년 1월 1일을 기준으로 **3년마다**(매 3년이 되는 해의 1월 1일 전까지를 말한다) 그 타당성을 검토하여 개선 등의 조치를 하여야 한다.

(11) 보고 등(법 제29조)

농림축산식품부장관 또는 해양수산부장관은 재해보험의 건전한 운영과 재해보험가입자의 보호를 위하여 필요하다고 인정되는 경우에는 재해보험사업자에게 재해보험사업에 관한 업무 처리 상황을 보고하게 하거나 관계 서류의 제출을 요구할 수 있다.

(12) 청문(법 제29조의 2)

농림축산식품부장관은 다음의 어느 하나에 해당하는 처분을 하려면 청문을 하여야 한다.

① 손해평가사의 자격 취소

② 손해평가사의 업무 정지

07 | 벌칙

(1) 벌칙(제30조)

① 3년 이하의 징역 또는 3천만 원 이하의 벌금

　　금품 등을 제공(같은 조 제3호의 경우에는 보험금 지급의 약속을 말한다)한 자 또는 이를 요구하여 받은 보험가입자

② 1년 이하의 징역 또는 1천만 원 이하의 벌금

　　㉠ 보험모집 규정을 **위반하여 모집을 한 자**

　　㉡ 손해평가요령을 위반하여 **고의로 진실을 숨기거나 거짓으로 손해평가를 한 자**

　　㉢ 다른 사람에게 손해평가사의 **명의를 사용하게** 하거나 그 **자격증을 대여한 자**

　　㉣ 손해평가사의 명의를 사용하거나 그 자격증을 **대여받은 자** 또는 **명의의 사용이나 자격증의 대여를 알선한 자**

③ 500만 원 이하의 벌금

　　재해보험사업자는 재해보험사업의 회계를 다른 회계와 구분하여 회계처리함으로써 **손익관계를** 명확히 하여야 한다. 이 **규정을 위반하여 회계를 처리한 자**

(2) 양벌규정(법 제31조)

① 법인의 대표자나 법인 또는 개인의 대리인, 사용인, 그 밖의 종업원이 그 법인 또는 개인 의 업무에 관하여 위 (1) 벌칙 **제30조의 위반행위를 하면** 그 행위자를 벌하는 외에 그 **법 인 또는 개인**에게도 해당 조문의 **벌금형을 과(科)**한다.

② 다만, 법인 또는 개인이 그 위반행위를 방지하기 위하여 해당 업무에 관하여 상당한 주의와 감독을 게을리하지 아니한 경우에는 그러하지 아니하다.

(3) 과태료(법 제32조)

① 재해보험사업자가 보험업법 제95조를 위반하여 보험안내를 한 경우에는 1천만 원 이하의 과태료를 부과한다. ▶ **농림축산식품부장관 또는 해양수산부장관이 부과·징수**

② 재해보험사업자의 발기인, 설립위원, 임원, 집행간부, 일반간부직원, 파산관재인 및 청산인이 다음 각 호의 어느 하나에 해당하면 500만 원 이하의 과태료를 부과한다.

　　㉠ 「보험업법」에 따른 **책임준비금과 비상위험준비금을** 계상하지 아니하거나 이를 따로 작성한 장부에 각각 기재하지 아니한 경우

　　㉡ 「보험업법」에 따른 명령을 위반한 경우 ▶ **금융위원회가 부과·징수**

ⓒ 「보험업법」에 따른 검사를 거부·방해 또는 기피한 경우 ▶ 금융위원회가 부과·징수

③ 다음 각 호의 어느 하나에 해당하는 자에게는 500만원 이하의 과태료를 부과한다.

　㉠ 「보험업법」을 위반하여 보험안내를 한 자로서 **재해보험사업자가 아닌 자**

　㉡ 「보험업법」 또는 「금융소비자 보호에 관한 법률」을 위반하여 보험계약의 체결 또는 모집에 관한 **금지행위를 한 자**

　㉢ 보고 또는 관계 서류 제출을 **하지 아니하거나**, 보고 또는 관계 서류 제출을 **거짓으로 한 자**

(4) 과태료의 부과기준(영 제23조)

① 일반기준

농림축산식품부장관, 해양수산부장관 또는 금융위원회는 위반행위의 정도, 위반횟수, 위반행위의 동기와 그 결과 등을 고려하여 개별기준에 따른 해당 과태료 금액을 2분의 1의 범위에서 줄이거나 늘릴 수 있다. 다만, 늘리는 경우에도 과태료 금액의 상한을 초과할 수 없다.

② 개별기준

위반행위	해당 법 조문	과태료
가. 재해보험사업자가 법 제10조제2항에서 준용하는 「보험업법」 제95조를 위반하여 보험안내를 한 경우	법 제32조제1항	1,000만원
나. 법 제10조제2항에서 준용하는 「보험업법」 제95조를 위반하여 보험안내를 한 자로서 재해보험사업자가 아닌 경우	법 제32조제3항제1호	500만원
다. 법 제10조제2항에서 준용하는 「보험업법」 제97조제1항 또는 「금융소비자 보호에 관한 법률」 제21조를 위반하여 보험계약의 체결 또는 모집에 관한 금지행위를 한 경우	법 제32조제3항제2호	300만원
라. 재해보험사업자의 발기인, 설립위원, 임원, 집행간부, 일반간부직원, 파산관재인 및 청산인이 법 제18조제1항에서 적용하는 「보험업법」 제120조에 따른 책임준비금 또는 비상위험준비금을 계상하지 아니하거나 이를 따로 작성한 장부에 각각 기재하지 아니한 경우	법 제32조제2항제1호	500만원
마. 재해보험사업자의 발기인, 설립위원, 임원, 집행간부, 일반간부직원, 파산관재인 및 청산인이 법 제18조제1항에서 적용하는 「보험업법」 제131조제1항·제2항 및 제4항에 따른 명령을 위반한 경우	법 제32조제2항제2호	300만원

바. 재해보험사업자의 발기인, 설립위원, 임원, 집행간부, 일반 간부직원, 파산관재인 및 청산인이 법 제18조제1항에서 적용하는 「보험업법」 제133조에 따른 검사를 거부·방해 또는 기피한 경우	법 제32조 제2항제3호	200만원
사. 법 제29조에 따른 보고 또는 관계 서류 제출을 하지 아니 하거나 보고 또는 관계 서류 제출을 거짓으로 한 경우	법 제32조 제3항제3호	300만원

제1장 핵심기출문제

1. 농어업재해보험법령상 농림축산식품부장관 또는 해양수산부장관이 재해보험사업을 하려는 자와 재해보험사업의 약정을 체결할 때에 포함되어야 하는 사항이 아닌 것은?

　① 약정기간에 관한 사항
　② 재해보험사업의 약정을 체결한 자가 준수하여야 할 사항
　③ 국가에 대한 재정지원에 관한 사항
　④ 약정의 변경·해지 등에 관한 사항

[해설] 재해보험사업의 약정체결(영 제10조 제2항)
농림축산식품부장관 또는 해양수산부장관은 법에 따라 재해보험사업을 하려는 자와 재해보험사업의 약정을 체결할 때에는 다음의 사항이 포함된 약정서를 작성하여야 한다.

> ① 약정기간에 관한 사항
> ② 재해보험사업의 약정을 체결한 자(재해보험사업자)가 준수하여야 할 사항
> ③ 재해보험사업자에 대한 재정지원에 관한 사항
> ④ 약정의 변경·해지 등에 관한 사항
> ⑤ 그 밖에 재해보험사업의 운영에 관한 사항

[정답] ③

2. 농어업재해보험법상 농어업재해에 관한 설명이다. (　)에 들어갈 내용을 순서대로 옳게 나열한 것은?

> "농어업재해"란 농작물·임산물·가축 및 농업용 시설물에 발생하는 자연재해·병충해·(ㄱ)·질병 또는 화재와 양식수산물 및 어업용 시설물에 발생하는 자연재해·질병 또는 (ㄴ)를 말한다.

　① ㄱ : 지진, 　　　　　　ㄴ : 조수해(鳥獸害)
　② ㄱ : 조수해(鳥獸害), 　ㄴ : 풍수해

③ ㄱ : 조수해(鳥獸害),   ㄴ : 화재
④ ㄱ : 지진,   ㄴ : 풍수해

[해설] "농어업재해"란 농작물 · 임산물 · 가축 및 농업용 시설물에 발생하는 자연재해 · 병충해 · (조수해(鳥獸 害) ·
질병 또는 화재(이하 "농업재해"라 한다)와 양식수산물 및 어업용 시설물에 발생하는 자연재해 · 질병 또는 (화
재(이하 "어업재해"라 한다))를 말한다.

[정답] ③

3. 농어업재해보험법령상 농업재해보험심의회 또는 어업재해보험심의회에 관한 설명으로 옳지 않은 것은?

① 심의회는 위원장 및 부위원장 각 1명을 포함한 21명 이내의 위원으로 구성한다.
② 심의회의 위원장은 각각 농림축산식품부장관 및 해양수산부장관으로 하고, 부위원 장은 위원 중에서 호선(互選)한다.
③ 심의회의 회의는 재적위원 3분의 1 이상의 요구가 있을 때 또는 위원장이 필요하다고 인정할 때에 소집한다.
④ 심의회의 회의는 재적위원 과반수의 출석으로 개의(開議)하고, 출석위원 과반수의 찬성으로 의결한다.

[해설] ② 심의회의 위원장은 농림축산식품부차관으로 하고, 부위원장은 위원 중에서 호선(互選)한다.

[정답] ②

4. 농어업재해보험법령상 가축재해보험 손해평가인으로 위촉될 수 없는 자는?

① 재해보험 대상 가축을 5년 이상 사육한 경력이 있는 농업인
② 교원으로 고등학교에서 가축사육 분야 관련 과목을 5년 이상 교육한 경력이 있는 사람
③ 수의사법에 따른 수의사
④ 「국가기술자격법」에 따른 축산산업기사 이상의 자격을 소지한 사람

정답 및 해설

[해설] 「국가기술자격법」에 따른 축산기사 이상의 자격을 소지한 사람

[정답] ④

---

5. 농어업재해보험법령상 양식수산물재해보험의 손해평가인으로 위촉될 수 있는 자격요건을 갖추지 않은 자는?

① 재해보험 대상 양식수산물을 3년 동안 양식한 경력이 있는 어업인
② 「고등교육법」 제2조에 따른 전문대학에서 보험 관련 학과를 졸업했거나 졸업 예정인 사람
③ 「수산생물질병 관리법」에 따른 수산질병관리사
④ 「농수산물 품질관리법」에 따른 수산물품질관리사

정답 및 해설

[해설] ① 재해보험 대상 양식수산물을 5년 이상 양식한 경력이 있는 어업인

[정답] ①

---

6. 농어업재해보험법령상 기본계획 및 시행계획 내용이 아닌 것은?

① 재해보험의 대상 품목 및 대상 지역에 관한 사항
② 재해보험의 종류별 가입률제고방안에 관한 사항
③ 재해보험사업의 발전 방향 및 목표
④ 농어업재해보험재보험사업에 대한 정부의 책임범위에 관한 사항

정답 및 해설

[해설] 기본계획 및 시행계획의 수립ㆍ시행(법 제2조의 2)

① 재해보험사업의 발전 방향 및 목표
② 재해보험의 종류별 가입률 제고 방안에 관한 사항
③ 재해보험의 대상 품목 및 대상 지역에 관한 사항
④ 재해보험사업에 대한 지원 및 평가에 관한 사항
⑤ 그 밖에 재해보험 활성화를 위하여 농림축산식품부장관 또는 해양수산부장관이 필요하다고 인정하는 사항

[정답] ④

7. 농어업재해보험법상 용어의 설명으로 옳은 것은?

① "보험료"란 보험가입자와 보험사업자 간의 약정에 따라 보험사업자가 보험가입자에게 내야 하는 금액을 말한다.

② "어업재해"란 수산물 및 어업용 시설물에 발생하는 자연재해·질병 또는 화재를 말한다.

③ "농업재해"란 농작물·임산물·가축 및 농업용 시설물에 발생하는 자연재해·병충해·조수해(鳥獸害)·질병 또는 화재를 말한다.

④ "농어업재해보험"은 농어업재해로 발생하는 인명 및 재산 피해에 따른 손해를 보상하기 위한 보험을 말한다.

[해설] ① "농어업재해보험"은 농어업재해로 발생하는 재산 피해에 따른 손해를 보상하기 위한 보험을 말한다
② "어업재해"란 양식수산물 및 어업용 시설물에 발생하는 자연재해·질병 또는 화재를 말한다.
④ "보험료"란 보험가입자와 보험사업자 간의 약정에 따라 보험가입자가 보험사업자에게 내야 하는 금액을 말한다.

[정답] ③

8. 농어업재해보험법령상 보험업법 제 98조에 따른 금품 등을 제공한 자 또는 이를 요구하여 받은 보험가입자에 해당하는 벌칙은?

① 1년이하의 징역 또는 1천만원이하의 벌금

② 1천만원 이하의 과태료

③ 3년이하의 징역 또는 3천만원이하의 벌금

④ 2년이하의 징역 도는 2천만원이하의 벌금

[해설] ③

[정답] ③

9. 농어업재해보험법령상 재해보험사업에 관한 내용으로 옳지 않은 것은?

① 재해보험의 종류는 농작물재해보험, 임산물재해보험, 가축재해보험 및 양식수산물재 해보험으로 한다.

② 재해보험에서 보상하는 재해의 범위는 해당 재해의 발생 범위, 피해 정도 및 객관적인 손해평가방법 등을 고려하여 재해보험의 종류별로 농림축산식품부령으로 정한다.

③ 정부는 재해보험에서 보상하는 재해의 범위를 확대하기 위하여 노력하여야 한다.

④ 가축재해보험에서 보상하는 재해의 범위는 자연재해, 화재 및 보험목적물별로 농림 축산식품부장관이 정하여 고시하는 질병이다.

정답 및 해설

[해설] 재해보험에서 보상하는 재해의 범위는 해당 재해의 발생 빈도, 피해 정도 및 객관적인 손해평가방법 등을 고려하여 재해보험의 종류별로 대통령령으로 정한다(농어업재해보험법 제6조 제1항).

[정답] ②

---

10. 농어업재해보험법상 손해평가사의 감독에 관한 내용이다. (   )에 들어갈 숫자는?

농림축산식품부장관은 손해평가사가 그 직무를 게을리하거나 직무를 수행하면서 부적절한 행위를 하였다고 인정하면 (   )년 이내의 기간을 정하여 업무의 정지를 명할 수 있다.

① 1   ② 2   ③ 3   ④ 5

정답 및 해설

[해설] 손해평가사의 감독(법 제11조의 6)
① 농림축산식품부장관은 손해평가사가 그 직무를 게을리하거나 직무를 수행하면서 부적절한 행위를 하였다고 인정하면 1년 이내의 기간을 정하여 업무의 정지를 명할 수 있다.
② 제1항에 따른 업무 정지 처분의 세부기준은 대통령령으로 정한다.

[정답] ①

11. 농어업재해보험법상 손해평가사의 자격 취소사유로 명시되지 않은 것은?

① 손해평가사의 자격을 거짓 또는 부정한 방법으로 취득한 사람
② 업무정지 기간 중에 손해평가업무를 수행한 사람
③ 거짓으로 손해평가를 한 사람
④ 다른 사람에게 손해평가사의 업무를 수행하게 하거나 자격증을 빌려준 사람

[해설] 손해평가사의 자격 취소(법 제11조의 5)
농림축산식품부장관은 다음의 어느 하나에 해당하는 사람에 대하여 손해평가사 자격을 취소할 수 있다. 다만, 제1호 및 제5호에 해당하는 경우에는 자격을 취소하여야 한다.

① 손해평가사의 자격을 거짓 또는 부정한 방법으로 취득한 사람
② 거짓으로 손해평가를 한 사람
③ 다른 사람에게 손해평가사의 명의를 사용하게 하거나 그 자격증을 대여한 사람
④ 손해평가사 명의의 사용이나 자격증의 대여를 알선한 사람
⑤ 업무정지 기간 중에 손해평가업무를 수행한 사람

[정답] ④

12. 농어업재해보험법령상 재정지원에 관한 설명으로 옳은 것은?

① 정부는 예산의 범위에서 재해보험사업자가 지급하는 보험금의 일부를 지원할 수 있다.
② 「풍수해 · 지진재해보험법」에 따른 풍수해 · 지진재해보험에 가입한 자가 동일한 보험목적물을 대상으로 재해보험에 가입할 경우에는 정부가 재정을 지원하여야 한다.
③ 보험료 또는 운영비의 지원금액을 지급받으려는 재해보험사업자는 농림축산식품부장관 또는 해양수산부장관이 정하는 바에 따라 재해보험 가입현황서나 운영비 사용계획서를 농림축산식품부장관 또는 해양수산부장관에게 제출하여야 한다.
④ 농림축산식품부장관 · 해양수산부장관이 예산의 범위에서 지원하는 재정지원의 경우 그 지원 금액을 재해보험가입자에게 지급하여야 한다.

[해설] 재정지원(법 제19조)
① 정부는 예산의 범위에서 재해보험가입자가 부담하는 보험료의 일부와 재해보험사업자의 재해보험의 운영 및 관리에 필요한 비용(운영비)의 전부 또는 일부를 지원할 수 있다. 이 경우 지방자치단체는 예산의 범위에서 재해보험가입자가 부담하는 보험료의 일부를 추가로 지원할 수 있다.
② 농림축산식품부장관 · 해양수산부장관 및 지방자치단체의 장은 제1항에 따른 지원 금액을 재해보험사업자에게 지급하여야 한다.

③ 「풍수해 · 지진재해보험법」에 따른 풍수해 · 지진재해보험에 가입한 자가 동일한 보험목적물을 대상으로 재해보험에 가입할 경우에는 제1항에도 불구하고 정부가 재정지원을 하지 아니한다.
④ 제1항에 따른 보험료와 운영비의 지원 방법 및 지원 절차 등에 필요한 사항은 대통령령으로 정한다.

[정답] ③

13. 농어업재해보험법상 분쟁조정에 관한 내용이다. (   )에 들어갈 법률로 옳은 것은?

재해보험과 관련된 분쟁의 조정(調停)은 (   ) 의 규정에 따른다.

① 보험업법
② 풍수해보험법
③ 금융소비자 보호에 관한 법률
④ 농업협동조합법법률

정답 및 해설

[해설] 재해보험과 관련된 분쟁의 조정(調停)은 「금융소비자 보호에 관한 법률」의 규정에 따른다(농어업재해보험법 제17조).

[정답] ③

14. 농어업재해보험법령상 농어업재해보험기금을 조성하기 위한 재원으로 옳지 않은 것은?

① 재해보험사업자가 정부에 낸 보험료
② 재보험금의 회수 자금
③ 기금의 운용수익금과 그 밖의 수입금
④ 재해보험가입자가 약정에 따라 재해보험사업자에게 내야 하는 금액

정답 및 해설

[해설] 기금의 조성(법 제22조)

① 재보험료
② 정부, 정부 외의 자 및 다른 기금으로부터 받은 출연금
③ 재보험금의 회수 자금
④ 기금의 운용수익금과 그 밖의 수입금
⑤ 제2항에 따른 차입금
⑥ 「농어촌구조개선 특별회계법」에 따라 농어촌구조개선 특별회계의 농어촌특별세사업계정으로부터 받은 전입금

[정답] ④

15. 농어업재해보험법령상 시범사업의 실시에 관한 설명으로 옳은 것은?

① 기획재정부장관이 신규 보험상품을 도입하려는 경우 재해보험사업자와의 협의를 거치지 않고 시범사업을 할 수 있다.

② 재해보험사업자가 시범사업을 하려면 사업계획서를 농림축산식품부장관에게 제출하고 기획재정부장관과 협의하여야 한다.

③ 재해보험사업자는 시범사업이 끝나면 정부의 재정지원에 관한 사항이 포함된 사업 결과보고서를 제출하여야 한다.

④ 농림축산식품부장관 또는 해양수산부장관은 사업결과보고서를 받으면 그 사업결과를 바탕으로 신규 보험상품의 도입 가능성 등을 검토·평가하여야 한다.

정답 및 해설

[해설] ① 재해보험사업자는 신규 보험상품을 도입하려는 경우 등 필요한 경우에는 농림축산식품부장관 또는 해양수산부장관과 협의하여 시범사업을 할 수 있다.
② 재해보험사업자는 시범사업을 하려면 사업계획서를 농림축산식품부장관 또는 해양수산부장관에게 제출하고 협의하여야 한다.
③ 재해보험사업자는 시범사업이 끝나면 지체 없이 "보험계약사항·보험금 지급 등 전반적인 사업운영 실적에 관한 사항, 사업 운영과정에서 나타난 문제점 및 제도개선에 관한 사항, 사업의 중단·연장 및 확대 등에 관한 사항"이 포함된 사업결과보고서를 작성하여 농림축산식품부장관 또는 해양수산부장관에게 제출하여야 한다.

[정답] ④

16. 농어업재해보험법령상 농림축산식품부장관이 해양수산부장관과 협의하여 농어업재해재보험기금의 수입과 지출에 관한 사무를 수행하게 하기 위하여 소속 공무원 중에서 임명하는 자에 해당하지 않는 것은?

① 기금수입징수관   ② 기금출납원
③ 기금지출관   ④ 기금재무관

정답 및 해설

[해설] 기금의 회계기관(법 제25조)
① 농림축산식품부장관은 해양수산부장관과 협의하여 기금의 수입과 지출에 관한 사무를 수행하게 하기 위하여 소속 공무원 중에서 기금수입징수관, 기금재무관, 기금지출관 및 기금출납공무원을 임명한다.
② 농림축산식품부장관은 기금의 관리·운용에 관한 사무를 위탁한 경우에는 해양수산부장관과 협의하여 농업정책보험금융원의 임원 중에서 기금수입담당임원과 기금지출원인행위담당임원을, 그 직원 중에서 기금지출원과 기금출납원을 각각 임명하여야 한다. 이 경우 기금수입담당임원은 기금수입징수관의 업무를, 기금지출원인행위담당임원은 기금재무관의 업무를, 기금지출원은 기금지출관의 업무를, 기금출납원은 기금출납공무원의 업무를 수행한다.

[정답] ②

17. 농어업재해보험법령상 농림축산식품부장관 또는 해양수산부장관으로부터 보험상품의 운영 및 개발에 필요한 통계자료의 수집·관리업무를 위탁받아 수행할 수 있는 자를 모두 고른 것은?

> ㄱ.「수산업협동조합법」에 따른 수협은행　　ㄴ.「보험업법」에 따른 보험회사
> ㄷ. 농업정책보험금융원　　ㄹ. 지방자치단체의 장

① ㄱ, ㄴ
② ㄴ, ㄹ
③ ㄷ, ㄹ
④ ㄱ, ㄴ, ㄷ

정답 및 해설

[해설] 통계의 수집 · 관리 등에 관한 업무의 위탁(법 제21조)

> ① 「농업협동조합법」에 따른 농업협동조합중앙회
> ② 「산림조합법」에 따른 산림조합중앙회
> ③ 「수산업협동조합법」에 따른 수산업협동조합중앙회 및 수협은행
> ④ 「정부출연연구기관 등의 설립 · 운영 및 육성에 관한 법률」에 따라 설립된 연구기관
> ⑤ 「보험업법」에 따른 보험회사, 보험료율산출기관 또는 보험계리를 업으로 하는 자
> ⑥ 「민법」 제32조에 따라 농림축산식품부장관 또는 해양수산부장관의 허가를 받아 설립된 비영리법인
> ⑦ 「공익법인의 설립 · 운영에 관한 법률」에 따라 농림축산식품부장관 또는 해양수산부장관의 허가를 받아 설립된 공익법인
> ⑧ 농업정책보험금융원

[정답] ④

18. 농어업재해보험법상 재해보험사업을 할 수 없는 자는?

① 「농업협동조합법」에 따른 농업협동조합중앙회
② 「수산업협동조합법」에 따른 수산업협동조합중앙회
③ 「보험업법」에 따른 보험회사
④ 「산림조합법」에 따른 산림조합중앙회

정답 및 해설

[해설] 보험사업자(법 제8조)

> ① 「수산업협동조합법」에 따른 수산업협동조합중앙회(수협중앙회)
> ② 「산림조합법」에 따른 산림조합중앙회
> ③ 「보험업법」에 따른 보험회사

[정답] ①

19. 농어업재해보험법상 재해보험에 관한 설명으로 옳지 않은 것은?

① 재해보험에 가입할 수 있는 자는 농림업, 축산업, 양식수산업에 종사하는 개인 또는 법인
으로 하고, 구체적인 보험가입자의 기준은 대통령령으로 정한다.
② 「산림조합법」의 공제규정에 따른 공제모집인으로서 산림조합중앙회장이나 그 회원 조합
장이 인정하는 자는 재해보험을 모집할 수 있다.
③ 재해보험사업자는 사고 예방을 위하여 보험가입자가 납입한 보험료의 일부를 되돌려 줄
수 있다.
④ 「수산업협동조합법」에 따른 조합이 그 조합원에게 재해보험의 보험료 일부를 지원 하는
경우에는 「보험업법」상 해당 보험계약의 체결 또는 모집과 관련한 특별이익의 제공으로
특별이익의 제공으로 보지 아니한다.

정답 및 해설

[해설] 「농업협동조합법」, 「수산업협동조합법」, 「산림조합법」에 따른 조합이 그 조합원에게 이 법에 따른 보험상품의
보험료 일부를 지원하는 경우에는 「보험업법」 제98조에도 불구하고 해당 보험계약의 체결 또는 모집과 관련
한 특별이익의 제공으로 보지 아니한다.

[정답] ④

20. 재해보험사업의 약정을 체결하려는 자는 아래의 서류를 농림축산식품부장관 또는 해양수산
부장관에게 제출하여야 한다. (   )에 들어갈 서류는?

- 사업방법서와 (   )
- 보험료 및 책임준비금산출방법서
- 그 밖에 대통령령으로 정하는 서류

① 상품설명서　　　　　　　　② 청약서
③ 보험약관　　　　　　　　　④ 계약서

정답 및 해설

[해설] 약정을 체결하려는 자는 "사업방법서, 보험약관, 보험료 및 책임준비금산출방법서, 그 밖에 대통령령으로 정
하는 서류"를 농림축산식품부장관 또는 해양수산부장관에게 제출하여야 한다.

[정답] ③

21. 농어업재해보험법령상 손해평가에 관한 설명으로 옳은 것은?

① 재해보험사업자는 「보험업법」에 따른 손해평가인에게 손해평가를 담당하게 할 수 있다.
② 「고등교육법」에 따른 전문대학에서 농산물재배 관련 학과를 졸업한 사람은 손해평가인으로 위촉될 자격이 인정된다.
③ 농림축산식품부장관은 손해평가사가 공정하고 객관적인 손해평가를 수행할 수 있도록 연 1회 이상 정기교육을 실시하여야 한다.
④ 농림축산식품부장관 또는 해양수산부장관은 손해평가 요령을 고시하려면 미리 금융위원회와 협의하여야 한다.

정답 및 해설

[해설] ① 손해평가인 → 손해사정사
② 농산물재배 관련 학과 → 보험 관련 학과
③ 손해평가사 → 손해평가인

[정답] ④

22. 농어업재해보험법령상 보험금 수급권과 계좌에 관한 설명으로 옳지 않은 것은?

① 재해보험사업자는 수급권자의 신청이 있는 경우에는 보험금을 수급권자 명의의 지정된 계좌(보험금수급전용계좌)로 입금하여야 한다.
② 재해보험가입자가 재해보험에 가입된 보험목적물을 양도하는 경우 그 양수인은 재해보험계약에 관한 양도인의 권리 및 의무를 승계한 것으로 본다.
③ 보험금수급전용계좌의 해당 금융기관은 이 법에 따른 보험금만이 보험금수급전용계좌에 입금되도록 관리하여야 한다.
④ 재해보험의 보험금을 지급받을 권리는 압류할 수 없다. 다만, 보험목적물이 담보로 제공된 경우에는 그러하지 아니하다.

정답 및 해설

[해설] ② 재해보험가입자가 재해보험에 가입된 보험목적물을 양도하는 경우 그 양수인은 재해보험 계약에 관한 양도인의 권리 및 의무를 승계한 것으로 추정한다.(법 제13조)

[정답] ②

23. 농어업재해보험법령상 재해보험사업자가 재해보험 업무의 일부를 위탁할 수 있는 자가 아닌 것은?

① 「농업협동조합법」에 따라 설립된 지역축산업협동조합
② 「농업·농촌 및 식품산업 기본법」에 따라 설립된 농업정책보험금융원
③ 「산림조합법」에 따라 설립된 품목별·업종별산림조합
④ 「보험업법」에 따라 손해사정을 업으로 하는 자

[해설] 업무 위탁(영 제13조)

① 「농업협동조합법」에 따라 설립된 지역농업협동조합·지역축산업협동조합 및 품목별·업종별협동조합
② 「산림조합법」에 따라 설립된 지역산림조합 및 품목별·업종별산림조합
③ 「수산업협동조합법」에 따라 설립된 지구별 수산업협동조합, 업종별 수산업협동조합, 수산물가공 수산업협동조합 및 수협은행
④ 「보험업법」 제187조에 따라 손해사정을 업으로 하는 자
⑤ 농어업재해보험 관련 업무를 수행할 목적으로 「민법」에 따라 농림축산식품부장관 또는 해양수산부장관의 허가를 받아 설립된 비영리법인

[정답] ②

24. 농어업재해보험법령상 재보험사업 및 농어업재해재보험기금에 관한 설명으로 옳지 않은 것은?

① 기금의 관리·운용에 필요한 경비의 지출은 기금의 용도로 사용할 수 있고, 사무처리에 드는 경비는 기금의 부담으로 할 수 없다.
② 농림축산식품부장관은 해양수산부장관과 협의하여 기금의 수입과 지출을 명확히 하기 위하여 한국은행에 기금계정을 설치하여야 한다.
③ 재보험금의 회수 자금은 기금 조성의 재원에 포함된다.
④ 정부는 재해보험에 관한 재보험사업을 할 수 있다.

[해설] ① 사무처리에 드는 경비는 기금의 부담으로 한다.
※기금의 용도(법 제23조))

> ① 재보험금의 지급
> ② 차입금의 원리금 상환
> ③ 기금의 관리 · 운용에 필요한 경비(위탁경비를 포함한다)의 지출
> ④ 그 밖에 농림축산식품부장관이 해양수산부장관과 협의하여 재보험사업을 유지 · 개선하는 데에 필요하다고 인정하는 경비의 지출

[정답] ①

25. 농어업재해보험법령상 보험금 수급권에 대한 내용으로 틀린 것은?

① 농작물의 재생산에 직접적으로 소요되는 비용의 보장을 목적으로 보험금수급전용계좌로 입금된 보험금의 경우 입금된 보험금 전액에 대하여 채권을 압류할 수 없다.
② 재해보험가입자가 재해보험에 가입된 보험목적물을 양도하는 경우 그 양수인은 재해보험계약에 관한 양도인의 권리 및 의무를 승계한 것으로 본다.
③ 재해보험의 보험목적물이 담보로 제공된 경우에는 보험금을 지급받을 권리를 압류할수 있다.
④ 농작물의 재생산에 직접적으로 소요되는 비용의 보장을 목적으로 보험금 수급전용 계 좌로 입금된 보험금의 경우 입금된 보험금 전액에 대하여 채권을 압류할 수 없다.

[해설] 재해보험가입자가 재해보험에 가입된 보험목적물을 양도하는 경우 그 양수인은 재해보험계약에 관한 양도인의 권리 및 의무를 승계한 것으로 추정한다

[정답] ②

제2장 농업재해보험 손해평가요령

01 | 손해평가인의 업무, 위촉, 교육 등

(1) 목적(제1조)

농업재해보험 손해평가요령은 「농어업재해보험법」에 따른 손해평가에 필요한 세부사항을 규정함을 목적으로 한다.

(2) 용어의 정의(제2조)

손해평가	「농어업재해보험법」에 따른 피해가 발생한 경우 손해평가인, 손해평가사 또는 손해사정사가 그 피해사실을 확인하고 평가하는 일련의 과정을 말한다.
손해평가인	「농어업재해보험법 시행령」에서 정한 자 중에서 재해보험사업자가 위촉하여 손해평가업무를 담당하는 자를 말한다.
손해평가사	「농어업재해보험법」에서 정한 자격시험에 합격한 자를 말한다.
손해평가보조인	손해평가 업무를 보조하는 자를 말한다.
농업재해보험	농작물재해보험, 임산물재해보험 및 가축재해보험을 말한다.

(3) 손해평가 업무(제3조)

① 손해평가 시 손해평가인, 손해평가사, 손해사정사는 다음 각 호의 업무를 수행한다.
  ㉠ 피해사실 확인
  ㉡ 보험가액 및 손해액 평가
  ㉢ 그 밖에 손해평가에 관하여 필요한 사항
② 손해평가인, 손해평가사, 손해사정사는 제1항의 임무를 수행하기 전에 보험가입자(피보험자를 포함)에게 손해평가인증, 손해평가사자격증, 손해사정사등록증 등 신분을 확인할 수 있는 서류를 제시하여야 한다.

(4) 손해평가인 위촉(제4조)

① 재해보험사업자는 손해평가인을 위촉한 경우에는 그 자격을 표시할 수 있는 손해평가인증을 발급하여야 한다.

② 재해보험사업자는 피해 발생 시 원활한 손해평가가 이루어지도록 농업재해보험이 실시되는 시·군·자치구별 보험가입자의 수 등을 고려하여 적정 규모의 손해평가인을 위촉할 수 있다.

③ 재해보험사업자 및 법 제14조에 따라 손해평가 업무를 위탁받은 자는 손해평가 업무를 원활히 수행하기 위하여 **손해평가보조인을 운용**할 수 있다.

(5) 손해평가인 실무교육(제5조)

① 실무교육의 실시

재해보험사업자는 위촉된 손해평가인을 대상으로 농업재해보험에 관한 기초지식, 보험상품 및 약관, 손해평가의 방법 및 절차 등 손해평가에 필요한 실무교육을 실시하여야 한다.

② 교육비 지급

손해평가인에 대하여 **재해보험사업자**는 소정의 **교육비를** 지급할 수 있다.

(6) 손해평가인 정기교육(제5조의 2)

① 손해평가인 정기교육 세부내용

㉠ **농업재해보험에 관한 기초지식** : 농어업재해보험법 제정 배경·구성 및 조문별 주요내용, 농업재해보험 사업현황

㉡ **농업재해보험의 종류별 약관** : 농업재해보험 상품 주요내용 및 약관 일반 사항

㉢ **손해평가의 절차 및 방법** : 농업재해보험 손해평가 개요, 보험목적물별 손해평가 기준 및 피해유형별 보상사례

㉣ **피해유형별 현지조사표 작성 실습**

② 재해보험사업자는 정기교육 대상자에게 소정의 교육비를 지급할 수 있다.

(7) 손해평가인 위촉의 취소 및 해지 등(제6조)

① 재해보험사업자는 손해평가인이 다음의 어느 하나에 해당하게 되거나 위촉 당시에 해당하는 자이었음이 판명된 때에는 그 위촉을 취소하여야 한다.

㉠ **피성년후견인**

㉡ 파산선고를 받은 자로서 **복권되지 아니한 자**

㉢ 벌금이상의 형을 선고받고 그 집행이 종료(집행이 종료된 것으로 보는 경우를 포함한다)되거나 집행이 면제된 날로부터 **2년이 경과되지 아니한 자**

㉣ 위촉이 취소된 후 **2년이 경과하지 아니한 자**

㉣ **거짓** 그 밖의 **부정한** 방법으로 손해평가인으로 위촉된 자

㉤ 업무정지 기간 중에 손해평가업무를 수행한 자

② 재해보험사업자는 손해평가인이 다음 각 호의 어느 하나에 해당하는 때에는 **6개월 이내**의 기간을 정하여 그 **업무의 정지**를 명하거나 **위촉 해지** 등을 할 수 있다.

㉠ 법 제11조제2항 및 이 요령의 규정을 위반 한 때

㉡ 법 및 이 요령에 의한 명령이나 처분을 위반한 때

㉢ 업무수행과 관련하여「개인정보보호법」,「신용정보의 이용 및 보호에 관한 법률」등 정보보호와 관련된 법령을 위반한 때

③ **재해보험사업자**는 위촉을 취소하거나 업무의 정지를 명하고자 하는 때에는 손해평가인에게 **청문**을 실시하여야 한다. 다만, 손해평가인이 청문에 응하지 아니할 경우에는 서면으로 위촉을 취소하거나 업무의 정지를 통보할 수 있다.

④ 재해보험사업자는 손해평가인을 해촉하거나 손해평가인에게 업무의 정지를 명한 때에는 지체 없이 이유를 기재한 문서로 그 뜻을 손해평가인에게 통지하여야 한다.

⑤ 재해보험사업자는「보험업법」에 따른 손해사정사가「농어업재해보험법」등 관련 규정을 위반한 경우 적정한 제재가 가능하도록 각 제재의 구체적 적용기준을 마련하여 시행하여야 한다.

⑥ 업무정지 · 위촉해지 등 제재조치의 세부기준

위반행위	근거조문	처분기준		
		1차	2차	3차
1. 법 제11조제2항 및 이 요령의 규정을 위반한 때	제6조제2항 제1호			
1) 고의 또는 중대한 과실로 손해평가의 신뢰성을 크게 악화 시킨 경우		위촉해지		
2) 고의로 진실을 숨기거나 거짓으로 손해평가를 한 경우		위촉해지		
3) 정당한 사유없이 손해평가반구성을 거부하는 경우		위촉해지		
4) 현장조사 없이 보험금 산정을 위해 손해평가행위를 한 경우		위촉해지		
5) 현지조사서를 허위로 작성한 경우		위촉해지		
6) 검증조사 결과 부당 · 부실 손해평가로 확인된 경우		경고	업무정지 3개월	위촉해지
7) 기타 업무수행상 과실로 손해평가의 신뢰성을 약화시킨 경우		주의	경고	업무정지 3개월

2. 법 및 이 요령에 의한 명령이나 처분을 위반한 때	제6조제2항 제2호	업무정지 6개월	위촉해지	
3. 업무수행과 관련하여 「개인정보보호법」, 「신용정보의 이용 및 보호에 관한 법률」 등 정보보호와 관련된 법령을 위반한 때	제6조제2항 제3호	위촉해지		

(9) 손해평가반 구성 등(제8조)

① 평가일정계획의 수립

재해보험사업자는 손해평가를 하는 경우에는 손해평가반을 구성하고 손해평가반별로 평가일정계획을 수립하여야 한다.

② 손해평가반의 구성

손해평가반은 다음의 어느 하나에 해당하는 자를 **1인 이상 포함하여 5인 이내**로 구성한다.

　㉠ **손해평가인**　　㉡ **손해평가사**　　㉢ **손해사정사**

③ 손해평가반의 구성에서 배제되는 자

　㉠ 자기 또는 자기와 **생계**를 같이 하는 친족(이해관계자)이 가입한 보험 계약에 관한 손해평가

　㉡ 자기 또는 **이해관계자가 모집**한 보험계약에 관한 손해평가

　㉢ 직전 손해평가일로부터 **30일** 이내의 보험가입자 간 상호 손해평가

　㉣ 자기가 실시한 손해평가에 대한 **검증조사** 및 **재조사**

(10) 교차손해평가(제8조의 2)

① 교차손해평가 대상의 선정

재해보험사업자는 공정하고 객관적인 손해평가를 위하여 교차손해평가가 필요한 경우 재해보험 가입규모, 가입분포 등을 고려하여 교차손해평가 대상 시·군·구(자치구)를 선정하여야 한다.

② 지역손해평가인의 선발

재해보험사업자는 제1항에 따라 선정한 시·군·구 내에서 손해평가 경력, 타지역 조사 가능여부 등을 고려하여 교차손해평가를 담당할 **지역손해평가인**을 선발하여야 한다.

③ 손해평가반의 구성

교차손해평가를 위해 손해평가반을 구성할 경우에는 제2항에 따라 선발된 **지역손해평가인 1인 이상**이 포함되어야 한다. 다만, **거대재해 발생**, **평가인력 부족** 등으로 신

속한 손해평가가 불가피하다고 판단되는 경우 그러하지 아니할 수 있다.

O2 | 농업재해보험 손해평가요령

(1) 피해사실 확인(제9조)

① 보험가입자가 보험책임기간 중에 피해발생 통지를 한 때에는 재해보험사업자는 손해평가반으로 하여금 **지체 없이** 보험목적물의 피해사실을 확인하고 손해평가를 실시하게 하여야 한다.

② 손해평가반이 손해평가를 실시할 때에는 재해보험사업자가 해당 보험가입자의 보험계약사항 중 손해평가와 관련된 사항을 손해평가반에게 통보하여야 한다.

(2) 손해평가준비 및 평가결과 제출(제10조)

① 현지조사서 마련

재해보험사업자는 손해평가반이 실시한 손해평가결과를 기록할 수 있도록 현지조사서를 마련하여야 한다.

② 현지조사서 배부

재해보험사업자는 손해평가를 실시하기 전에 현지조사서를 손해평가반에 배부하고 손해평가시의 주의사항을 숙지시킨 후 손해평가에 임하도록 하여야 한다.

③ 평가결과의 제출

손해평가반은 현지조사서에 손해평가 결과를 정확하게 작성하여 보험가입자에게 이를 설명한 후 서명을 받아 재해보험사업자에게 최종 조사일로부터 7영업일 이내에 제출하여야 한다. (다만, 하우스 등 원예시설과 축사 건물은 7영업일을 초과하여 제출할 수 있다.) 또한, 보험가입자가 정당한 사유 없이 서명을 거부하는 경우 손해평가반은 보험가입자에게 손해평가 결과를 통지한 후 서명없이 현지조사서를 **재해보험사업자**에게 제출하여야 한다.

④ 평가사실의 통지 및 현지조사서 제출

손해평가반은 보험가입자가 정당한 사유없이 손해평가를 거부하여 손해평가를 실시하지 못한 경우에는 그 피해를 인정할 수 없는 것으로 평가한다는 사실을 보험가입자에게 통지한 후 현지조사서를 재해보험사업자에게 제출하여야 한다.

⑤ 재조사 실시

재해보험사업자는 보험가입자가 손해평가반의 손해평가결과에 대하여 설명 또는 통지를 받은 날로부터 **7일** 이내에 손해평가가 잘못되었음을 증빙하는 서류 또는 사진 등을 제출하는 경우 재해보험사업자는 다른 손해평가반으로 하여금 **재조사**를 실시하게 할 수 있다.

(3) 손해평가결과 검증(제11조)

① 재해보험사업자 및 법 제25조의2에 따라 농어업재해보험사업의 관리를 위탁받은 기관(사업 관리 위탁 기관)은 손해평가반이 실시한 손해평가결과를 확인하기 위하여 손해평가를 실시한 보험목적물 중에서 일정수를 임의 추출하여 검증조사를 할 수 있다.

② **농림축산식품부장관**은 재해보험사업자로 하여금 제1항의 **검증조사**를 하게 할 수 있으며, 재해보험사업자는 특별한 사유가 없는 한 이에 응하여야 하고, 그 결과를 농림축산식품부장관에게 제출하여야 한다.

③ 제1항 및 제2항에 따른 검증조사결과 현저한 차이가 발생되어 재조사가 불가피하다고 판단될 경우에는 해당 손해평가반이 조사한 전체 **보험목적물**에 대하여 재조사를 할 수 있다.

④ 보험가입자가 정당한 사유없이 검증조사를 거부하는 경우 검증조사반은 검증조사가 불가능하여 손해평가 결과를 **확인**할 수 없다는 사실을 보험가입자에게 **통지**한 후 검증조사결과를 작성하여 **재해보험사업자**에게 제출하여야 한다.

⑤ 사업 관리 위탁 기관이 검증조사를 실시한 경우 그 결과를 재해보험사업자에게 통보하고 필요에 따라 결과에 대한 조치를 요구할 수 있으며, 재해보험사업자는 특별한 사유가 없는 한 그에 따른 조치를 실시해야 한다.

(4) 손해평가 단위(제12조)

① 보험목적물별 손해평가 단위

　㉠ 농작물 : 농지별

　㉡ 가축 : 개별가축별(단, 벌은 벌통 단위)

　㉢ 농업시설물 : 보험가입 목적물별

② "농지"라 함은 **하나의 보험가입금액에 해당하는 토지로 필지(지번) 등과 관계없이 농작 물을 재배하는 하나의 경작지**를 말하며, 방풍림, 돌담, 도로(농로 제외) 등에 의해 구획된 것 또는 동일한 울타리, 시설 등에 의해 구획된 것을 하나의 농지로 한다. 다만, 경사지에서 보이는 돌담 등으로 구획되어 있는 면적이 극히 작은 것은 동일 작업

단위 등으로 정리하여 하나의 농지에 포함할 수 있다.

(5) 농작물의 보험가액 및 보험금 산정(제13조)

① 농작물에 대한 보험가액 산정

㉠ 특정위험방식인 인삼 보험가액 : **가입면적**에 **보험가입 당시의 단위당 가입가격을 곱하여** 산정하며, 보험가액에 영향을 미치는 가입면적, 연근 등이 가입당시와 다를 경우 변경할 수 있다.

㉡ 적과전종합위험방식의 보험가액 : 적과후착과수(달린 열매 수)조사를 통해 산정한 **기준수확량에 보험가입 당시의 단위당 가입가격을 곱하여** 산정한다.

㉢ 종합위험방식 보험가액 : 보험증권에 기재된 보험목적물의 **평년수확량**에 **보험가입 당시의 단위당 가입가격을 곱하여** 산정한다. 다만, 보험가액에 영향을 미치는 가입면적, 주수, 수령, 품종 등이 가입당시와 다를 경우 변경할 수 있다.

㉣ 생산비보장의 보험가액 : 작물별로 **보험가입 당시 정한 보험가액을 기준**으로 산정한다. 다만, 보험가액에 영향을 미치는 가입면적 등이 가입당시와 다를 경우 변경할 수 있다.

㉤ 나무손해보장의 보험가액 : 기재된 보험목적물이 나무인 경우로 최초 보험사고 발생 시의 해당 농지 내에 심어져 있는 **과실생산이 가능한 나무 수**(피해 나무 수 포함)에 **보험가입 당시의 나무당 가입가격을 곱하여** 산정한다.

② 재해보험사업자는 손해평가반으로 하여금 재해발생 전부터 보험품목에 대한 평가를 위해 생육상황을 조사하게 할 수 있다. 이때 손해평가반은 조사결과 1부를 재해보험사 업자에게 제출하여야 한다.

(6) 가축의 보험가액 및 손해액 산정(제14조)

① 가축에 대한 보험가액은 **보험사고가 발생한 때와 곳에서 평가한 보험목적물의 수량**에 **적용가격을 곱하여** 산정한다.

② 가축에 대한 손해액은 보험사고가 발생한 때와 곳에서 폐사 등 피해를 입은 보험목적물의 수량에 적용가격을 곱하여 산정한다.

③ 제1항 및 제2항의 적용가격은 보험사고가 발생한 때와 곳에서의 시장가격 등을 감안하여 보험약관에서 정한 방법에 따라 산정한다. 다만, 보험가입당시 보험가입자와 재해보험사업자가 보험가액 및 손해액 산정 방식을 별도로 정한 경우에는 그 방법에 따른다.

(7) 농업시설물의 보험가액 및 손해액 산정(제15조)

① 농업시설물에 대한 보험가액은 **보험사고가** 발생한 때와 곳에서 평가한 피해목적물의 **재조달가액**에서 내용연수에 따른 **감가상각률**을 적용하여 계산한 감가상각액을 **차감**하여 산정한다.

② 농업시설물에 대한 손해액은 보험사고가 발생한 때와 곳에서 산정한 피해목적물의 **원상복구비용**을 말한다.

③ 제1항 및 제2항에도 불구하고 보험가입당시 보험가입자와 재해보험사업자가 **보험가액** 및 손해액 산정 방식을 별도로 정한 경우에는 그 방법에 따른다.

(8) 손해평가업무방법서(제16조)

재해보험사업자는 이 요령의 효율적인 운용 및 시행을 위하여 필요한 세부적인 사항을 규정한 손해평가업무방법서를 작성하여야 한다.

(9) 재검토기한(제17조)

농림축산식품부장관은 이 고시에 대하여 2024년 1월 1일 기준으로 매 3년이 되는 시점(매 3년째의 12월 31일까지를 말한다)마다 그 타당성을 검토하여 개선 등의 조치를 하여야 한다.

(10) 농작물에 대한 보험금 산정

구분	보장 범위	산정내용	비고
특정위험방식	작물특정위험보장	보험가입금액 × (피해율 - 자기부담비율) ※ 피해율 = $(1-\dfrac{수확량}{연근별기준수확량}) \times \dfrac{피해면적}{재배면적}$	인삼
적과전 종합위험방식	착과감소	(착과감소량 - 미보상감수량 - 자기부담감수량) × 가입가격 × 보장수준(50%, 70%)	
	과실손해	(적과종료 이후 누적감수량-자기부담감수량) × 가입가격	
	나무손해보장	보험가입금액 × (피해율 - 자기부담비율) ※ 피해율 = 피해주수(고사된 나무) ÷ 실제결과주수	

종합위험방식	해가림시설	- 보험가입금액이 보험가액과 같거나 클 때 :
		  보험가입금액을 한도로 손해액에서 자기부담금을 차감한 금액
		- 보험가입금액이 보험가액보다 작을 때 :
		  (손해액 - 자기부담금) × (보험가입금액 ÷ 보험가액)
			인삼

	비가림시설	MIN(손해액 - 자기부담금, 보험가입금액)	
	수확감소	보험가입금액 × (피해율 - 자기부담비율) ※ 피해율(감자·복숭아 제외) 　= (평년수확량 - 수확량 - 미보상감수량) ÷ 평년수확량 ※ 피해율(감자·복숭아) 　= {(평년수확량 - 수확량 - 미보상감수량) + 병충해감수량} ÷ 평년수확량	옥수수 외
	수확감소	MIN(보험가입금액, 손해액) - 자기부담금 ※ 손해액 = 피해수확량 × 가입가격 ※ 자기부담금 = 보험가입금액 × 자기부담비율	옥수수
	수확량감소 추가보장	보험가입금액 × (피해율 × 10%) 단, 피해율이 자기부담비율을 초과하는 경우에 한함 ※ 피해율 　= (평년수확량 - 수확량 - 미보상감수량) ÷ 평년수확량	
	나무손해	보험가입금액 × (피해율 - 자기부담비율) ※ 피해율 = 피해주수(고사된 나무) ÷ 실제결과주수	
	이앙·직파불능	보험가입금액 × 15%	벼
	재이앙·재직파	보험가입금액 × 25% × 면적피해율 단, 면적피해율이 10%를 초과하고 재이앙(재직파) 한 경우 ※ 면적피해율 = 피해면적 ÷ 보험가입면적	벼
	재정식·재파종	보험가입금액 × 20% × 면적피해율 단, 면적피해율이 자기부담비율을 초과하고, 재정식·재파종한 경우에 한함 ※ 면적피해율 = 피해면적 ÷ 보험가입면적	마늘 외

조기파종	보험가입금액 × 35% × 표준출현피해율 단, 10a당 출현주수가 30,000주보다 작고, 10a당 30,000주 이상으로 재파종한 경우에 한함 ※ 표준출현피해율(10a 기준) 　　= (30,000 − 출현주수) ÷ 30,000	마늘
경작불능	보험가입금액 × 일정비율 단, 식물체 피해율이 65%(가루쌀 60%) 이상이고, 계약자가 경작불능보험금을 신청한 경우에 한함 ※ 자기부담비율에 따라 적용 비율 상이 | 자기부담비율별	10%형	15%형	20%형	30%형	40%형 | |---|---|---|---|---|---|
보험가입금액 대비 비율	45%	42%	40%	35%	30%		사료용 옥수수, 조사료용 벼 외
	보험가입금액 × 보장비율 × 경과비율 단, 식물체 피해율이 65% 이상이고, 계약자가 경작불능보험금을 신청한 경우에 한함 ※ 경과비율은 사고발생일이 속한 월에 따라 다름 	월별	5월	6월	7월	8월	 |---|---|---|---|---|
벼	80%	85%	90%	100%
옥수수	80%	80%	90%	100%		사료용 옥수수, 조사료용 벼
수확불능	보험가입금액 × 일정비율 단, 제현율이 65%(가루쌀 70%) 미만으로 떨어져 정상 벼로서 출하가 불가능하게 되고, 계약자가 수확불능보험금을 신청한 경우에 한함 ※ 자기부담비율에 따라 적용 비율 상이 | 자기부담비율별	10%형	15%형	20%형	30%형	40%형 | |---|---|---|---|---|---|
보험가입금액 대비 비율	60%	57%	55%	50%	45%		벼
생산비보장	(잔존보험가입금액 × 경과비율 × 피해율) − 자기부담금 ※ 잔존보험가입금액 　　= 보험가입금액 − 보상액(기 발생 생산비보장보험금 합계액) ※ 자기부담금 = 잔존보험가입금액 × 계약 시 선택한 비율	브로콜리
	- 병충해가 없는 경우 　(잔존보험가입금액 × 경과비율 × 피해율) − 자기부담금 - 병충해가 있는 경우 　(잔존보험가입금액 × 경과비율 × 피해율 × 병충해 등급별 인정비율) − 자기부담금 ※ 피해율 = 피해비율 × 손해정도비율 × (1 − 미보상비율) ※ 자기부담금 = 잔존보험가입금액 × 계약 시 선택한 비율	고추 (시설 고추 제외)

보장	산출식	품목
	보험가입금액 × (피해율 - 자기부담비율) ※ 피해율(단호박, 당근, 양상추) 　= 피해비율 × 손해정도비율 × (1 - 미보상비율) ※ 피해율(배추, 무, 파, 시금치) 　= 면적피해율 × 평균손해정도비율 × (1 - 미보상비율) ※ 피해율(메밀) 　= 면적피해율 × (1 - 미보상비율) - 면적피해율 : 피해면적(㎡) ÷ 재배면적(㎡) - 피해면적 : (도복(쓰러짐)으로 인한 피해면적×70%) 　+ (도복(쓰러짐) 이외 피해면적×평균 손해정도비율)	배추, 파, 무, 단호박, 당근 (시설 무 제외), 메밀
	피해작물재배면적 × 단위면적당 보장생산비 × 경과비율 × 피해율 ※ 피해율 = 피해비율 × 손해정도비율 × (1-미보상비율) ※ 단, 장미, 부추, 시금치, 파, 무, 쑥갓, 버섯은 별도로 구분하여 산출	시설작물
농업시설물·버섯재배사·부대시설	한 사고마다 재조달가액(재조달가액보장 특약 미가입시 시가) 기준으로 계산한 손해액에서 자기부담금을 차감한 금액을 보험가입금액 내에서 보상 * 단, 수리, 복구를 하지 않은 경우 시가로 손해액 계산	
과실손해보장	보험가입금액 × (피해율 - 자기부담비율) ※ 피해율(7월 31일 이전에 사고가 발생한 경우) 　(평년수확량 - 수확량 - 미보상감수량) ÷ 평년수확량 ※ 피해율(8월 1일 이후에 사고가 발생한 경우) 　(1 - 수확전사고 피해율) × 경과비율 × 결과지 피해율	무화과
	보험가입금액 × (피해율 - 자기부담비율) ※ 피해율 = 고사결과모지수 ÷ 평년결과모지수	복분자
	보험가입금액 × (피해율 - 자기부담비율) ※ 피해율 = (평년결실수 - 조사결실수 - 미보상감수결실수) ÷ 평년결실수	오디
과실손해보장	과실손해보험금 = 손해액 - 자기부담금 ※ 손해액 = 보험가입금액 × 피해율 ※ 자기부담금 = 보험가입금액 × 자기부담비율 ※ 피해율 　= (등급내 피해과실수 + 등급외 피해과실수 × 50%) 　÷ 기준과실수 × (1-미보상비율) 동상해손해보험금 = 손해액 - 자기부담금 ※ 손해액 = {보험가입금액 - (보험가입금액 × 기사고 피해율)} × 수확기 잔존비율 × 동상해피해율수 × (1-미보상비율)	감귤 (온주밀감류)

	※ 자기부담금 = |보험가입금액 × min(주계약피해율 − 자기부담비율, 0)| ※ 동상해 피해율 = {(동상해 80%형 피해과실수 합계 × 80%) + (동상해 100%형 피해과실수 합계 × 100%)} ÷ 기준과실수	
과실손해 추가보장	보험가입금액 × 주계약피해율 × 10% 단, 손해액이 자기부담금을 초과하는 경우에 한함 ※ 피해율 = {(등급 내 피해과실수 + 등급외 피해과실수 × 50%) ÷ 기준과실수} × (1-미보상비율)	감귤 (온주밀감류)
농업수입감소	보험가입금액 × (피해율 − 자기부담비율) ※ 피해율 = (기준수입 − 실제수입) ÷ 기준수입	

* 다만, 보험가액이 보험가입금액보다 적을 경우에는 보험가액에 의하며, 기타 세부적인 내용은 재해보험사업자가 작성한 손해평가 업무방법서에 따름

(11) 농작물의 품목별 · 재해별 · 시기별 손해수량 조사방법

1. 특정위험방식 상품(인삼)

생육시기	재해	조사내용	조사시기	조사방법	비고
보험 기간	태풍(강풍)·폭설· 집중호우·침수·화재 ·우박·냉해·폭염	수확량 조사	피해 확인이 가능한 시기	보상하는 재해로 인하여 감소된 수 확량 조사 • 조사방법: 전수조사 또는 표본조사	

2. 적과전종합위험방식 상품(사과, 배, 단감, 떫은감)

생육시기	재해	조사내용	조사시기	조사방법	비고
보험계약 체결일~ 적과 전	보상하는 재해 전부	피해사실 확인 조사	사고접수 후 지체 없이	보상하는 재해로 인한 피해발생여부 조 사	피해사실이 명백한 경우 생략 가능
	우박		사고접수 후 지체 없이	우박으로 인한 유과(어린과실) 및 꽃 (눈)등의 타박비율 조사 • 조사방법: 표본조사	적과종료 이전 특정위험 5종 한정 보장 특약 가입건에 한함
6월1일 ~적과 전	태풍(강풍), 우박, 집중호우, 화재, 지진		사고접수 후 지체 없이	보상하는 재해로 발생한 낙엽피해 정도 조사 - 단감·떫은감에 대해서만 실시 • 조사방법: 표본조사	
적과 후	-	적과 후 착과수 조사	적과 종료 후	보험가입금액의 결정 등을 위하여 해당 농지의 적과종료 후 총 착과 수를 조사 • 조사방법: 표본조사	피해와 관계없이 전 과수원 조사
적과 후~ 수확기 종료	보상하는 재해	낙과피해 조사	사고접수 후 지체 없이	재해로 인하여 떨어진 피해과실수 조사 - 낙과피해조사는 보험약관에서 정한 과 실피해분류기준에 따라 구분하여 조사 • 조사방법: 전수조사 또는 표본조사	
				낙엽률 조사(우박 및 일소 제외) - 낙엽피해정도 조사 • 조사방법: 표본조사	단감·떫은감
	우박, 일소, 가을동상해	착과피해 조사	수확 직전	달려있는 과실 중 재해로 인한 피해과 실수 조사 - 착과피해조사는 보험약관에서 정한 과 실피해분류기준에 따라 구분 하여 조사 • 조사방법: 표본조사	

수확완료 후 ~ 보험종기	보상하는 재해 전부	고사나무 조사	수확완료 후 보험 종기 전	보상하는 재해로 고사되거나 또는 회생이 불가능한 나무 수를 조사 - 특약 가입 농지만 해당 • 조사방법: 전수조사	수확완료 후 추가 고사나무가 없는 경우 생략 가능

* 전수조사는 조사대상 목적물을 전부 조사하는 것을 말하며, 표본조사는 손해평가의 효율성 제고를 위해 재해보험사업자가 통계이론을 기초로 산정한 조사표본에 대해 조사를 실시하는 것을 말함.

3. 종합위험방식 상품(농업수입보장 포함)

① 해가림시설·비가림시설 및 원예시설

생육시기	재해	조사내용	조사시기	조사방법	비고
보험 기간 내	보상하는 재해 전부	해가림시설 조사	사고접수 후 지체 없이	보상하는 재해로 인하여 손해를 입은 시설 조사 • 조사방법: 전수조사	인삼
		비가림시설 조사			
		시설조사			원예시설, 버섯재배사

② 수확감소보장·과실손해보장 및 농업수입보장

생육시기	재해	조사내용	조사시기	조사방법	비고
수확 전	보상하는 재해 전부	피해사실 확인 조사	사고접수 후 지체 없이	보상하는 재해로 인한 피해발생 여부 조사 (피해사실이 명백한 경우 생략 가능)	
		이앙(직파) 불능피해 조사	이앙 한계일 (7.31)이후	이앙(직파)불능 상태 및 통상적인영농활동 실시여부조사	벼만 해당
		재이앙(재 직파) 조사	사고접수 후 지체 없이	해당농지에 보상하는 손해로 인하여 재이 앙(재직파)이 필요한 면적 또는 면적비율 조사	벼만 해당
		재파종 조사	사고접수 후 지체 없이	해당농지에 보상하는 손해로 인하여 재파 종이 필요한 면적 또는 면적비율 조사	마늘만 해당
		재정식 조사	사고접수 후 지체 없이	해당농지에 보상하는 손해로 인하여 재정 식이 필요한 면적 또는 면적비율 조사	양배추만 해당
		경작불능조 사	사고접수 후 지체 없이	해당 농지의 피해면적비율 또는 보험목적 인 식물체 피해율 조사	벼·밀, 밭작물 (차(茶)제외), 복분자만 해당

		과실손해 조사	수정완료 후	살아있는 결과모지수 조사 및 수정불량(송이)피해율 조사 • 조사방법: 표본조사	복분자만 해당
			결실완료 후	결실수 조사 • 조사방법: 표본조사	오디만 해당
		수확전 사고조사	사고접수 후 지체 없이	표본주의 과실 구분 • 조사방법: 표본조사	감귤(온주밀감류)만 해당
수확 직전	-	착과수조사	수확직전	해당농지의 최초 품종 수확 직전 총 착과수를 조사 -피해와 관계없이 전 과수원 조사 • 조사방법: 표본조사	포도, 복숭아, 자두, 감귤(만감류)만 해당
	보상하는 재해 전부	수확량 조사	수확직전	사고발생 농지의 수확량 조사 • 조사방법: 전수조사 또는 표본조사	
		과실손해 조사	수확직전	사고발생 농지의 과실피해조사 • 조사방법: 표본조사	무화과, 감귤(온주밀감류)만 해당
수확 시작 후 ~ 수확종료	보상하는 재해 전부	수확량조사	조사 가능일	사고발생농지의 수확량조사 • 조사방법: 표본조사	차(茶)만 해당
			사고접수 후 지체 없이	사고발생 농지의 수확 중의 수확량 및 감수량의 확인을 통한 수확량조사 • 조사방법: 전수조사 또는 표본조사	
		동상해 과실손해 조사	사고접수 후 지체 없이	표본주의 착과피해 조사 - 12월21일~익년 2월말일 사고 건에 한함 • 조사방법: 표본조사	감귤(온주밀감류)만 해당
		수확불능 확인 조사	조사 가능일	사고발생 농지의 제현율 및 정상 출하 불가 확인 조사 • 조사방법: 전수조사 또는 표본조사	벼만 해당
	태풍(강풍), 우박	과실손해 조사	사고접수 후 지체 없이	전체 열매수(전체 개화수) 및 수확 가능 열매수 조사 - 6월1일~6월20일 사고 건에 한함 • 조사방법: 표본조사	복분자만 해당
				표본주의 고사 및 정상 결과지수 조사 • 조사방법: 표본조사	무화과만 해당
수확완료 후 ~ 보험종기	보상하는 재해 전부	고사나무 조사	수확완료 후 보험 종기 전	보상하는 재해로 고사되거나 또는 회생이 불가능한 나무 수를 조사 - 특약 가입 농지만 해당 • 조사방법: 전수조사	수확완료 후 추가 고사나무가 없는 경우 생략 가능

③ 생산비 보장

생육시기	재해	조사내용	조사시기	조사방법	비고
정식 (파종) ~ 수확 종료	보상하는 재해 전부	생산비 피해조사	사고발생시 마다	① 재배일정 확인 ② 경과비율 산출 ③ 피해율 산정 ④ 병충해 등급별 인정비율 확인 (노지 고추만 해당)	
수확전	보상하는 재해 전부	피해사실 확인 조사	사고접수 후 지체 없이	보상하는 재해로 인한 피해발생 여부 조사 (피해사실이 명백한 경우 생략 가능)	메밀, 단호박, 시금치, 양상추, 노지 배추, 노지 당근, 노지 파, 노지 무만 해당
		재파종 조사	사고접수 후 지체없이	해당농지에 보상하는 손해로 인하여 재파 종이 필요한 면적 또는 면적비율 조사 *월동무, 쪽파, 시금치, 메밀만 해당	
		재정식 조사	사고접수 후 지체없이	해당농지에 보상하는 손해로 인하여 재정 식이 필요한 면적 또는 면적비율 조사 *가을배추, 월동배추, 브로콜리, 양상추만 해당	
		경작불능조사	사고접수 후 지체 없이	해당 농지의 피해면적비율 또는 보험목적 인 식물체 피해율 조사	
수확 직전		생산비 피해조사	수확직전	사고발생 농지의 피해비율 및 손해정도 비 율 확인을 통한 피해율 조사 • 조사방법: 표본조사	

제2장 핵심기출문제

1. 농업재해보험 손해평가요령상 손해평가인의 업무가 아닌 것은?

　① 피해사실 확인　　　　　　　　　② 보험가액 평가

　③ 보험금 산정　　　　　　　　　　④ 손해액 평가

[해설] 손해평가 업무(제3조)
① 피해사실 확인　② 보험가액 및 손해액 평가　③ 그 밖에 손해평가에 관하여 필요한 사항

[정답] ③

2. 농업재해보험 손해평가요령에서 손해평가 업무와 손해평가인 위촉에 관한 설명으로 옳지 않은 것은?

　① 재해보험사업자는 손해평가인을 위촉한 경우에는 그 자격을 표시할 수 있는 손해평가인증을 발급하여야 한다.
　② 재해보험사업자는 피해 발생 시 원활한 손해평가가 이루어지도록 농업재해보험이 실시되는 시·군·자치구별 보험가입자의 수 등을 고려하여 적정 규모의 손해평가인을 위촉할 수 있다.
　③ 손해평가인, 손해평가사, 손해사정사는 손해평가 임무를 수행하기 전에 보험가입자(피보험자를 포함)에게 손해평가인증, 손해평가사자격증, 손해사정사등록증 등 신분을 확인할 수 있는 서류를 제시하여야 한다.
　④ 재해보험사업자 및 손해평가 업무를 위탁받은 자는 손해평가의 정확성을 위해 손해평가보조인을 운용할 수 없다.

[해설] 재해보험사업자 및 손해평가 업무를 위탁받은 자는 손해평가 업무를 원활히 수행하기 위하여 손해평가보조인을 운용할 수 있다.

[정답] ④

3. 농업재해보험 손해평가요령상 손해평가인 정기교육의 세부내용에 명시적으로 포함되어 있지 않은 것은?

    ① 농어업재해보험법 제정 배경   ② 손해평가 관련 민원사례

    ③ 피해유형별 보상사례   ④ 농업재해보험 상품 주요내용

정답 및 해설

[해설] 손해평가인 정기교육(제5조의 2)

① 농업재해보험에 관한 기초지식 : 농어업재해보험법 제정 배경·구성 및 조문별 주요내용, 농업재해보험 사업 현황

② 농업재해보험의 종류별 약관 : 농업재해보험 상품 주요내용 및 약관 일반 사항

③ 손해평가의 절차 및 방법 : 농업재해보험 손해평가 개요, 보험목적물별 손해평가 기준 및 피해유형별 보상사례

④ 피해유형별 현지조사표 작성 실습

[정답] ②

4. 농업재해보험 손해평가요령상 재해보험사업자가 손해평가인에 대하여 위촉을 취소하여야 하는 경우는?

    ① 피성년후견인이 된 때

    ② 업무수행과 관련하여 개인정보보호법 등 정보보호와 관련된 법령을 위반한 때

    ③ 업무수행상 과실로 손해평가의 신뢰성을 약화시킨 경우

    ④ 현지조사서를 허위로 작성한 경우

정답 및 해설

[해설] 손해평가인 위촉의 취소 및 해지 등(제6조)

① 피성년후견인

② 파산선고를 받은 자로서 복권되지 아니한 자

③ 벌금이상의 형을 선고받고 그 집행이 종료(집행이 종료된 것으로 보는 경우를 포함한다)되거나 집행이 면제된 날로부터 2년이 경과되지 아니한 자

④ 위촉이 취소된 후 2년이 경과하지 아니한 자

⑤ 거짓 그 밖의 부정한 방법으로 손해평가인으로 위촉된 자

⑥ 업무정지 기간 중에 손해평가업무를 수행한 자

[정답] ①

5. 농어업재해보험법령상 손해평가사의 업무정지·위촉해지 등 제재조치의 세부기준에서 아래 사항을 2회 위반에 해당하다는 처분기준은?

검증조사 결과 부당 · 부실 손해평가로 확인된 경우

① 업무정지 3개월   ② 업무정지 6개월
② 업무정지 1년   ④ 경고

[해설]

위반행위	처분기준		
	1차	2차	3차
검증조사 결과 부당 · 부실 손해평가로 확인된 경우	경고	**업무정지 3개월**	위촉해지

[정답] ①

6. 농업재해보험 손해평가요령상 손해평가사 甲을 손해평가반 구성에서 배제하여야 하는 경우를 모두 고른 것은?

ㄱ. 甲의 이해관계자가 가입한 보험계약에 관한 손해평가 ㄴ. 甲의 이해관계자가 모집한 보험계약에 관한 손해평가 ㄷ. 甲의 이해관계자가 실시한 손해평가에 대한 검증조사

① ㄱ, ㄴ   ② ㄱ, ㄷ
③ ㄴ, ㄷ   ④ ㄱ, ㄴ, ㄷ

[해설] 손해평가반 구성에서 배제되는 자

① 자기 또는 자기와 생계를 같이 하는 친족(이해관계자)이 가입한 보험 계약에 관한 손해평가
② 자기 또는 이해관계자가 모집한 보험계약에 관한 손해평가
③ 직전 손해평가일로부터 30일 이내의 보험가입자 간 상호 손해평가
④ 자기가 실시한 손해평가에 대한 검증조사 및 재조사

[정답] ①

7. 농업재해보험 손해평가요령에서 정하는 손해평가반 구성과 관련하여 옳은 것은?

① 손해평가업무를 위탁받은 자는 손해평가를 하는 경우에 손해평가반을 구성하고 손해평가반별로 평가일정계획을 수립하여야 한다.

② 손해평가인을 제외하고 5인으로 손해평가반을 구성하였다.

③ 자기와 생계를 같이하는 친족이 가입한 보험계약에 관한 손해평가는 손해평가반 구성에서 제외된다.

④ 본인을 제외한 이해관계자가 모집한 보험계약에 관한 손해평가는 할 수 있다.

> **정답 및 해설**
>
> [해설] ① 손해평가업무를 위탁받은 자 → 재해보험사업자는
> ② 손해평가인을 포함하여 5인 이내로
> ④ 자기 또는 이해관계자가 모집한
>
> [정답] ③

8. 농업재해보험 손해평가요령상 손해평가에 관한 설명으로 옳지 않은 것은?

① 손해평가반은 손해평가인, 손해평가사, 손해사정사 중 어느 하나에 해당하는 자를 1인 이상 포함하여 5인 이내로 구성한다.

② 교차손해평가에 있어서 거대재해 발생 등으로 신속한 손해평가가 불가피하다고 판단되는 경우에도 손해평가반 구성에 지역손해평가인 1인 이상을 포함하여야 한다.

③ 재해보험사업자는 손해평가반이 실시한 손해평가결과를 기록할 수 있도록 현지조사서를 마련하여야 한다.

④ 손해평가반이 손해평가를 실시할 때에는 재해보험사업자가 해당 보험가입자의 보험 계약사항 중 손해평가와 관련된 사항을 손해평가반에게 통보하여야 한다.

> **정답 및 해설**
>
> [해설] ② 교차손해평가를 위해 손해평가반을 구성할 경우에는 지역손해평가인 1인 이상이 포함되어야 한다. 다만, 거대재해 발생, 평가인력 부족 등으로 신속한 손해평가가 불가피하다고 판단되는 경우 그러하지 아니할 수 있다.
>
> [정답] ②

9. 농업재해보험 손해평가요령상 손해평가인 위촉의 취소 및 해지 등에 관한 설명으로 옳지 않은 것은?

① 재해보험사업자는 위촉이 취소된 후 1년이 경과하지 아니한 손해평가인은 그 위촉을 취소하여야 한다.

② 재해보험사업자는 위촉을 취소하거나 업무의 정지를 명하고자 하는 때에는 손해평가인에게 청문을 실시하여야 한다. 다만, 손해평가인이 청문에 응하지 아니할 경우에는 서면으로 위촉을 취소하거나 업무의 정지를 통보할 수 있다.

③ 재해보험사업자는 손해평가인을 해촉하거나 손해평가인에게 업무의 정지를 명한 때에는 지체 없이 이유를 기재한 문서로 그 뜻을 손해평가인에게 통지하여야 한다.

④ 재해보험사업자는 「보험업법」에 따른 손해사정사가 「농어업재해보험법」등 관련 규정을 위반한 경우 적정한 제재가 가능하도록 각 제재의 구체적 적용기준을 마련하여 시행하여야 한다.

[해설] 위촉이 취소된 후 2년이 경과하지 아니한 자

[정답] ①

10. 농업재해보험 손해평가요령상 손해평가결과 검증에 관한 설명으로 옳지 않은 것은?

① 검증조사결과 현저한 차이가 발생된 경우 해당 손해평가반이 조사한 전체 보험목적 물에 대하여 검증조사를 하여야 한다.

② 보험가입자가 정당한 사유 없이 검증조사를 거부하는 경우 검증조사반은 검증조사가 불가능하여 손해평가 결과를 확인할 수 없다는 사실을 보험가입자에게 통지한 후 검증조사결과를 작성하여 재해보험사업자에게 제출하여야 한다.

③ 재해보험사업자 및 재해보험사업의 재보험사업자는 손해평가반이 실시한 손해평가 결과를 확인하기 위하여 손해평가를 실시한 보험목적물 중에서 일정수를 임의 추출 하여 검증조사를 할 수 있다.

④ 농림축산식품부장관은 재해보험사업자로 하여금 검증조사를 하게 할 수 있다.

[해설] ① 검증조사결과 현저한 차이가 발생되어 재조사가 불가피하다고 판단될 경우에는 해당 손해평가반이 조사한 전체 보험목적물에 대하여 재조사를 할 수 있다.(법 제11조)

[정답] ①

11. 농업재해보험 손해평가요령상 보험가액 및 손해액 산정에 관한 설명으로 틀린 것은?

① 농업시설물에 대한 손해액은 보험사고가 발생한 때와 곳에서 산정한 피해목적물의 원상복구비용을 말한다. 가축에 대한 보험가액은 보험사고가 발생한 때와 곳에서 평가한 보험목적물의 수량에 적용가격을 곱하여 산정한다.

② 보험가입당시 보험가입자와 재해보험사업자가 가축에 대한 보험가액 및 손해액 산정방식을 별도로 정한 경우에는 그 방법에 따른다.

③ 농업시설물에 대한 보험가액은 보험사고가 발생한 때와 곳에서 평가한 재조달가액으로 한다.

④ 가축에 대한 보험가액은 보험사고가 발생한 때와 곳에서 평가한 보험목적물의 수량에 적용가격을 곱하여 산정한다.

> **정답 및 해설**
>
> **[해설]** 농업시설물에 대한 보험가액은 보험사고가 발생한 때와 곳에서 평가한 피해목적물의 재조달가액에서 내용연수에 따른 감가상각률을 적용하여 계산한 감가상각액을 차감하여 산정한다.
>
> **[정답]** ③

12. 농업재해보험 손해평가요령상 보험목적물별 손해평가 단위이다. (　　)에 들어갈 내용은?

> ㅇ 농작물: (ㄱ)　　　ㅇ 가축(단, 벌은 제외): (ㄴ)　　　ㅇ 농업시설물: (ㄷ)

① ㄱ: 농지별, ㄴ: 축사별, ㄷ: 보험가입 목적물별
② ㄱ: 품종별, ㄴ: 축사별, ㄷ: 보험가입자별
③ ㄱ: 농지별, ㄴ: 개별가축별, ㄷ: 보험가입 목적물별
④ ㄱ: 품종별, ㄴ: 개별가축별, ㄷ: 보험가입자별

> **정답 및 해설**
>
> **[해설]** 보험목적물별 손해평가 단위
>
> ① 농작물 : 농지별
> ② 가축 : 개별가축별(단, 벌은 벌통 단위)
> ③ 농업시설물 : 보험가입 목적물별
>
> **[정답]** ③

12. 농업재해보험 손해평가요령상 가축 및 농업시설물의 보험가액 및 손해액 산정에 관한 설명으로 옳은 것은?

① 가축에 대한 보험가액은 보험사고가 발생한 때와 곳에서 평가한 보험목적물의 수량에 적용가격을 곱한 후 감가상각액을 차감하여 산정한다.
② 보험가입당시 보험가입자와 재해보험사업자가 가축에 대한 보험가액 및 손해액 산정방식을 별도로 정한 경우에는 그 방법에 따른다.
③ 농업시설물에 대한 보험가액은 보험사고가 발생한 때와 곳에서 평가한 재조달가액으로 한다.
④ 농업시설물에 대한 손해액은 보험사고가 발생한 때와 곳에서 산정한 피해목적물 수량에 적용가격을 곱하여 산정한다.

[해설] ① 가축에 대한 보험가액은 보험사고가 발생한 때와 곳에서 평가한 보험목적물의 수량에 적용가격을 곱하여 산정한다.
③ 농업시설물에 대한 보험가액은 보험사고가 발생한 때와 곳에서 평가한 피해목적물의 재조달가액에서 내용연수에 따른 감가상각률을 적용하여 계산한 감가상각액을 차감하여 산정한다.
④ 농업시설물에 대한 손해액은 보험사고가 발생한 때와 곳에서 산정한 피해목적물의 원상복구비용을 말한다.

[정답] ②

13. 농업재해보험 손해평가요령에 따른 농작물의 보험금 산정에서 종합위험방식 "벼"의 보장 범위가 아닌 것은?

① 경작불능보장　　　　　　　　② 수입감소보장
③ 이앙 · 직파불능보장　　　　　④ 재이앙 · 재직파보장

[해설] "벼" 품목 보장범위 : 이앙직파불능보장, 재이앙재직파보장, 경작불능보장, 수확감소보장, 수확불능보장

[정답] ②

14. 농업재해보험 손해평가요령에 따른 종합위험방식 상품의 조사내용 중 수확감소보장·과실손 해보장 및 농업수입보장에서 "재정식 조사"에 해당되는 품목은?

① 벼

② 콩

③ 양파

④ 양배추

정답 및 해설

[해설] 보험목적물별 손해평가 단위

조사내용	조사시기	조사방법	비고
재정식 조사	사고접수 후 지체 없이	해당농지에 보상하는 손해로 인하여 재정식이 필요한 면적 또는 면적비율 조사	양배추만 해당

[정답] ④

15. 농업재해보험 손해평가요령상 농업시설물의 손해액 산정에 관한 설명이다. ( )에 들어갈 내용으로 옳은 것은?

보험가입당시 보험가입자와 재해보험사업자가 손해액 산정 방식을 별도로 정한 경우를 제외 하고는, 농업시설물에 대한 손해액은 보험사고가 발생한 때와 곳에서 산정한 피해목적물의 (   )을 말한다.

① 감가상각액

② 재조달가액

③ 보험가입금액

④ 원상복구비용

정답 및 해설

[해설] 농업시설물의 보험가액 및 손해액 산정(제15조)
① 농업시설물에 대한 보험가액은 보험사고가 발생한 때와 곳에서 평가한 피해목적물의 재조달가액에서 내용연수에 따른 감가상각률을 적용하여 계산한 감가상각액을 차감하여 산정한다.
② 농업시설물에 대한 손해액은 보험사고가 발생한 때와 곳에서 산정한 피해목적물의 원상복구비용을 말한다.

[정답] ④

16. 농업재해보험 손해평가요령상 농작물의 보험가액 산정에 관한 설명이다. (   )에 들어갈
    내용은?

> 적과전종합위험방식의 보험가액은 적과후착과수 조사를 통해 산정한 (ㄱ)에 보험가입 당시
> 의 단위당 (ㄴ)을 곱하여 산정한다.

① ㄱ: 기준수확량, ㄴ: 가입가격 　　② ㄱ: 보장수확량, ㄴ: 가입가격
③ ㄱ: 기준수확량, ㄴ: 시장가격 　　④ ㄱ: 보장수확량, ㄴ: 시장가격

[해설] 적과전종합위험방식의 보험가액 : 적과후착과수(달린 열매 수)조사를 통해 산정한 <u>기준수확량</u>에 보험가입 당
　　　시의 단위당 <u>가입가격</u>을 곱하여 산정한다.

[정답] ①

17. 농업재해보험 손해평가요령상 종합위험방식 수확감소보장에서 "벼"의 경우, 다음의 조건으
    로 산정한 보험금은?

> ○ 보험가입금액: 100만원　　　　　○ 자기부담비율: 20 %
> ○ 보장수확량: 1,000 kg　　　　　○ 수확량: 500 kg
> ○ 미보상감수량: 50 kg

① 10만원　　　　　　　　② 25만원
③ 20만원　　　　　　　　④ 45만원

[해설] 수확감소 보험금 산출방식
보험금 = 보험가입금액 × (*피해율 − 자기부담비율)
보험금 = 100만원 × (0.45−0.2) = 25만원
피해율 = (1,000 − 500 − 50) ÷ 1,000 = 0.45
* 피해율 = (**평년수확량** − 수확량 − 미보상감수량) ÷ **평년수확량**

[정답] ②

18. 농업재해보험 손해평가요령상 농작물의 품목별·재해별·시기별 손해수량 조사방법 중 적과
전종합위험방식 "떫은감"에 관한 기술이다. (   )에 들어갈 내용은?

생육시기	재해	조사내용	조사시기	조사방법
적과 후 ~ 수확기 종료	보상하는 재해	(ㄱ)	(ㄴ)	낙엽률 조사(우박 및 일소 제외) - 낙엽피해정도 조사 • 조사방법: 표본조사

① ㄱ: 피해사실 확인 조사, ㄴ: 사고접수 후 지체 없이
② ㄱ: 피해사실 확인 조사, ㄴ: 수확 직전
③ ㄱ: 착과피해조사, ㄴ: 사고접수 후 지체 없이
④ ㄱ: 낙과피해조사, ㄴ: 사고접수 후 지체 없이

[해설]

생육시기	재해	조사내용	조사시기	조사방법
적과 후 ~ 수확기 종료	보상하는 재해	낙과피해조사	사고접수 후 지체 없이	낙엽률 조사(우박 및 일소 제외) - 낙엽피해정도 조사 • 조사방법: 표본조사

[정답] ④

19. 농업재해보험 손해평가요령상 농작물의 품목별·재해별·시기별 손해수량 조사방법 중 종합
위험방식 상품에 관한 표의 일부이다. (   )에 들어갈 농작물에 해당하지 않는 것은?

② 수확감소보장·과실손해보장 및 농업수입보장					
생육시기	재해	조사내용	조사시기	조사방법	비고
수확전	보상하는 재해 전부	경작불능 조사	사고접수 후 지체 없이	해당 농지의 피해면적비율 또는 보험목적인 식물체	( )만 해당

① 벼
② 밀
③ 차(茶)
④ 복분자

[해설] 경작불능 : 과수 – 복분자, 밭작물 – 차(茶)

[정답] ③

20. 농업재해보험 손해평가요령상 종합위험방식 상품의 조사내용 중 "착과수조사"에 해당되는 품목은?

① 자두
② 사과
③ 배
④ 단감

[해설]

생육시기	조사내용	조사시기	조사방법	비고
수확직전	착과수 조사	수확직전	해당 농지의 최초 품종 수확 직전 총 착과수를 조사 - 피해와 관계없이 전 과수원 조사 • 조사방법 : 표본조사	포도, 복숭아, 자두, 감귤(만감류)만 해당

[정답] ③

제 3 과목

재배학 및 원예작물학

제1장 재배일반론

제1장 │ 재배일반론

---

01 │ 재배작물의 기원과 발달

(1) 작물의 개념 및 의의

① 작물은 이용성과 경제성이 높아서 사람의 재배 대상이 되어 있는 식물이라고 정의할 수 있다.

② 작물은 식물 중에서 사람이 식량이나 생활에 필요한 자재로서 이용할 가치가 있는 것, 즉 "인간이 이용할 목적으로 재배하는 식물"을 말한다.

③ 작물은 인간이 이용할 목적으로 재배하는 식물이며, 이용성과 경제성이 높아야 한다.

(2) 재배의 특징

① 재배의 가장 큰 특징은 유기생명체를 다루며 토지를 생산수단으로 삼는 것

② 재배는 자연환경의 영향을 크게 받고, 생산조절이 자유롭지 못하며, 분업적 생산이 어려움

③ 자본의 회전이 더디고, 노동의 수요공급이 연중 균일하지 못함

④ 토지가 불량한 경우 전면 개량하기가 어렵고, 개량하더라도 비용이 많이 소요됨

⑤ 수확한 농산물은 변질되기 쉽고, 연중 가격변동이 심하며, 가격에 비하여 중량이나 용적이 커서 수송비도 많이 소요됨

(3) 작물의 재배 목적

① 작물을 재배하는 목적은 주로 식량을 생산하는 것이며, 인간의 생활을 풍요롭게 만드는 여러 가지 재료들을 생산하는 것이다.

② 작물을 재배하는 사람은 그 생산물을 통하여 수익을 높이는 것이 주된 목적이다. 소득을 높이려면 수량과 단가를 크게 하여 수익을 높이고 생산비를 절감해야 한다.

③ 작물수량은 '유전성, 환경조건, 재배기술'을 3요소로 하는 삼각형의 면적으로 표시할 수 있다.

(4) 재배 형식 발달

① **소경(疎耕)** : 원시적인 약탈농업에 가까운 재배방법. 원시적인 굴봉이나 괭이 등으로 땅을 파 파종하며 거름을 잘 뿌려 토지를 걸게 하여 식물을 가꾸는 비배관리를 하지 않고 수확함

② **원경(園耕)** : 소 면적의 농경지를 집약적으로 관리해 단위 면적 당 수확량을 늘리는 방식으로 거름주기 및 관개 등의 방법이 주로 발달해 지력 소모가 거의 없음

③ **곡경(穀耕)** : 옥수수·밀·벼 등의 곡류가 넓은 지역에 걸쳐 재배되는 것을 말함. 대규모 기계화를 통한 대규모 곡물을 생산함

④ **포경(圃耕)** : 사료 및 식량 등을 균형있게 생산하는 방법으로 가축의 분뇨나 퇴비 등에 의한 지력 저하를 방지하거나 사료로 활용되는 콩과 작물을 재배함

⑤ **식경(殖耕)** : 기업적인 농업의 한 방법으로 대 면적의 토지에 한 가지 작물만 재배해 대량 생산하여 가격 변동에 민감함

02 | 작물의 분류

(1) 생태학적 분류

① **생존연한에 따른 분류**

㉠ 1년생 작물 : 봄에 파종하여 그해 안에 성숙하는 작물

㉡ 월년생 작물 : 가을에 파종하여 그 다음해 초여름에 성숙하는 작물(가을보리, 가을밀 등)

㉢ 2년생 작물 : 봄에 파종하여 그 다음해에 성숙하는 작물

㉣ 다년생 작물 : 생존연한과 경제적 이용연한이 여러 해인 작물(호프, 아스파라거스 등)

② **생육적온에 따른 분류**★

㉠ 저온작물 : 무, 배추, 상추, 맥류, 감자 등과 같이 비교적 저온에서 생육이 양호한 작물

㉡ 고온작물 : 벼, 콩, 수박, 멜론 등 비교적 고온에서 생육이 양호한 작물

㉢ 열대작물 : 용과, 고무나무, 카사바 등 열대환경에서 자라는 식물

㉣ 한지형목초 : 티머시, 앨펄퍼 등 서늘한 환경에서 생육이 양호하고 여름철의 고온기에는 생육이 정지되거나 말라죽는 하고현상을 보이는 목초

ⓜ 난지형목초 : 버뮤다그래스 등과 같이 따뜻한 지방, 고온기에 생육이 양호하고 추위에 약한 목초

③ **생육형에 따른 분류**

㉠ 주형 작물 : 식물체가 포기를 형성하는 작물(벼, 맥류 등)

㉡ 포복형 작물 : 줄기가 땅을 기어 지표를 덮는 작물(고구마, 호박)

㉢ 직립형 목초 : 줄기가 균일하게, 곧게 자라는 것

㉣ 포복형 목초 : 줄기가 땅을 기어 지표를 덮는 것

④ **저항성에 따른 분류**★

㉠ 내냉성 작물 : 저온에 잘 견디는 작물

㉡ 내산성 작물 : 산성토양에 강한 작물(감자, 호밀, 귀리, 벼, 아마)

㉢ 내건성 작물 : 가뭄에 강한 작물(수수, 조, 기장)

㉣ 내습성 작물 : 과습에 강한 작물(벼, 밭벼, 골풀)

㉤ 내염성 작물 : 염분이 많은 토양에 강한 작물(유채, 수수, 목화, 사탕무, 양배추)

㉥ 내풍성 작물 : 바람에 견디는 작물(고구마)

(2) 식물학적 분류★

① **박과** : 수박, 호박, 오이, 참외

② **가지과** : 가지, 고추, 토마토, 감자, 담배

③ **배추과** : 무, 배추, 유채, 양배추, 쑥갓, 겨자

(3) 작부에 따른 분류

① **중경(中耕) 작물** : 옥수수, 수수 등을 재배하면 잡초가 크게 경감되는 작물

② **휴한 작물** : 작부체계에서 휴한하는 대신 클로버와 같은 콩과식물을 재배하면 지력이 좋아지는 작물

③ **윤작 작물** : 중경작물이나 휴한작물처럼 작부체계에 필요한 작물

④ **동반 작물** : 서로 도움이 되는 특성을 지닌 두 가지 작물을 같이 재배하는 작물

⑤ **대파(代播) 작물** : 가뭄이 심해서 벼를 못 심고, 메밀 등을 대신 파종하여 재배하는 작물

⑥ **구황 작물** : 조, 피, 기장, 메밀, 고구마, 감자 등은 기후가 불순한 흉년에도 비교적 안전한 수확을 얻을 수 있는 작물

(4) 농업상 용도에 따른 분류 ★

① 식용작물
  ㉠ 화곡류
    • 미곡 : 쌀(벼, 밭벼) 등
    • 맥류 : 보리, 밀, 귀리, 호밀 등
    • 잡곡 : 조, 피, 기장, 수수, 옥수수, 메밀 등
  ㉡ 두류 : 콩, 팥, 녹두, 강낭콩, 완두, 땅콩 등
  ㉢ 서류 : 고구마, 감자 등
② 원예작물
  ㉠ 채소 ★
    • 과채류 : 오이, 호박, 수박, 가지, 토마토, 고추, 딸기 등
    • 협채류 : 완두, 강낭콩, 동부 등
    • 괴근류 : 고구마, 감자, 토란, 마, 생강 등
    • 직근류 : 무, 순무, 당근, 우엉 등
    • 경엽채류 : 배추, 양배추, 갓, 상추, 샐러리, 파슬리, 미나리, 쑥갓, 머위, 시금치, 아스파라거스, 파, 양파, 쪽파, 마늘 등
  ㉡ 과수 ★
    • 인과류 : 배, 사과, 비파 등(꽃받침이 발달되어 과육부가 된 것)
    • 핵과류 : 복숭아, 자두, 살구, 앵두, 양앵두 등(씨방이 발달하여 과육인 된 것으로 내과피가 발달)
    • 장과류 : 포도, 딸기, 무화과 등(외과피가 발달)
    • 견과류(각과류) : 밤, 호두 등(씨의 자엽이 발달, 외과피가 단단한 과일)
    • 준인과류 : 감, 귤 등(자방이 발달)
  ㉢ 화훼류
    • 초본류 : 장미, 국화, 코스모스, 달리아, 난초 등
    • 목본류 : 철쭉, 동백, 고무나무 등
② 공예작물 ★
  • 전분작물 : 옥수수, 고구마, 감자 등
  • 유료작물 : 참깨, 들깨, 아주까리, 유채, 해바라기, 땅콩, 콩, 아마, 목화 등
  • 섬유작물 : 목화, 삼, 모시풀, 아마, 어저귀, 왕골, 수세미, 닥나무, 고리버들 등
  • 당료작물 : 사탕무, 사탕수수 등

③ 사료작물
  - 볏과 : 옥수수, 호밀, 오처드그래스, 티머시, 라이그래스 등
  - 콩과 : 앨펄퍼, 화이트클로버, 레드클로버 등
  - 기타 : 사료용, 호박, 순무, 해바라기, 돼지감자
④ 녹비작물
  - 녹색식물의 줄기와 잎 등을 비료로 사용한다. 청예(靑제)작물, 풋거름 작물이라고도 한다.
  - 녹색 작물로는 자운영, 토끼풀, 앨팰퍼, 베치 등이 있다.

---

03 | 작부체계

(1) 작부체계란

① 작부체계(Cropping System)은 일정한 토지에 작물을 조합하여 일정한 순서에 따라 재배하는 방식을 의미한다.
② 협의의 작부체계는 전·후작물의 조합과 동시에 간작, 혼작 등의 공간적인 조합을 의미하며, 광의의 작부체계는 작물의 조합뿐만 아니라 생산에 필요한 자원관리, 자재투입, 재배기술 등을 포함하는 것을 의미한다.

(2) 윤작(돌려짓기)★

① 동일한 땅에서 일정한 순서에 의해 종류가 서로 다른 작물을 재배하는 경작방식으로 형태에 따라 윤재식·개량삼포식·삼포식·곡초식 등으로 구분한다.
② 통상적으로 도입되는 작물로는 지력의 소모가 크고 토양 성분의 흡수력이 강한 수수·조·옥수수·보리나 공중 질소를 공정 활용해 지력을 증진하는 작물인 콩과 작물 등이 있다.
③ 윤작의 효과
  ㉠ 기지 현상에 대한 회피와 수량 증대
  ㉡ 병충해의 방지 및 잡초의 경감
  ㉢ 토양의 침식 방지
  ㉣ 농가의 자급경제 안정화
  ㉤ 노력 분배에 있어서의 합리화

ⓑ 지력의 유지 및 증진

ⓢ 작물에 있어서의 생산량의 증가

(3) 윤답

① 논농사와 밭농사를 몇 년씩 걸러서 교체해 재배하는 것으로 윤답하는 논을 '변경답' 또는 '환답'이라고 한다.

② 윤답에 있어서 교호작 순위의 대표적인 것으로 4년식 및 5년식 등이 있다.

③ 4년식은 2년은 밭작물인 콩이나 봄보리, 조 등을 재배하고 그 후 2년은 수도를 재배 하는 방법이고 5년식은 3년은 밭작물인 수수, 콩, 봄보리, 조 등을 재배하고 그 후 2년은 계속 수도를 재배하는 방식이다.

(4) 연작(이어짓기)

① 동일한 포장에 동종의 작물을 계속 재배하는 방식으로 통상 연작을 지속적으로 하게 되면 인위적으로 지력을 유지시키기 위해 양분을 보충시키지 않는 이상 지력이 저하 돼 수확하기가 어려워지는 단점이 있다.

② 시설 원예에 있어 비닐하우스 내 연작장해의 주된 원인은 토양 중 염류의 집적 때문 이다.

③ 연작 시 작물의 생육이 뚜렷하게 나빠지는 것을 기지현상이라 한다.

④ 기지(忌地, sick soil)란 어떤 작물을 재배한 토양에 같은 종류의 작물을 반복하여 재 배할 경우 생육과 수량이 감소하고 품질이 떨어지는 현상을 말하며, 연작장해라고도 한다.

(5) 혼작(섞어짓기)

① 대다수가 여름작물로 생장기간이 거의 동일한 2가지 이상의 작물을 동시에 같은 땅에 서 재배하는 것으로 합계수량 및 수익성 등을 높일 수 있도록 작물을 선택해 농사를 짓는 방법이다.

② 주로 혼작되는 작물은 중요도가 낮고 수요 또한 비교적 적은 특용작물이나 식용작물 이다.

(6) 간작(사이짓기)

① 같은 농경지에서 동시에 2가지 이상의 작물을 재배하는 것으로 주로 겨울작물이 먼저 재배되고 이것에 여름작물이 사이짓기로 재배된다.

② 토지의 활용면에서 매우 필요한 방법이고 이로 인해 1년 2작법 및 2년 3작법이 가능
  하게 됨

1. 인과류에 해당하는 것은?

① 과피가 밀착·건조하여 껍질이 딱딱해진 과실
② 성숙하면서 씨방벽 전체가 다육질로 되는 과즙이 많은 과실
③ 과육의 내부에 단단한 핵을 형성하여 이 속에 종자가 있는 과실
④ 꽃받기의 피층이 발달하여 과육 부위가 되고 씨방은 과실 안쪽에 위치하여 과심 부위가 되는 과실

정답 및 해설

[해설] ① 각과류에 해당하며 대표적으로 호두, 밤 등이 있음
② 장과류에 해당하며 대표적으로 무화과, 딸기, 포도 등이 있음
③ 핵과류에 해당하며 대표적으로 앵두, 살구, 자두, 복숭아 등이 있음

[정답] ④

2. 과수 분류 시 장과류에 속하는 것은?

① 자두　　　② 포도　　　③ 감귤　　　④ 사과

정답 및 해설

[해설] 인과류에 속하는 것은 배, 사과 등이 있다. 자두는 핵과류, 감귤은 준인과류에 속한다.

[정답] ②

3. 농업상 용도에 의한 작물의 분류로 옳지 않은 것은?

① 공예작물　　　　　② 주형작물
③ 사료작물　　　　　④ 녹비작물

[해설] 주형작물은 생태적 특성에 따른 분류로서 벼, 맥류 등과 같이 하나하나의 식물체가 각각 포기를 형성하는 작물을 말한다.

[정답] ②

4. 작물의 분류에서 공예작물에 해당하는 것을 모두 고른 것은?

ㄱ. 목화　　　ㄴ. 아마　　　ㄷ. 모시풀　　　ㄹ. 수세미

① ㄱ, ㄹ　　　　　　　　　　② ㄱ, ㄴ, ㄷ
③ ㄴ, ㄷ, ㄹ　　　　　　　　④ ㄱ, ㄴ, ㄷ, ㄹ

[해설] 공예작물 중 섬유작물 : 아마, 삼, 목화, 왕골, 수세미, 모시풀 등

[정답] ④

5. 채소의 식용부위에 따른 분류 중 화채류에 속하는 것은?

① 양배추　　　　　　　　　　② 브로콜리
③ 우엉　　　　　　　　　　　④ 고추

[해설]

구 분	품 종
엽채류	배추, 양배추, 시금치, 상추
화채류	꽃양배추, 브로콜리
경채류	아스파라거스, 토당귀, 죽순
인경채류	양파, 마늘, 파, 부추

[정답] ②

6. 작물 분류학적으로 과명(family name)별 작물의 연결이 옳은 것은?

① 백합과 - 수선화   ② 가지과 - 감자

③ 국화과 - 들깨   ④ 장미과 - 블루베리

정답 및 해설

[해설] ① 수선화(Daffodil) – 수선화과(Amaryllidaceae)

③ 들깨(Perilla) – 꿀풀과(Lamiaceae)

④ 블루베리(Blueberry) – 진달래과(Ericaceae)

[정답] ②

7. 과실의 구조적 특징에 따른 분류로 옳은 것은?

① 인과류 - 사과, 자두   ② 핵과류 - 복숭아, 매실

③ 장과류 - 포도, 체리   ④ 각과류 - 밤, 키위

정답 및 해설

[해설] 핵과류 : 내과피가 단단히 경화되어 핵을 형성하는 과실(복숭아, 매실, 자두 등)

[정답] ②

8. 식물학적 기준에 따라 작물을 분류하였을 때, 연결이 옳지 않은 것은?

① 십자화과식물 : 무, 배추, 고추, 겨자

② 화본과식물 : 벼, 옥수수, 수수, 호밀

③ 콩과식물 : 동부, 팥, 땅콩, 자운영

④ 가지과식물 : 감자, 담배, 토마토, 가지

정답 및 해설

[해설] 가지과 채소 : 토마토, 고추, 가지 등

[정답] ①

9. 작물 분류학적으로 가지과에 해당하는 것을 모두 고른 것은?

ㄱ. 고추	ㄴ. 토마토	ㄷ. 감자	ㄹ. 딸기

① ㄱ, ㄹ
② ㄱ, ㄴ, ㄷ
③ ㄴ, ㄷ, ㄹ
④ ㄱ, ㄴ, ㄷ, ㄹ

정답 및 해설

[해설] 가지과 : 고추, 토마토, 감자, 담배, 피튜니아 등
　　　　장미과 : 딸기

[정답] ②

10. 식용 부위에 따른 분류에서 화채류끼리 짝지어진 것은?

① 양배추, 시금치
② 죽순, 아스파라거스
③ 토마토, 파프리카
④ 브로콜리, 콜리플라워

정답 및 해설

[해설] ① 양배추, 시금치, 갓, 상추 등 : 엽채류
② 죽순, 아스파라거스, 양파 등 : 경채류
③ 토마토, 파프리카, 참외, 수박 등 : 과채류

[정답] ④

제2장   재배 환경

01 | 토양

(1) 토양의 정의

① 토양은 암석의 풍화산물과 각종 동식물로부터의 유기물이 혼합되어 기후·생물 등의 작용을 받아 변화되며, 그 변화는 환경조건과 평형을 이루기 위해 항상 계속되어 특정한 토양단면의 형태를 이루는 자연체로서, 이것은 엷은 층으로 지구 표면을 덮고 있으며, 공기와 수분을 알맞게 함유하여 식물을 기계적으로 지지하고 양분의 일부분을 공급하여 식물생육의 장소가 되는 곳이다.

(2) 토양의 구성

토양은 고체성분인 입자, 액체성분인 물 그리고 기체성분인 공기로 구성되어 있는데, 기본적인 3가지 물질을 토양 3상이라고 한다.

① 고상(무기물45%+유기물5%)

암석의 풍화산물인 무기물과 동식물로부터 공급되어진 유기물로 구성된다. 자갈·모래·미사 및 점토로 구성되어 있다.

② 액상(25%)

토양수분으로 각종 유기 및 무기물질과 이온을 함유한다. O_2나 CO_2도 녹아 있는 상태이다.

③ 기상(25%)

토양공기로서 대기에 비해 O_2농도는 낮고 CO_2농도는 높다.

(3) 토양구조

토양을 구성하는 입자들이 모여 있는 상태를 토양구조라고 한다.

① 입단구조(粒團構造 ; crumbled structure)
　㉠ 단일입자가 집합해 2차 입자로 되고, 다시 3차, 4차 등으로 집합하여 입단
　　(compound granule)을 구성하고 있는 구조
　㉡ 석회와 유기물이 표토 층에 많고 대·소공극이 많아 투수, 통기 등이 좋고 양·수
　　분의 저장이 뛰어나 작물생육에 좋음
　㉢ 입단을 가볍게 누르면 쉽게 부서짐

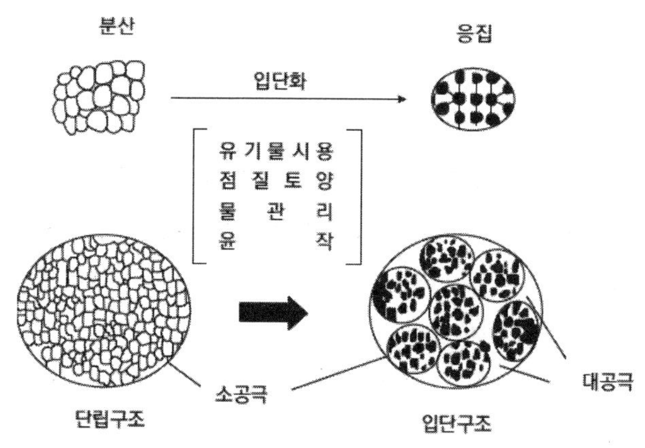

[토양 입단구조]

② 입단구조의 형성과 파괴
　㉠ 입단구조의 형성
　　ⓐ 유기물과 석회의 시용
　　ⓑ 토양의 피복(녹비작물 등)
　　ⓒ 두과작물 재배(피복과 같은 효과)
　　ⓓ 토양개량제(크릴륨, 아크리소일)
　㉡ 입단구조의 파괴★
　　ⓐ 잦은 경운(경운기로 갈아엎음)
　　ⓑ 비, 바람 등의 작용
　　ⓒ 입단의 팽창과 수축(세월의 흐름)
　　ⓓ 나트륨(Na) : 점토결합을 분산
③ 단립구조(單粒構造 ; single-grained structure)
　㉠ 단립구조는 비교적 큰 입자가 무구조(無構造 ; amorphous)인 단일 상태로 집합되
　　어 있는 구조로서, 해안의 사구지에서 볼 수 있음
　㉡ 대공극이 많고 소공극이 적으며, 토양통기와 투수성은 좋으나, 수분과 비료분을
　　지니는 힘은 작음

④ 이상구조(泥狀構造 ; puddled structure)

㉠ 미세한 토양입자가 무구조, 단일 상태로 집합된 구조

㉡ 건조하면 각 입자가 서로 결합하여 무정형의 흙덩이를 형성하는 것이 단립구조와 다름

㉢ 부식형성이 적고, 과습한 식질토양(粘質土壤)에서 많이 보이며, 소공극은 많으나 대공극이 적어서 토양통기가 불량

(4) 토성(Soil texture)

① 정의

㉠ 식물의 생육에 있어 중요한 각종 이화학적 성질을 결정하는 기본 요인으로 점토나 미사, 모래 가 얼마의 비율로 함유되어 있느냐를 기초한다.

㉡ 반응이 일어날 수 있는 표면의 공간과 양의 비율차 때문에 토성에 관련된 모든 성질의 차이가 발생한다.

㉢ 점토함량이 많으면 식토, 미사함량이 많으면 미사토, 모래함량이 많으면 사토로 분류된다.

㉣ 사토 → 사양토 → 양토 → 식양토 → 식토로 갈수록 점토 비율이 증가하고, 보수력과 보비력이 커지며, 배수성과 통기성은 감소한다.

② 토성의 종류★

㉠ 사토 : 거친 입자로 입자 하나하나가 구별 가능하고, 모래 비율이 높다.

㉡ 사양토 : 모래의 비율이 높지만, 어느 정도 응집력이 있다.

㉢ 양토 : 모래, 미사, 점토가 거의 같은 비율로 혼합된 이상적인 토양이다.

㉣ 식양토 : 습할 때는 점착성이 있어 손에 달라붙고, 부드럽고 미끈한 느낌이다.

㉤ 식토 : 점토 비율이 높고, 건조하면 굳은 흙덩이가 된다.

③ 작물종류와 토성

㉠ 벼: 점토가 많아 보비력이 좋은 식양질 토양에서 수량이 많다.

㉡ 채소와 과수류 : 물빠짐이 좋은 사양질 토양에서 생육이 좋다.

㉢ 침엽수 : 활엽수보다 사질 토양에서 생육이 좋음.

(5) 토양유기물★

① 토양유기물의 개념

㉠ 토양 속에 존재하는 살아 있는 동식물 이외의 모든 유기물질을 말한다. 동식물 등의 생물유체나 배설물 및 이들이 분해·부식화된 산물인 부식(腐植)으로 이루어진다.

ⓛ 부식은 초기의 부식 물질, 중기의 부식종물질(腐植從物質), 말기의 부식산(腐植酸)의 부식화 등 3단계로 나뉜다.

ⓒ 토양에 공급되는 선선한 유기물의 유기질원료나 부후물질(腐朽物質)의 일부는 토양 속에서 중합해 부식산이 되지만 대부분은 물과 이산화탄소로 분해되어 토양에서 소실된다.

> 토양유기물의 부족 → 토양 물리성 악화 → 토양공극 감소 → 뿌리발육부진 → 생육부진

② **토양 유기물의 기능**

㉠ 토양 입단 구조, 통기성, 보수성, 양분 공급 능력 및 완충 능력 등 토양이 화학성에 영향을 미쳐 지력 개선에 도움이 된다.

ⓛ 토양 유용미생물의 활성을 높이고 토양병원균의 활성을 억제하여 토양 전염성 병해를 억제하는 기능이 있다.

ⓒ 토양 내의 양분의 용탈과 유실을 막아준다.

㉣ 토양 유기물은 식물 양분의 가급태(흡수가 가능한 상태)를 촉진한다.

㉤ 토양 유기물은 토양유실을 적게 하며, 수분흡수량을 높인다.

㉥ 부식이 많은 토양은 검은색을 띠고 적은 토양은 밝은색을 띤다. → 토양의 온도 상승

㉦ 부식화 과정을 거친 토양은 양이온 치환 능력이 커진다.

(6) 토양 비옥도(土壤 肥沃度)와 염류집적

① **토양 비옥도**

㉠ 토양비옥도란 작물이 필요로 하는 양분을 균형 있게 공급할 수 있는 토양의 잠재 능력을 의미하는 것이며, 이는 일반적으로 토양 중 양분의 함량과 유효도를 평가하여 나타낸다.(=지력)

ⓛ 토양 비옥도는 물리적, 화학적 지력조건을 의미하며, 지력은 토양의 작물생산력을 나타내는 지표가 된다.

ⓒ 객토, 퇴비의 시용, 석회를 통한 토양개량 등으로 지력을 높일 수 있다. 특히 토양 비옥도와 지력을 높이기 위해 유기물의 시용이 필요하다.

② **염류집적(salinization)**★

㉠ 시설토양에는 염류가 표층에 다량으로 쌓이게 되는데, 이를 염류집적이라고 한다.

ⓛ 염류집적은 작물 뿌리의 양분 흡수를 방해하고, 생육 부진 및 수확량 감소를 초래할 수 있으므로 관리가 매우 중요하다.

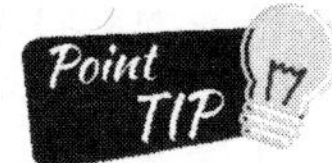 **염류집적의 원인과 대책**

① 원인
- 다비재배, 강우 차단, 양분 흡수 억제, 인공관수에 의한 표면관수, 불량한 배수 등

② 대책
- 과잉시비를 방지하고 합리적인 시비
- 담수를 처리하거나 흡비작물 재배
- 휴한기에는 피복물을 제거하여 자연강우를 맞도록 함

(7) 산성토양 ★

① 정의
- ㉠ 토양용액의 반응이 ph7보다 낮은 토양
- ㉡ 우리나라 토양은 화강암이 많아 대부분 산성토양
- ㉢ 토양내 H+ 의 농도가 높은상태

② 토양산성화의 원인
- ㉠ 토양의 원료인 암석이 산성인 경우
- ㉡ 다우지역에서 빗물에 의해 토양으로부터 칼슘, 마그네슘, 칼륨 등의 알칼리 성분이 용탈한 경우
- ㉢ 유안(황산암모늄, ammonium sulfate), 염화칼륨과 같은 산성비료를 다용하거나 연용한 경우
- ㉣ 이탄지대처럼 유기물이 집적하고 정상적인 분해가 이루어지지 않아서 유기산이 생성된 경우
- ㉤ 산성의 공장배수나 배기가스 등 다른 곳에서 산성의 물질이 토양이 첨가된 경우
- ㉥ 식물 뿌리에서 양분흡수를 위해 수소이온 방출

 **산성에 대한 작물의 저항성**

- 극히 강한 것 : 벼·밭벼·귀리·루핀·토란·아마·기장·땅콩·감자·봄무·호밀·수박 등
- 강한 것 : 메밀·당근·옥수수·목화·오이·포도·수수·호박·딸기·토마토·밀·조·고구마·베치·담배 등
- 약간 강한 것 : 유채·피·무 등
- 약한 것 : 근대, 고추, 상추, 양배추, 가지, 완두, 클로버, 겨자 삼
- 가장 약한 것 : 콩, 팥, 시금치, 사탕무, 셀러리, 부추, 양파, 앨펄퍼, 자운영

02 | 수분 및 광

(1) 수분의 역할★

① 물의 특성

   ㉠ 많은 열을 흡수하고 방출할 수 있다.

   ㉡ 여러 가지의 물질을 용해시킬 수 있다.

   ㉢ 비점(沸點)이 높아 상온에서 액체 상태로 존재한다.

   ㉣ 흡착력, 부착력, 응집력, 표면장력 등을 가지며 모세관현상을 나타낸다.

② 수분의 역할

   ㉠ 세포 내 유리수로 존재해 세포의 팽창 상태를 유지하고 식물의 체제를 유지해준다.

   ㉡ 세포 내 결합수로 존재하여 식물체를 구성한다.

   ㉢ 식물의 구성성분이며 광합성의 원료가 된다.

   ㉣ 용매로서 양분의 흡수와 이동을 가능하게 한다.

   ㉤ 효소를 활성화시켜 대사 작용을 유지해 준다.

   ㉥ 원형질의 생활 상태를 유지하고, 필요물질의 전류를 촉진한다.

   ㉦ 식물체 내의 물질분포를 고르게 하는 매개체이면서 영양 물질의 형성재료이다.

(2) 요수량(要水量, water requirement)★

① 작물 1g을 생산하는 데 소비되는 수분의 양 또는 증산계수를 말한다.

② 증산계수는 작물 1g을 생산하는 데 소비되는 수분의 증산량을 말한다.

③ 증산량이 크면, 일반적으로 수분이 많이 필요하여 건조해에 약하다.

④ 증산량이 적으면, 일반적으로 수분이 적게 필요하여 건조해에 강하다.

⑤ 요수량이 적은 작물 : 옥수수, 기장, 조, 수수 등

⑥ 요수량이 많은 작물 : 명아주, 호박, 콩과 작물(클로버, 알팔파 등)

⑦ 옥수수·기장·수수 〈 맥류·목화·감자 〈 콩류 작물·호박·오이 〈 명아주

(3) 수분퍼텐셜

① 수분 퍼텐셜의 개념

   ㉠ 수분의 이동을 어떤 상태의 물이 지니는 화학 퍼텐셜을 이용하여 설명하고자 도입된 개념으로 작물생리학에서는 삼투압의 개념보다 수분퍼텐셜의 개념을 널리 사용한다. 즉, 물은 퍼텐셜에너지가 높은 곳에서 낮은 곳으로 이동하게 된다.

    ⓛ 수분이 토양에 의하여 얼마나 강력한 힘으로 흡착되어 있는가를 표시하기 위하여 모세관의 물높이를 표시한 절대값을 말한다.

② 수분퍼텐셜의 정의와 단위

    ㉠ 수분퍼텐셜(water potential)은 열역학에 기초를 두고 있으며, 어떤 조건에서 용액 중의 물의 화학퍼텐셜과 기준 상태에서 순수한 물의 화학퍼텐셜과의 차를 물의 부분몰용적으로 나눈 값이다.

    ㉡ 수분퍼텐셜의 단위는 기압단위인 bar 또는 MPa(Mega pascal)로 나타내는 것이 편리하다. 또는 수주(水柱)높이의 대수를 취한 pF(장력)로도 나타낸다.

③ 수분퍼텐셜의 구성

    ㉠ 삼투퍼텐셜 : 용질의 농도에 따라 영향을 받는 물의 퍼텐셜에너지로 용질이 첨가될수록 감소하며 항상 음(-)의 값을 가진다.

    ㉡ 압력퍼텐셜 : 식물체포 내에서 벽압이나 팽압의 결과로 생기는 정수압에 따른 퍼텐셜에너지이며, 식물세포에서는 일반적으로 양(+)의 값을 가진다.

    ㉢ 매트릭퍼텐셜 : 교질질감과 식물세포의 표면에 대한 물의 흡착친화력에 의하여 나타나는 퍼텐셜에너지이며, 항상 음(-)의 값을 가지고, 토양의 수분퍼텐셜 결정에 매우 중요하다.

④ 식물체 내의 수분퍼텐셜

식물체 내의 수분퍼텐셜에는 매트릭퍼텐셜은 거의 영향을 미치지 않고 삼투퍼텐셜과 압력퍼텐셜이 좌우하므로 간단히 표시할 수 있다.

수분퍼텐셜의 특징

- 수분퍼텐셜(포텐셜)이 가장 낮은 것 : 뿌리 중 수분
- 식물체내의 물의 이동 : 수분퍼텐셜이 높은 데서 낮은 데로 이동
- 가압상법으로 측정할 수 있는 것 : 수분퍼텐셜
- 가압상법으로 수분퍼텐셜 측정시 주로 이용하는 것 : 엽병을 단 절단 잎
- 증산작용이 활발한 식물체에서 수분퍼텐셜이 가장 낮은 곳 : 잎

(4) 수분의 과부족 장해

작물은 적당한 수분을 유지해야 하지만 토양수분이 부족하거나 지나치게 많으면 작물은 그에 따라 수분부족이나 과잉수분에 의한 해작용을 나타낸다.

① 수분부족장해

  ㉠ 한해(旱害) : 가뭄해로서, 수분이 심하게 부족하여 나타나는 작물의 생육장해이다.

  ㉡ 생육장해의 현상 : 무기양분 결핍, 증산작용이 억제되어 광합성능이 저하, 스트레
스를 받으면 ABA의 양이 증가, 세포의 생장이 억제되고 건물량이 감소, 체내효소
의 활성이 떨어지며 단백질 생성이 억제

② 수분과잉장해

  ㉠ 습해(濕害) : 토양수분이 지나치게 많아 일어나는 작물의 생육장애이다.

  ㉡ 습해(濕害)의 주원인은 토양 통기 불량에 따른 산소부족, 토양중 산소가 부족하면
뿌리의 호흡이 억제되어 양수분의 흡수에 필요한 에너지 공급이 억제됨

  ㉢ 대책 : 내습성 품종의 선택, 과산화석회의 사용, 시비, 토양개량, 이랑 만들기(휴립
재배), 배수 등

(5) 토양수분의 종류 ★

① 결합수(combined water)

  ㉠ 토양입자의 한 구성 성분으로 되어 있는 수분으로서, 결정수 또는 화합수라고도
한다.

  ㉡ 토양을 100~110℃로 가열해도 분리되지 않는 pF 7 이상인 수분이다.

  ㉢ 식물에는 흡수되지 않지만 화합물의 성질에 영향을 준다.

② 흡습수(hygroscopic water)

  ㉠ 분자간 인력에 의하여 토양입자 표면에 흡착된 수분이다.

  ㉡ pF 4.5 이상의 힘으로 흡착되어서 식물이 이용하지 못하는 무효수분이다.

③ 모세관수(capillary water)

  ㉠ 토양입자 사이의 소공극에 모세관력 및 표면장력에 의해 유지되는 수분으로서 모
관수의 대부분은 지하수의 상승에 의해 유지된다.

  ㉡ 흡착력은 pF 2.7~4.5 이며, 식물에게 유효한 수분이다.

④ 중력수(gravitational water)

  ㉠ 대공극에서 중력에 의하여 흘러내리는 수분으로서, 중력수 또는 자유수라고 한다.

  ㉡ 흡착력은 pF 2.7 이하의 수분이다.

  ㉢ 작물에 거의 이용되지 않는다.

(6) 토양수분의 표시 ★

① 최대용수량 : 토양의 모든 공극에 물이 꽉 찬 상태의 수분량(물이 고인 상태). pF 0

② 포장용수량(최소용수량)
- ㉠ 최대용수량에서 중력수가 완전히 빠진 상태.(최대용수량 - 중력수)
- ㉡ 식물이 이용할 수 있는 수분범위의 최대 수분량. pF 2.5 ~ 2.7
- ㉢ 작물 재배 상 매우 중요
- ㉣ 비 온 후 2~3일 정도 소요, 중력수가 빠진 부분을 공기가 채운다.

③ 위조점(萎凋點, wilting point) : 모관수의 장력이 커서 식물이 흡수하지 못하고 시들어 버리는 점
- ㉠ 초기위조점 : 생육이 정지하고 하엽이 위조하기 시작하는 토양의 수분상태. (pF 3.9)
- ㉡ 영구위조점 (永久萎凋點, permanent wilting point) : 포화습도의 공기 중에 24시간 방치해도 회복되지 못하는 위조점. (pF 4.2)

④ 유효수분 : 포장용수량 ~ 영구위조점
- ㉠ 작물에 직접이용 유효수분 : pF 1.8 ~ 4.0
- ㉡ 작물이 정상 생육 유효수분 : pF 1.8 ~ 3.0

(7) 증산작용

① 식물체가 잎의 뒷면에 존재하는 기공을 통해서 체내의 물을 밖으로 내보내는 작용을 말한다. 이를 이용해 식물체 내부의 물을 순환시킬 수 있는데, 이 증산작용을 통한 압력과 뿌리에서 물을 흡수하는 압력을 통해 식물체 내부의 물이 순환된다.

② 광합성에 필요한 물을 지속적으로 공급받을 수 있도록 순환시키는 역할을 하며, 그 외에 주변의 습도를 생활하기 알맞은 환경으로 만들어 주는 역할도 한다. 이 작용은 기공이 열렸다 닫혔다 하며 조절된다.

③ 증산에 영향을 주는 환경 요인 : 빛의 세기↑, 온도↑, 바람↑, 작물의 표면적↑, 상대 습도↓, 껍질의 발달(표피조직, 큐티클층)

(8) 관수

① 물주기를 관수 또는 관개라고 한다.

② 재배 식물에 인위적으로 물을 주는 것으로 관수방법에는 지표관수(surface irrigation), 지하관수(subirrigation), 살수관수(spray irrigation), 수적관수(trickle irrigation)가 있다.

③ 지표관수에는 전면관수(全面灌水)와 휴간관수(畦間灌水)가 있고, 지하관수에는 명거법(明渠法), 암거법(暗渠法), 압입법(壓入法)이 있고 살수관수에는 다공관관수(perf-orated pipe system), 스프링클러관수(sprinkler system)가 있다.

(9) 광환경(光, 빛)

① 광환경 개요

    ㉠ 광환경은 작물생육을 좌우하는 중요한 환경요인이다.

    ㉡ 작물은 빛으로부터 에너지를 공급받아 동화산물을 합성하고 각종 대사작용에 필요한 물질을 생산한다.

    ㉢ 빛은 작물의 광합성에 영향을 미치고 그 결과로 생육과 수량을 지배한다.

    ㉣ 광이 부족하면 엽록소 형성이 저하되며, 에티올린(담황색) 색소를 형성하여 황백화가 일어난다.

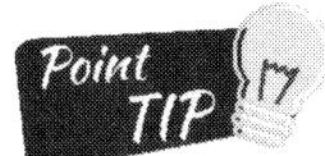

작물의 생장에 영향을 주는 광질★

- 청색광, 자외선 : 식물의 생장을 억제
- 적색광 : 생장을 촉진, 광합성·광주성·광발아성 종자의 발아 촉진을 주도
- 근적외선 : 꽃눈분화와 발아억제, 식물의 성장을 촉진
- 적색광과 근적외선의 비가 작으면 절간신장을 촉진하여 초장이 커짐

② **광부족 현상** : 광합성 억제로 식물도장생장(잎의 엽록소 감소 및 책상조직의 부피감소), 결구지연, 근계의 발달불량, 인경비대 불량, 화아형성 불량, 착과 및 착색불량, 과실비대불량

(10) 광과 작물의 생리작용

① 광

    ㉠ 농업은 광합성을 이용하는 산업임

    ㉡ 광합성에 필요한 에너지는 태양의 광에너지임

    ㉢ 작물은 엽록소의 활동으로 이산화탄소와 탄수화물을 합성함

    ㉣ 가장 생산력이 높은 벼나 옥수수도 생육기간 중 에너지 이용효율은 1% 내외이나 지구상 화학반응 중 가장 거대한 것임

    ㉤ 개화유도, 종자발아, 가지치기, 등숙에 크게 관여함

② 작물생리작용

    ㉠ 일반적으로 광하면 파장이 다른 여러 가지 종류의 광선이 혼합되어 있으며 광선의 종류가 광질을 좌우함

    ㉡ 광선의 종류에 따라 식물생육에 미치는 효과가 큼

ⓒ 가시광선 : 인간에게 시감을 주는 파장 390~780㎚ 사이의 전자기파로서 파장의 길이에
따라 여러 가지 색으로 구분이 됨(프리즘 7가지색 : 빨, 주, 노, 초, 파, 남, 보)

② 식물생육에 있어서 유효광 : 가시광선 중 적색과 청색광

③ 생육과 광의 세기

㉠ 광의 세기가 증가함에 따라 작물의 광합성 속도가 증가하고 생산량도 증대함

㉡ 광합성 속도는 광의 세기 이외에 온도, CO2 및 풍속에도 영향을 받음

㉢ 광은 파장에 따라 작물에 생장에 상이한 작용을 함

㉣ 광합성에 이용되는 파장 : 400~700㎚ 가시광선(청/적이 80~90% 흡수)

    * 청색광 : 400~490㎚ * 적색광 : 620~680㎚

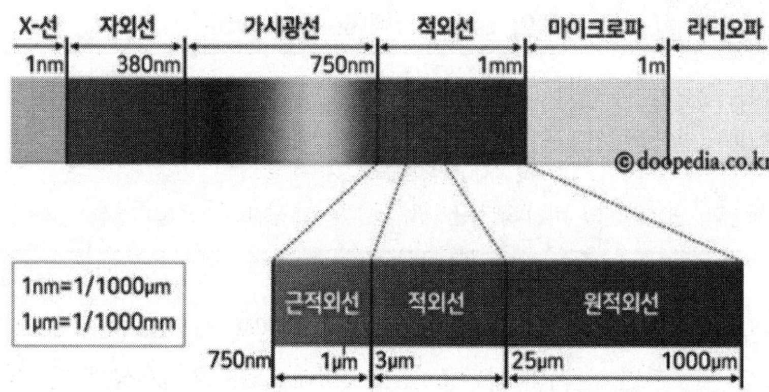

[전자기파의 파장 길이에 따른 적외선의 분류]

출처 : 네이버 지식백과

(11) 광합성

① 개념

    ㉠ 엽록체에서 빛에너지를 이용하여 물과 이산화탄소로부터 유기물의 합성하는 과정을 말한다.

    ㉡ 식물이 뿌리에서 흡수한 물과 무기염류를 재료로 햇빛을 이용하여 포도당과 같은 유기물을 합성하는 작용을 말한다.

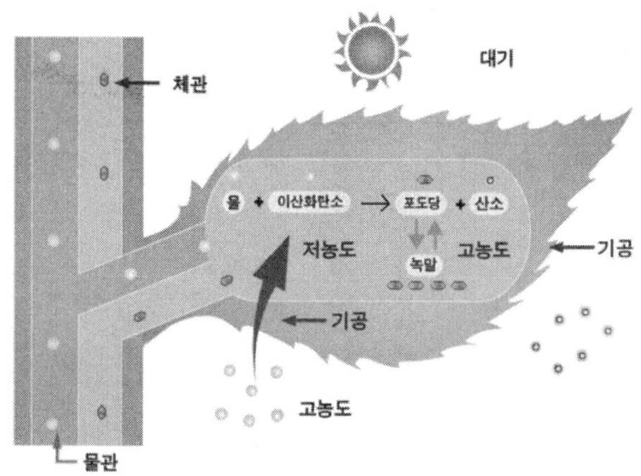

[과정 : 물+이산화탄소 → 포도당+산소]

출처 : 산림청

② 광합성에 영향을 미치는 요인 ★

    ㉠ 이산화탄소의 농도

        ⓐ 빛의 세기가 강할 때 : 이산화탄소 농도가 0.1%에 다다를 때까지 광합성의 속도가 증가함

        ⓑ 빛의 세기가 약할 때 : 대기 중 이산화탄소 농도인 0.03%에서 더 이상 광합성 속도가 증가하지 않음

        ⓒ 광합성의 한정요인(제한요인)

        이산화탄소 농도 · 온도 · 빛의 파장 · 빛의 세기 등은 모두 광합성에 영향을 주고 이것들이 모두 최적의 상태일 때 광합성이 최대로 일어나다. 이들 중 어느 하나라도 부족하면 광합성은 최대로 일어나지 않고 영향을 받고, 이 부족한 부분을 광합성의 한정요인 또는 제한요인이라 한다.

    ㉡ 온도

        ⓐ 빛이 강할 때 : 대략 5~35℃ 범위에서는 온도가 10℃ 오를 때마다 광합성의 속도는 2배씩 빨라져 35℃에서 광합성 속도는 최대가 된다. 이후 그 이상 온도

가 올라가면 광합성량은 급속히 떨어진다.

ⓑ 빛이 약할 때 : 온도의 영향을 거의 받지 않는다.

ⓒ 빛의 세기

ⓐ 광포화점 : 광합성량이 더 이상 증가하지 않을 때의 빛의 광도

ⓑ 광보상점(광합성량=호흡량) : 식물의 광합성에 사용되는 이산화탄소의 양과 호흡으로 배출되는 이산화탄소의 양이 같을 때의 빛의 광도

ⓒ 광합성량의 측정 : 산소의 방출량이나 이산화탄소의 흡수량을 통해 광합성량을 측정함

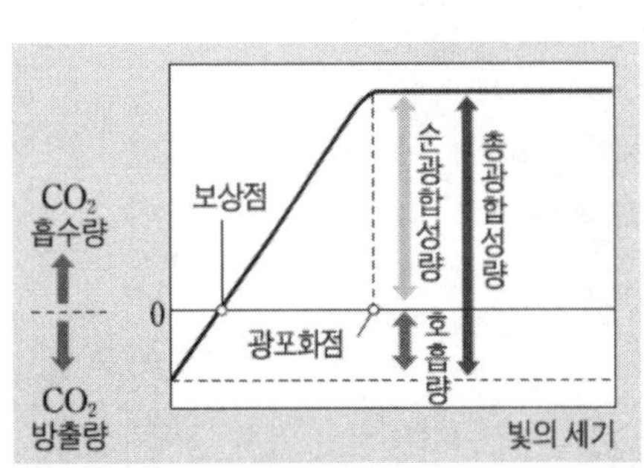

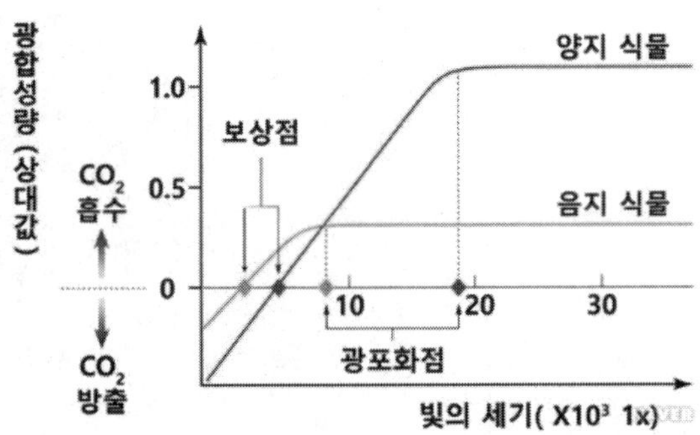

[광포화점과 광보상점]

광보상점과 광포화점★

- 음지식물은 광보상점이 낮고, 광포화점이 낮아 실내의 그늘에서 잘 자란다.
- 고산식물이나 사막식물은 잎이 가늘어 광보상점이 높은 편이다.
- 내음성 식물(식물이 광도가 낮은 조건에서 생육할 수 있는 능력)이 약한 작물은 강한 작물보다 광보상점이 높다.
- 광포화점이 낮은 작물 : 상추, 강낭콩, 머위, 인삼 등
- 광포화점 높은 작물 : 수박, 토마토 등
- 광포화점이 낮은 작물은 고온기에 차광을 해주어야 한다.

03 | 온도 및 대기

(1) 온도환경

① 개요
- ㉠ 작물의 생육은 온도의 영향을 크게 받는다.
- ㉡ 종자의 발아에서부터 영양생장, 저장 기관의 발달, 개화, 성숙, 노화에 이르기까지 온도에 따라 다양한 생육 반응을 보인다.

② 온도의 3요소
- ㉠ 최저온도 : 작물생육이 가능한 가장 낮은 온도
- ㉡ 최고온도 : 작물생육이 가능한 가장 높은 온도
- ㉢ 최적온도 : 생육이 가장 왕성한 온도

③ 작물의 생육적온
- ㉠ 열대지방이 원산지인 작물(옥수수, 벼 등)은 고온에서 생육이 잘 됨
- ㉡ 상추는 비교적 낮은 온도(약 10~18℃)에서 잘 자라고 고온에서는 생육이 나쁨
- ㉢ 보통 겨울작물의 생육적온이 여름작물보다 낮으며 작물의 생육적온은 일반적으로 20~25℃임

(2) 생육적온(生育適溫)과 적산온도(積算溫度) ★

① 생육적온
- ㉠ 생육적온은 작물이 가장 잘 자라는 온도이다.
- ㉡ 생육적온은 작물의 종류에 따라 다르다.
- ㉢ 어름작물에 비해 겨울작물의 생육적온은 낮다.
- ㉣ 같은 작물이라도 품종에 따라 생육적온의 차이가 있다.
- ㉤ 각 작물의 생육단계별 요구하는 온도가 다르다.

② 적산온도
- ㉠ 작물이 일생을 마치는 데 소요되는 총온량(온도의 총량)을 표시한 것이 '적산온도'이다.
- ㉡ 적산온도는 작물의 싹트기에서 수확할 때까지 평균 기온인 0℃ 이상인 날의 일평균기온을 합산한 것이다.
- ㉢ 작물의 기후의존도, 특히 온도 환경에 대한 요구도를 나타내는 지표로 이용된다.
- ㉣ 기준온도는 작물에 따라 다르지만 가을채소와 같이 저온에서도 자라는 것은 5℃,

일반적인 온대지방의 여름철 작물은 10℃, 고온을 필요로 하는 작물은 15℃라고 한다.
ⓜ 생육 기간이 긴 작물이 적산온도를 더 많이 필요로 하며, 생육 기간이 비슷한 경우에는 고온성 작물이 저온성 작물보다 적산온도를 더 많이 필요로 한다.

(3) 온도의 변화

① 계절적 변화
ⓐ 우리나라의 기온은 8월을 최고로 하고, 1월을 최저로 하여 계절적인 변동을 함
ⓑ 최고기온은 작물의 월하를 지배하며, 감자는 고랭지에서는 월하 하나 평지에서는 월하 하지 못한다.
② 온도변화(일변화)가 작물 생육에 끼치는 영향
ⓐ 발아 : 하루의 온도변화는 발아를 조장함
ⓑ 동화물질의 축적 : 하루의 온도변화가 일정 부분 크면 동화물질의 축적이 많아지지만, 온도가 너무 내려가도 장해가 생김
ⓒ 생장 : 하루의 온도변화가 작으면 보통 생장이 빠른데 이는 무기성분의 흡수와 동화양분의 소모가 왕성하기 때문임
ⓓ 덩이뿌리·덩이줄기의 발달 : 감자는 밤의 온도가 10~14℃로 낮아지는 환경에서 덩이줄기가 발달하고 고구마는 20~29℃의 환경에서 덩이뿌리 발달이 왕성해지는데 이는 동화물질의 축적이 좋기 때문임
ⓔ 개화 : 맥류의 경우 보통 하루의 온도변화가 크면 동화물질의 축적이 조장돼 화기도 커지고 개화도 촉진됨
ⓕ 결실 : 가을에 결실하는 작물은 대체로 일변화에 의해서 결실이 조장
③ 저온 장해 (Chilling injury)
저온에 민감한 과실이 0℃ 이상의 얼지 않는 온도에서도 한계 온도 이하의 저온에 노출될 때 조직이 물러지거나 표피색깔이 변하는 증상

(4) 토양공기

① 토양의 구성성분 중 기상, 즉 공기로 차 있는 공극의 일부분이다. 토양에서는 식물의 뿌리, 미생물, 기타 토양생물이 살아가면서 호흡을 하고 있으며 호흡을 위해 산소를 필요로 한다. 따라서 식물이 건전하게 생육하기 위해서는 대기와 토양공기의 교환이 충분히 일어나 공기가 잘 갱신되어야 한다.

② 공기의 교환은 토양공극의 양과 크기, 온도, 토양수분 등 여러 가지 물리적 성질의 영향을 받는다.

③ **토양공기의 특징**

    ㉠ 식물뿌리의 호흡, 미생물의 활동 등으로 산소가 소모되고 이산화탄소가 발생

    ㉡ 토양중의 이산화탄소 농도는 대기의 10~100배까지 증가하기도 함

    ㉢ 토양공기는 표층의 상층부를 제외하면 거의 수증기로 포화되어 있음

    ㉣ 작물이 정상적으로 생육하려면 토양공기 중에는 10% 이상의 산소가 필요

    ㉤ 토양수분 과다 : 공극이 줄어 통기성이 좋지 않음

    ㉥ 산소 부족으로 인한 식물뿌리의 호흡 장애 → 양분이나 수분을 흡수하는데 필요한 에너지를 얻을 수 없기 때문에 식물생육이 지장을 받음

04 | 영양소

(1) 개요

① 필수영양소란 탄소와 산소를 비롯한 16종류 가량이며, 다량원소와 미량원소로 구분한다.

② **다량원소** : 탄소(C), 수소(H), 산소(O), 질소(N), 인산(P), 칼륨(K), 칼슘(Ca), 마그네슘(Mg), 황(S), 규소(Si)

③ **미량원소** : 몰리브덴(Mo), 염소(Cl), 철(Fe), 구리(Cu), 아연(Zn), 망간(Mn), 붕소(B)

④ 탄소는 대기 상태의 이산화탄소에서 수소는 물, 산소는 공기 중에서 얻을 수 있다.

⑤ **비료의 3요소**

    ㉠ 질소 : 잎과 줄기

    ㉡ 인산 : 꽃과 열매

    ㉢ 칼륨 : 뿌리(삼투압조절, 덩이줄기와 덩이뿌리 비대)

(2) 작물 생육에 필요한 다량원소

① **질소(N)**★

    ㉠ 식물이 뿌리를 통하여 흡수하는 질소는 질산태(NO_3^-)와 암모니아태(NH_4^+)의 형태로 흡수

    ㉡ 질소는 뿌리보다는 잎에 많이 분포하여 잎의 경우 건물량의 1~5%를 차지

    ㉢ 구성성분 : 엽록소, 단백질(효소), 핵산 등

ⓔ 결핍 및 과잉 증상

- 황백화현상, 화곡류의 분얼 저해, 작물의 생장생장 · 개화 · 결실을 지배
- 결핍증세는 N의 이동성이 높기에 노엽에서 먼저 나타남(질소화합물은 오래된 조직에서 젊은 생장점으로 전류됨)
- 도장(웃자람), 엽색이 짙어짐, 각종 불량한 환경(저온 · 한발 · 병충해 · 기계적 상해 등)에 취약해짐

② 칼슘(Ca)★

- ㉠ 흡수는 Ca^{2+} 이온의 형태로 이루어지며, 주로 수동적으로 흡수
- ㉡ Ca(석회)은 잎에 다량 함유, 세포막 중 중간막(세포벽 중층에 펙틴(pectin)과 결합한 형태)의 주성분
- ㉢ 분열조직의 생장과 뿌리 끝의 발육에 반드시 필요하고, 단백질의 합성과 물질전류에 관여하며, 질소(NO3-)의 흡수 · 이용을 촉진
- ㉣ 체내 독성을 띤 유기산을 중화하고, 알루미늄(Al)의 과잉 흡수를 억제하여 독성을 경감시킴
- ㉤ 결핍 및 과잉 증상
  - 체내 이동이 어려워 뿌리나 눈의 생장점이 붉게 변해 고사함, 토마토 배꼽썩음병 및 상추 팁번 현상이 나타남
  - 팁번(tip burn) 현상 : 잎의 끝부분이 썩거나 말라죽는 현상
  - 다른 양이온과 길항작용(Mg, Fe, Zn, Co, B 등 흡수 억제)
  - 일반적으로 식물의 생육배지에서 어떤 양분이 증가되면 그 양분의 식물체내로의 흡수는 증가하나 반대로 다른 양료의 흡수가 줄어드는 경우가 길항작용

③ 마그네슘(Mg)★

- ㉠ 흡수는 Mg^{2+}이온의 형태로 이루어지며, 다른 양이온과 길항작용이 심함
- ㉡ 유채, 콩과 같은 지방 종자에 마그네슘이 분포(노엽에서 유엽으로 쉽게 이동)
- ㉢ 광합성 · 인산대사에 관여하는 효소(ATPase)의 활성화, 종자 중의 지유 집적을 조장
- ㉣ 결핍 및 과잉 증상
  - (엽맥간) 황백화 현상, 줄기나 뿌리에 있는 생장점 발육이 저조
  - 체내 비단백태질소가 증가, 탄수화물이 감소, 종자의 성숙 저해
  - Ca이 부족한 산성토 · 사질토와 K · Ca · NaCl을 과다 사용한 토양에서 결핍현상

④ 칼륨(K)
- ㉠ 흡수는 K$^+$ 이온의 형태로 이루어지며, 질소나 인산처럼 흡수속도가 빠름
- ㉡ 대부분의 식물은 무기원소 가운데 칼륨을 가장 많이 함유
- ㉢ 광합성, 탄수화물·단백질 형성, 세포 내의 수분공급, 증산에 따른 수분상실을 조절하여 세포의 팽압유지
- ㉣ 결핍 및 과잉 증상
  - 줄기 연약, 잎의 끝이나 둘레가 황화현상, 생장점이 고사, 하위엽의 낙엽, 결실이 저조함

제2장 핵심기출문제

1. 산성 토양에 관한 설명으로 옳은 것은?

① 토양 용액에 녹아 있는 수소 이온은 치환 산성 이온이다.

② 석회를 시용하면 산성 토양을 교정할 수 있다.

③ 토양 입자로부터 치환성 염기의 용탈이 억제되면 토양이 산성화된다.

④ 콩은 벼에 비해 산성 토양에 강한 편이다.

정답 및 해설

[해설] ① 토양 용액에 녹아 있는 수소 이온은 활 산성임
③ 토양 입자로부터 수소 이온이 흡착되고 치환성 염기의 용탈이 많이 될 때 토양이 산성화 됨
④ 콩은 벼에 비해 산성 토양에 약한 편임

[정답] ②

2. 작물 생육에 영향을 미치는 토양 환경에 관한 설명으로 옳지 않은 것은?

① 유기물을 투입하면 지력이 증진된다.

② 깊이갈이를 하면 토양의 물리성이 개선된다.

③ 토양이 입단화되면 보수성과 통기성이 개선된다.

④ 사양토는 점토에 비해 통기성이 낮다.

정답 및 해설

[해설] ④ 점토, 미사, 모래 등이 골고루 섞인 사양토는 점토보다 입경이 크기 때문에 통기성이 높음

[정답] ④

3. 작물의 건물량을 생산하는데 필요한 수분량을 말하는 요수량이 가장 작은 것은?

    ① 호박　　　　　② 기장　　　　　③ 완두　　　　　④ 오이

정답 및 해설

[해설] • 요수량이 적은 작물 : 옥수수, 기장, 조, 수수 등
　　　　• 요수량이 많은 작물 : 명아주, 호박, 콩과 작물(클로버, 알팔파 등)

[정답] ②

4. 수분과잉 장해에 관한 설명으로 옳지 않은 것은?

    ① 생장이 쇠퇴하며 수량도 감소한다.
    ② 건조 후에 수분이 많이 공급되면 열과 등이 나타난다.
    ③ 뿌리의 활력이 높아진다.
    ④ 식물이 웃자라게 된다.

정답 및 해설

[해설] 수분과잉이 발생하면 토양의 산소 공급이 부족해지고, 뿌리가 제대로 호흡할 수 없어 뿌리의 활력이 저하된다.

[정답] ③

5. C_4 작물이 아닌 것은?

    ① 보리　　　　　② 사탕수수　　　　　③ 수수　　　　　④ 옥수수

정답 및 해설

[해설] C_4 plants [C_4 식물]
광합성 과정 중 4개의 탄소를 가진 화합물을 만들어 내는 식물을 말한다. 주로 열대성 기원 식물들이며, 여기에는 잔디와 농업적으로 중요한 작물인 옥수수, 수수, 기장 등을 포함한다.
▶ C_3 : 벼, 보리, 콩 등

[정답] ①

6. 토양 환경에 관한 설명으로 옳은 것은?

① 사양토는 점토에 비해 통기성이 낮다.

② 토양이 입단화되면 보수성이 감소된다.

③ 퇴비를 투입하면 지력이 감소된다.

④ 깊이갈이를 하면 토양의 물리성이 개선된다.

정답 및 해설

[해설] 사양토는 보수력과 보비력, 완충능력이 약하지만 배수성과 통기성이 좋고 저온기에 지온상승이 빠르다. 작물의 생장속도가 빠르지만 조직이 느슨하고 노화가 촉진되며, 저장기관을 이용하는 경우 저장성이 떨어진다.

[정답] ④

7. 다음은 토양의 염류집적에 관한 내용이다. (   )안에 들어갈 말로 알맞은 것은?

○ 토양에 염류집적의 원인이 되는 용질이 첨가되면 토양의 삼투압은 (㉠)지고, 수분퍼텐셜은 (㉡)진다.

○ 삼투압은 수분을 흡수하려는 힘이며 삼투포텐셜은 삼투압에 반비례하여 (㉢) 진다.

	㉠	㉡	㉢
①	높아	낮아	낮아
②	낮아	높아	낮아
③	높아	낮아	높아
④	낮아	높아	높아

정답 및 해설

[해설] 토양에 염류집적의 원인이 되는 용질이 첨가되면 토양의 삼투압은 높아지고, 수분퍼텐셜은 낮아진다. 삼투압은 수분을 흡수하려는 힘이며 삼투포텐셜은 삼투압에 반비례하여 낮아진다.

[정답] ①

8. 토양입단의 형성과 효용에 대한 설명으로 옳지 않은 것은?

① 한번 형성된 입단구조는 영구적으로 유지가 잘된다.
② 입단에는 모관공극과 비모관공극이 균형있게 발달해 있다.
③ 입단이 발달한 토양은 수분과 비료성분의 보유능력이 크다.
④ 입단이 발달한 토양에는 유용미생물의 번식과 활동이 왕성하다.

[해설] 입단구조가 형성되면 소공극과 입단간 대공극이 균형있게 발달한다. 영구적으로 유지되는 것이 아니다.

[정답] ①

9. 토성에 영향을 미치는 요인에 대한 설명으로 옳지 않은 것은?

① 토양의 CEC가 커지면 비료성분의 용탈이 적어진다.
② 식토는 유기질의 분해가 더디고, 습해나 유해물질의 피해를 받기 쉽다.
③ 토양의 3상중 고상은 기상조건에 따라 크게 변동한다.
④ 부식이 풍부한 사양토~식양토가 작물의 생육에 가장 알맞다.

[해설] *CEC : 양이온 치환용량
토양의 3상중 기상과 액상의 비율은 기상조건에 따라 크게 변동한다. (고상: 고체)

[정답] ③

10. 작물을 생육적온에 따라 분류했을 때 저온작물인 것은 ?

① 콩　　　　② 벼　　　　③ 감자　　　　④ 옥수수

[해설] 콩, 벼, 옥수수는 고온작물이다.

[정답] ③

11. 온도가 생육에 미치는 영향에 대한 설명으로 옳은 것은?

① 밤의 기온이 어느 정도 높아서 변온이 작은 것이 생장이 빠르다.
② 변온이 어느 정도 작은 것이 동화물질의 축적이 많아진다.
③ 벼는 산간지보다 평야지에서 등숙이 대체로 좋다.
④ 일반적으로 작물은 변온이 작은 것이 개화가 촉진되고 화기도 커진다.

정답 및 해설

[해설] ① 밤의 기온이 어느 정도 높아서 변온이 작은 것이 생장이 빠른 것은 무기성분의 흡수와 동화양분 의 소모가
　　　 왕성하기 때문이다.
② 변온이 어느 정도 큰 것이 동화물질의 축적이 많아진다.
③ 벼는 평야지보다 산간지에서 등숙이 대체로 좋은 것은 변온이 커서 동화물질축적에 이롭기 때문이다.
④ 일반적으로 작물은 변온이 커야 개화가 촉진되고 화기도 커진다. 반면에 맥류는 변온이 작아야 출수 및 개화를
　　　 촉진한다.

[정답] ①

12. 작물의 요수량에 관한 설명으로 옳은 것은?

① 작물의 건물 1kg을 생산하는 데 소비되는 수분량(g)을 말한다.
② 내건성이 강한 작물이 약한 작물보다 요수량이 더 많다.
③ 호박은 기장에 비해 요수량이 높다.
④ 요수량이 작은 작물은 생육 중 많은 양의 수분을 요구한다.

정답 및 해설

[해설] ① 작물의 건물 1g을 생산하는 데 소비되는 수분량(g)을 말한다.
② 내건성이 약한 작물이 강한 작물보다 요수량이 더 많다.
④ 요수량이 큰 작물은 생육 중 많은 양의 수분을 요구한다.

[정답] ③

13. A손해평가사가 어떤 농가에게 다음과 같은 조언을 하고 있다. 다음 ( )에 들어 갈 내용으로 옳은 것은?

> ○ 농가 : 저희 농가의 딸기가 최근 2℃ 이하에서 생육스트레스를 받았습니다.
> ○ A : 딸기의 (ㄱ)를 잘 이해해야 합니다. 그리고 30℃를 넘지 않도록 관리해야 됩니다.
> ○ 농가 : 그럼, 30℃는 딸기 생육의 (ㄴ)라고 생각해도 되는군요.

① ㄱ: 생육가능온도, ㄴ: 최적적산온도　　② ㄱ: 생육최적온도, ㄴ: 최적한계온도
③ ㄱ: 생육가능온도, ㄴ: 최고한계온도　　④ ㄱ: 생육최적온도, ㄴ: 최고적산온도

[해설] 딸기가 2℃ 이하에서 생육스트레스를 받고(생육최저온도) 또는 30℃(생육최고온도)에서 생육에 지장을 받으므로 이 범위를 생육가능온도라고 할 수 있다.

[정답] ③

14. 작물의 생육적온에 관한 설명으로 옳지 않은 것은?

① 대사작용에 따라 적온이 다르다.
② 발아 후 생육단계별로 적온이 있다.
③ 품종에 따른 차이가 존재한다.
④ 주간과 야간의 적온은 동일하다.

[해설] 주야간 온도 차이를 변온이라고 하는데, 이는 작물 생육에 영향을 준다.
* 변온의 장점 : 발아촉진, 생장, 동화 물질 축적, 개화와 결실을 조장

[정답] ④

15. 공기의 조성성분 중 광합성의 주원료이며 호흡에 의해 발생되는 것은?

① 이산화탄소　　　　　　　② 질소
③ 산소　　　　　　　　　　④ 오존

[해설] 광합성이란 엽록체에서 빛에너지를 이용하여 물과 <u>이산화탄소</u>로부터 유기물의 합성하는 과정을 말한다. 광합성의 주 원료인 이산화탄소는 식물의 생육에 필수적인 성분이다.

[정답] ①

16. A지역에서 2차생장에 의한 벌마늘 피해가 일어났다. 이와 같은 현상이 일어나는 원인이 아닌 것은?

① 겨울철 이상고온
② 2~3월경의 잦은 강우
③ 흐린 날씨에 의한 일조량 감소
④ 흰가루병 조기출현

[해설] 2차 생장(벌마늘)은 분화된 마늘쪽이 다시 자라는 현상이다. 원인으로는 '겨울철 따뜻한 기온, 강수량 증가, 일조량(일장)이 부족할 때, 비닐 멀칭으로 지온상승과 수분증발 억제, 질소질비료 과용, 추비시기가 늦을 때' 등이 있다.

〈 대책 〉
① 적기에 심고 질소질비료를 알맞게 주고 웃거름을 제때에 준다.
② 7.5g 이상 큰 마늘쪽을 심지 않는다.
③ 심을 때 5~6cm 깊이로 야간 깊게 심는다.
④ 배수관리를 철저히 하고 비닐 피복을 제거한다.

[정답] ④

17. 광도가 증가함에 따라 작물의 광합성이 증가하는데 일정 수준 이상에 도달하게 되면 더 이상 증가하지 않는 지점은?

① 광순화점
② 광보상점
③ 광반응점
④ 광포화점

[해설] 광도가 증가함에 따라 작물의 광합성이 증가하는데 일정 수준 이상에 도달하게 되면 더 이상 증가하지 않는 지점을 광포화점이라고 한다.

[정답] ④

18. 식물의 필수 원소 중 엽록소의 구성성분으로 다양한 효소반응에 관여하는 것은?

    ① 아연(Zn)   ② 몰리브덴(Mo)

    ③ 칼슘(Ca)   ④ 마그네슘(Mg)

정답 및 해설

[해설] ④ 마그네슘은 종자 중의 지유 집적을 돕고 인산대사 및 광합성에 관여하는 효소의 활성을 높인다.

[정답] ④

19. 다음 (   )의 내용을 순서대로 옳게 나열한 것은?

광보상점은 광합성에 의한 이산화탄소 (   )과 호흡에 의한 이산화탄소 (   )이 같은 지점이다. 그리고 내음성이 (   ) 작물은 (   ) 작물보다 광보상점이 높다.

    ① 방출량, 흡수량, 약한, 강한   ② 방출량, 흡수량, 강한, 약한

    ③ 흡수량, 방출량, 약한, 강한   ④ 흡수량, 방출량, 강한, 약한

정답 및 해설

[해설] 광보상점은 광합성에 의한 이산화탄소 흡수량과 호흡에 의한 이산화탄소 방출량이 같은 지점이다. 그리고 내음성이 약한 작물은 강한 작물보다 광보상점이 높다.

[정답] ③

20. 작물 외관의 착색에 관한 설명으로 옳지 않은 것은 ?

    ① 작물 재배 시 광이 없을 때에는 에티올린이라는 담황색 색소가 형성되어 황백화현상을 일으킨다.

    ② 엽채류에서는 적색광과 청색광에서 엽록소의 형성이 가장 효과적이다.

    ③ 작물 재배 시 광이 부족하면 엽록소의 형성이 저해된다.

    ④ 과일의 안토시안은 비교적 고온에서 생성이 조장되며 볕이 잘 쬘 때에 착색이 좋아진다.

정답 및 해설

[해설] 안토시안은 저온과 강한 자외선에 의하여 세포에 함유되어 있는 엽록소가 분해되면서 발현된다.

[정답] ④

21. 식물 생육에서 광에 관한 설명으로 옳지 않은 것은?

    ① 광포화점은 상추보다 토마토가 더 높다.

    ② 광보상점은 글록시니아보다 초롱꽃이 더 낮다.

    ③ 광포화점이 낮은 작물은 고온기에 차광을 해주어야 한다.

    ④ 광도가 증가할수록 작물의 광합성량이 비례적으로 계속 증가한다.

정답 및 해설

[해설] ④ 광도가 증가할수록 작물의 광합성량이 비례적으로 증가하지만, 어느 시점에 이르면 광합성량이 증가하지 않는다.

[정답] ④

22. 작물의 생장에 영향을 주는 광질에 관한 내용이다. ( )에 들어갈 내용을 순서대로 옳게 나열한 것은?

가시광선 중에서 (   )은 광합성·광주기성·광발아성 종자의 발아를 주도하는 중요한 광선이다. 근적외선은 식물의 신장을 촉진하여 적색광과 근적외선의 비가 (   ) 절간신장이 촉진되어 초장이 커진다.

    ① 적색광, 작으면   ② 적색광, 크면

    ③ 청색광, 작으면   ④ 청색광, 크면

정답 및 해설

[해설] 광합성등에 관여하는 광선은 적색광이며, 적색광과 근적외선의 비가 작으면 절간신장이 촉진되어 초장이 커진다.

[정답] ①

23. 토양의 생화학적 환경에 관한 내용이다. ( )에 들어갈 내용으로 옳은 것은?

높은 강우 또는 관수량의 토양에서는 용탈작용으로 토양의 (ㄱ)가 촉진되고, 이 토양에서는 아연과 망간의 흡수율이 (ㄴ)진다. 반면, 탄질비가 높은 유기물 토양에서는 미생물 밀도가 높아져 부숙 시 토양 질소함량이 (ㄷ)하게 된다.

① ㄱ: 산성화, ㄴ: 높아, ㄷ: 감소　　② ㄱ: 염기화, ㄴ: 낮아, ㄷ: 증가
③ ㄱ: 염기화, ㄴ: 높아, ㄷ: 감소　　④ ㄱ: 산성화, ㄴ: 낮아, ㄷ: 증가

[해설] 토양에서의 용탈작용으로 산성화가 일어난다. 산성토양에서는 칼슘, 칼륨, 마그네슘, 붕소 등의 염기가 씻겨 내려 작물에 결핍증상이 나타난다.

[정답] ①

24. 다음 빈칸에 들어갈 내용으로 알맞게 묶인 것은 무엇인가?

다량원소 : (㉠)	미량원소 : (㉡)

① ㉠ Mg　㉡ Mn　　② ㉠ Mo　㉡ Zn
③ ㉠ Ca　㉡ N　　④ ㉠ K　㉡ Co

[해설] ㉠ 다량원소 : C, H, O, Ca, K, P, N, Mg, S
㉡ 미량원소 : Fe, Cu, Mn, Zn, B, Cl, Mo

[정답] ①

25. 작물재배에 있어서 질소(N)에 관한 설명으로 옳은 것은?

① 벼과작물에 비해 콩과작물은 질소 시비량을 늘여주는 것이 좋다.
② 질산이온(NO_3^-)으로 식물에 흡수된다.
③ 결핍증상은 노엽(老葉)보다 유엽(幼葉)에서 먼저 나타난다.
④ 암모니아태 질소비료는 석회와 함께 시용하는 것이 효과적이다.

[해설] ① 콩과작물은 질소 고정균이 있기 때문에 질소 시비량을 늘이지 않는 것이 좋다.
③ 질소의 결핍증상은 노엽에서 먼저 나타난다.
④ 석회는 알카리성비료로 질소와 함께 뿌리면 토양 중에서 질소비료가 녹아서 암모 늄이온으로 변하고 암모늄이온이 석회와 만나면 암모니아가스로 변하여 공중으로 날아가게 된다.
　따라서 석회와 질소를 동시에 사용하려면 먼저 석회비료를 사용하여 깊이갈이를 한 뒤 2주정도 지난 후에 질소비료를 사용하는 것이 안전하다. 석회비료를 인산과 섞어 뿌리면 효과가 더 좋아진다.

[정답] ②

제3장 재배 기술

---

01 | 종자와 육묘

(1) 종자와 종묘

① "종자"란 증식용 또는 재배용으로 쓰이는 씨앗, 버섯 종균(種菌), 묘목(苗木), 포자(胞子) 또는 영양체(營養體)인 잎·줄기·뿌리 등을 말한다.

② 종자는 식물의 생활사에서 종자는 휴면상태(休眠狀態)에 해당되며, 그 속에 들어 있는 배(胚)는 어린 식물로 자라서 새로운 세대로 연결된다.

③ "묘(苗)"란 재배용으로 쓰이는 씨앗을 뿌려 발아시킨 어린식물체와 그 어린식물체를 서로 접목(接木)시킨 어린식물체를 말한다.

④ 종묘를 경지에 뿌리거나 심은 후 발아를 출발점으로 해서 수확에 이르기까지의 경과를 작물의 일생이라고도 한다.

(2) 종자의 구조

① 성숙한 종자는 배와 배젖 및 바깥에 있는 종피로 구성되어 있다.

② 종자에는 배젖[胚乳]이 있는 유배유종자(有胚乳種子)와 배젖이 발달하지 않은 무배유종자(無胚乳種子)가 있다.

③ 종피는 종자를 둘러싸서 보호한다.

④ 배젖은 배낭의 중심핵에서 형성되며 영양물질을 저장하고 있으나 무배유종자에서는 떡잎이 영양물질을 함유하고 있다. 종자는 그 저장물질에 따라서 녹말을 주영양물질로 저장하는 녹말종자(벼, 옥수수), 지방을 주로 저장하는 지방종자(유채, 아주까리, 참깨)가 있다.

⑤ 종자는 성숙과 더불어 휴면상태에 들어가며 건조에 잘 견디는 것이 보통인데, 수분·온도·산소 조건이 적당하면 발아하여 새로운 식물체로 자라게 된다.

⑥ 종자생산 양식에 따라 생육기간 중에 1회 종자를 만드는 것, 여러 번 종자를 만드는 것이 있다.

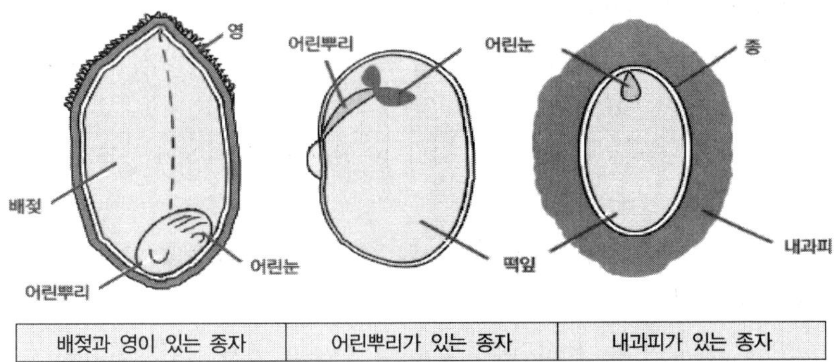

종자의 구조

- 배(씨눈) : 잎, 줄기, 생장점, 뿌리 등의 원기를 배에 간작한다.
- 배유(씨젖)
  - 발아에 필요한 양분으로 종자가 발아 후 독립적 생활을 할 때까지 영양분을 공급
  - 배유가 없는 종자는 떡잎이 발달하여 배유역활을 함 (콩, 팥)
- 종피(씨껍질)
  - 종자를 보호하며 종실의 빛깔, 모양에 따라 다양
  - 각종효소와 영양소를 보유하고 발아 촉진 또는 억제시키는 물질을 보유

(3) 종자의 품질

① 외적요인

　㉠ 순도 : 잡초, 종자, 돌, 이형종자 등이 섞이지 않아야 한다.

　㉡ 크기와 중량 : 1,000립 중 또는 100립 중으로 표시한다.

　㉢ 빛깔과 냄새 : 품종고유의 빛깔과 향기가 있어야 한다.

　㉣ 수분함량 : 종자내 수분이 많으면 변질,부패의 원인이 된다.

　㉤ 건전도 : 기계적 손상이 없고, 오염, 변색, 변질이 없어야 한다.

② 내적요인

　㉠ 유전성 : 고유품종의 특성을 고르게 지녀야 한다.

　㉡ 발아력 : 발아율이 높고 우수해야 좋은 종자이다.

(4) 종자의 형태상의 분류

① 식물학상의 종자 : 두류, 유채, 담배, 아마, 목화, 참깨, 배추, 무, 오이, 수박, 고추 등

⑥ 대안
　　㉠ 사전대책
　　　• 위험강우기에는 질소 과용을 피하고 추비를 하지 말아야 함
　　　• 경지 정리를 적극 추진해 배수 및 관개를 합리적으로 조절해야 함
　　　• 상습 수해 지역에서는 작물의 품종과 종류 선택에 유의해야 함
　　㉡ 관수 중 대책
　　　• 수수 및 옥수수 등 초장이 큰 작물은 결속해서 도복을 방지함
　　　• 퇴수 시 흙 앙금을 최대한 제거함
　　　• 조기 배수로써 관수 시간을 단축함
　　㉢ 사후대책
　　　• 수해가 심해 수량 확보가 어렵다고 판단되면 대파, 개식, 보식, 추파 등을 고려함
　　　• 관수 후 작물이 생리적으로 매우 약해져 병충해 발생이 쉽게 일어나므로 적절히
　　　　방제함
　　　• 표토가 유실된 포장에는 새 뿌리가 발생한 후 추비를 시여해 영양 상태를 회복
　　　　시킴

(7) 습해(濕害)

① 습해의 개념 및 발생
　　㉠ 습해란 토양이 과습하여 생기는 피해로 주로 수량이 저하되고 작물의 생장이 쇠퇴
　　　하게 됨
　　㉡ 침수지대의 채소나 습한 논의 답리작맥류 등에서 흔히 발생함
　　㉢ 작물의 경우 뿌리의 호흡작용이 저해되면 지하부의 생리활동이 저하돼 수확량이
　　　감소하고 뿌리의 세포분열 및 생장이 쇠퇴되며 수분 및 무기양분의 흡수도 저하됨
　　㉣ 토양 중 수분이 너무 많게 되면 식물에 대한 수분 자체의 영향보다 토양 속의 산소
　　　부족으로 인해 발생되는 뿌리의 호흡작용을 저해하는 영향이 더 큼
② 작물의 내습성
　　㉠ 내습성이 크면 과습 상태에서 지표 부근에 부정근이 많이 발생하게 됨. 특히 벼의
　　　경우 한여름에 수온이 높으면 유기물 분해가 촉진돼 토양환원이 심하게 일어나고
　　　용존산소 농도가 낮아짐.
　　㉡ 뿌리가 산소 부족의 피해를 입어도 발근력이 크면 습해를 줄일 수 있음
　　㉢ 내습성이 약한 작물은 토양 중 산소가 부족할 경우 뿌리가 무기호흡을 하고 이로
　　　인해 에탄올이 발생해 장해를 입음

② 종자가 과실인 작물

　　㉠ 과실이 나출(속에 있는 것이 겉으로 드러남)된 것 : 밀, 쌀보리, 옥수수, 메밀, 호프, 삼, 차조기, 박하 등

　　㉡ 과실이 영(벼과식물의 잔 이삭 밑 부분에 쌍을 이룬 소형의 포엽)에 싸여 있는 것 : 벼, 겉보리, 귀리 등

　　㉢ 과실이 내과피에 쌓여 있는 것 : 복숭아, 자두, 앵두 등

③ 배유의 유무에 의한 분류

　　㉠ 배유종자 : 벼, 보리, 옥수수 등의 화본과 종자 - 단자엽식물

　　㉡ 무배유종자 : 콩, 팥 등의 두과 종자 – 쌍자엽식물

형태에 따른 영양번식 기관과 작물

- 덩이줄기(괴경) : 토란, 감자 등
- 구슬줄기(구경) : 프리지어, 글라디올러스 등
- 뿌리줄기(근경) : 연근(연꽃), 칸나, 둥굴레 등
- 비늘줄기(인경) : 튤립, 백합(나리), 쪽파, 마늘, 양파 등
- 덩이뿌리(괴근) : 달리아, 고구마 등

(5) 호광성종자와 혐광성종자 ★

① 호광성 종자

　　㉠ 광선에 의해 발아가 조장되며 암흑에서는 전혀 발아하지 않거나 발아가 몹시 불량한 종자이다.

　　㉡ 담배, 상추, 우엉, 차조기, 금어초, 베고니아, 뽕나무, 피튜니아, 버뮤다그래스, 갓, 셀러리 등

　　㉢ 복토를 얕게하거나 거의 하지 않는다.

② 혐광성(암발아) 종자

　　㉠ 광선이 있으면 발아가 저해되고 암중에서 잘 발아하는 종자이다.

　　㉡ 토마토, 가지, 오이, 파, 양파, 수세미, 수박, 호박, 무 등

　　㉢ 복토를 약간 깊게 한다.

③ 광무종자 : 벼, 옥수수, 콩과 등

(6) 발아, 출아, 맹아, 침종

① **발아** : 종자에서 유아나 유근이 출현하는 것
② **출아** : 토양 파종시 발아한 새싹이 지상으로 출현하는 것
③ **맹아** : 뽕나무, 아카시아 등 목본류에서 지상부 눈이 벌어져 새싹이 움트거나 지하부 새싹이 지상부로 나오는 것, 또는 새싹 자체
④ **발아과정** : 수분흡수 → 효소활성화 → 배의신장 → 종피파괴 → 유아, 유근의 출현
⑤ **침종** : 파종하기 전 종자를 일정기간 물에 담가 발아에 필요로 하는 수분을 흡수하는 것으로 주로 수목의 종자, 시금치, 가지, 벼 등에서 실시

(7) 종자의 휴면(dormancy)

① **휴면**
  ㉠ 작물이 일시적으로 생장활동을 멈추는 생리현상을 말한다.
  ㉡ 성숙한 종자에 적당한 발아조건을 두어도 일정기간 동안 발아하지 않을 때에 이 종자는 휴면을 하고 있다고 한다. 따라서 휴면은 생육의 일시적인 정지상태라고 볼 수 있다.
  ㉢ 자발휴면(dormancy or innate dormancy) : 외적 조건이 생육에 부적당하지 않을 때에도 내적 원인에 의해서 유발되는 진정한 휴면이다.
  ㉣ 타발적 휴면(quiescence or exogeneous dormancy): 발아력을 가진 종자라도 외적 조건이 부적당하기 때문에 유발되는 휴면이다.

② **휴면의 원인**
  ㉠ 경실(hard seed) : 종피가 수분의 투과를 저해하기 때문에 장기간 발아하지 않는 종자를 경실이라고 한다. 자운영, 고구마, 연 등은 경실이다.
  ㉡ 종피의 산소흡수 저해(불투기성) : 보리, 귀리 등에서는 종피의 불투기성 때문에 발아하지 못하고 휴면한다.
  ㉢ 종피의 기계적 저항 : 잡초종자에서는 종피가 기계적 저항을 갖기 때문에 배의 팽대가 억제되어 종자가 함수상태로 휴면하는 것이 있다.
  ㉣ 배의 미숙 : 장미과 식물에서는 종자가 모주를 이탈할 때 배가 미숙상태여서 발아하지 못한다. 수주일 또는 수개월 경과하면 배가 완전히 발육하고 생리적 변화를 완성하여 발아할 수 있게 되는데, 이 과정을 후숙(after ripening)이라 한다.
  ㉤ 발아억제물질의 존재 : 순무종자의 과피에는 발아억제물질이 존재하기 때문에 휴면의 원인이 된다고 한다. 이 물질을 제거하면 발아하게 된다.
  ㉥ 종피의 불투수성 : 수분

(8) 휴면 타파법★

① 화학적 휴면 타파법

㉠ 생장조절제에 의한 방법

- 질산염 : 목초와 화본에서 발아를 촉진시키며 벼 종자에도 좋음
- 에스렐 수용액 및 시토키닌 : 땅콩 및 양상추 등의 발아를 촉진시킴
- 지베렐린 수용액 : 담배나 양상추 등 호광성 종자를 담가 파종하면 발아가 촉진됨

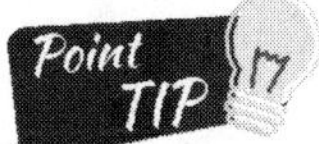

과수재배 시 생장조절물질

- 지베렐린 - 포도의 숙기촉진과 과실비대에 이용
- 루톤분제 - 대목용 삽목 번식 시 발근 촉진
- 아브시스산 - 휴면 유도
- 에틸렌 - 과일의 숙성 촉진과 낙과(과일이 떨어지는 현상)를 유도

㉡ 화학약품에 의한 방법

- 과산화수소나 알코올, 수산화나트륨, 염산 등이 사용됨
- 목초나 화본 종자는 질산염 0.1~0.2% 수용액에 처리하면 발아가 촉진됨
- 목화 종자처럼 털이 많거나 오크라 종자처럼 껍질이 단단한 종자는 진한 황산에 잠깐 담갔다가 껍질의 털이나 껍질 일부를 제거하고 물에 씻어 파종

② 물리적 휴면 타파법

㉠ 침지 및 수세에 의한 방법 : 우엉이나 당근처럼 씨 껍질에 발아억제 물질이 있을 때에는 종자를 물에 씻어 파종하면 발아가 잘 됨. 특히 큰 종자는 4~5일, 작은 종자는 1~1.5일 물에 담근 후 파종하면 발아를 균일하게 할 수도 있고 발아율도 높일 수 있음

㉡ 온도 처리에 의한 방법 : 야자류처럼 껍질이 단단해 발아가 어려울 경우 75~80℃의 온탕에 담근 후 파종하고 알팔파나 상추·장미 종자는 저온 처리를 하면 휴면이 타파됨

㉢ 기계적 처리에 의한 방법 : 고구마 종자는 씨눈의 반대쪽에 상처를 만들어 파종하기도 하고 핵과류의 경우 핵층을 파괴해 수분 흡수를 돕고 발아를 균일하게 함. 또한 껍질이 두꺼우면서 작은 종자는 모래와 마찰시켜 껍질에 기계적인 상처를 내기도 함

③ 종자의 휴면 타파법

㉠ 종피 파상법 : 경실의 발아촉진을 위하여 종피에 상처를 내는 방법이다. 자운영

등의 경립종자는 모래와 섞어 절구에 가볍게 찧어서 상처를 내고, 고구마의 종자
는 손톱깎기를 이용한다.

   ⓛ 황산처리 : 경실종자를 황산에 일정 시간 처리하여 종피의 표면을 침식시킨 다음
물에 씻어서 파종한다.

   ⓒ 후숙 : 종자의 배 휴면이나 종피 휴면의 정도가 가벼울 경우에 종자를 건조한 상태
에서 보관하면 휴면상태를 제거 할 수 있으며, 이러한 처리를 후숙이라고 한다.

(9) 육묘의 이점 ★

작물재배나 나무를 번식시키는 데 이용되는 뿌리가 있는 어린 식물을 기르는 것을 말한다.

① 모는 어린 식물이므로 외계의 영향, 특히 기온의 변화 또는 병충해에 대한 저항력이
약하다. 이 시기에 모판에서 정밀한 관리와 더불어 집약적인 보호가 가능하다.
② 파종 적기에 앞그루가 경지에 서 있으면 토지를 이용할 수 없으나 육묘이식재배를
하면 토지의 이용도를 제고하게 된다.
③ 과채류에 있어서는 조기육묘이식으로 수확기가 극히 빨라진다.
④ 과채류·콩 등의 경우 소출이 증대된다.
⑤ 종자의 절약을 기할 수 있다. 노동력이 절감되는 경우도 있다.
⑥ 벼에서는 못자리기간 동안의 본논 용수가 절약된다.
⑦ 직파가 불리한 딸기, 고구마 등의 재배에 유리하다.
⑧ 단위면적당 생산량을 증가시킬 수 있다.

(10) 육묘의 방식

① 온상육묘 : 저온기에 인공적인 가온과 태양열을 최대한 이용하는 묘상으로 이른 봄의
육묘에 이용하며, 가온수단은 양열, 전열, 온수보일러 등이다.
② 보온육묘 : 인공적인 가온 없이 태양열만을 이용하는 육묘방식으로 냉상육묘라고도
한다. 보온을 위주로 낮에는 축열하고 밤에는 보온을 철저히 하여야 하며 봄에 늦게
육묘할 때가 가식상으로 쓰인다.
③ 노지육묘 : 기온이 높을 때 노지에서 육묘하는 방식으로 통풍, 관수, 약제살포에 유의
하여야 한다.
④ 공정육묘(플러그육묘) : 육묘의 생력화, 효율화를 목적으로 상토의 조제, 종자파종,
물주기 등 관련된 여러 작업을 자동화된 생산시설에서 품질이 균일한 규격묘를 연중
생산하는 것을 말한다.

공정육묘 ★

- 식물 공장의 개념을 육묘에 이용한 구조
- 육묘작업을 체계화, 일관성 있게 유지
- 모종을 공장식으로 생산하는 시스템, 플러그묘 또는 공정묘
- 생산시기 조정가능
- 육묘의 생력화와 규격묘 생산

② 특수육묘

　㉠ 접목육묘 : 토양전염병인 덩굴쪼김병을 예방하고, 양수분의 흡수력을 증대시키며, 저온신장성을 강화시키고, 이식성을 향상시키기 위해 실시하며 오이, 토마토, 수박, 멜론 등에 쓰인다.

　㉡ 삽목육묘 : 박과채소에서 발아 후에 배축을 절단하여 삽목하고 부정근을 발생시켜 육묘하는 방법으로 도장한 모를 활용할 수 있고, 뿌리가 굵고 튼튼한 모를 얻을 수 있다.

　㉢ 양액육묘 : 작물의 생육에 필요한 모든 영양소를 지닌 배양액을 이용하여 모종을 가꾸는 방법이다.

(11) 묘상의 관리와 정식

① 재래식

　㉠ 온도와 광 : 작물별 발아 적정 유지, 필요시 일장 조절

　㉡ 환기와 관수 : 온도·습도 조절, 11~14시 관수, 야간에 건조한 상태 유지

　㉢ 가식(假植) : 생육 공간 확보, 도장 억제, 측지 발생이 많아지고 이식성이 커지며, 균일한 묘 생산이 가능

　㉣ 자리바꿈과 단근(斷根) : 지나친 뿌리발달로 인해 정식 시 받게 되는 스트레스 극복

　㉤ 묘의 경화(硬化) : 묘상에서 외부 환경을 미리 경험해 묘를 굳히는 것(hardening)

② 공정식

　㉠ 생육조절 : 수분·양분 조절, 생장조절제, 물리적 자극, DIF, 광조절

　㉡ 육묘배지(상토) : pH 5.5~6.2 정도이고, 염기치환 용량이 커야 함

　㉢ 육묘기간 중 물리성과 화학성이 일정하게 유지되어야 함

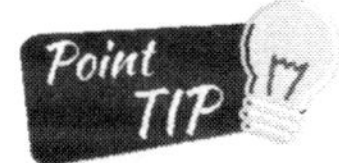

육묘용 상토에 이용하는 재료 ★

- 버미큘라이트(vermiculite) : 질석이라도 하며 운모질 광물을 가열 팽창시켜 만든다.
- 피트모스(peatmoss) : 수생 식물이나 습지 식물의 잔재가 연못 등에 퇴적되어 나온 흑갈색의 단립성 토양이다. (유기물 재료)
- 펄라이트(perlite) : 진주암을 가열 팽창시켜 만든다.
- 제올라이트(zeolite) : 나트륨, 알루미늄이 든 규산염 수화물이다.

02 | 재배작업 및 재배관리

(1) 경운(耕耘)

① 개념
  - ㉠ 작물을 재배하기 위해 인축, 경운기, 트랙터, 관리기 등으로 땅갈이를 하는 작업을 말한다.
  - ㉡ 토양을 갈고 흙덩이를 잘게 부수며 지표면을 평평하게 하는 작업을 말한다.

② 경운의 깊이
  - ㉠ 보통 경운기로 12cm이내 경운하지만 트렉터를 이용하여 15~20cm깊이로 심경하고 작토층을 넓혀주는 것이 좋다.
  - ㉡ 누수가 심한 사력질토나 만식재배의 경우는 심경이 오히려 불리하다.

③ 경운의 시기
  - ㉠ 작물의 수확이후 가을갈이와 이른 봄에 경운을 하는 춘경이 있다.
  - ㉡ 가을갈이(추경) : 토양해충 피해를 줄이고 유기물의 부숙을 촉진시키는 장점이 있으나, 장기적으로 토양 내 유익한 미생물이나 양분의 소실 우려도 있다.
  - ㉢ 봄갈이(춘경) : 토양의 건조를 막고 작물의 발아에 유리한 조건을 제공한다.

④ 경운의 효과
  - ㉠ 토양의 물리성을 개선한다.
  - ㉡ 파종이나 이식 작업이 용이하도록 한다.
  - ㉢ 과습토양의 토양표면을 넓혀서 조절하는 효과가 있다. (토양수분 조절이 용이)
  - ㉣ 잡초발생을 억제한다.
  - ㉤ 해충발생을 억제시킨다.

     ⓑ 비료, 농약의 사용효과가 커진다.

(2) 정지(整地)

① 씨를 뿌리거나 모종을 심기 전 알맞은 토양상태를 조성하기 위해 토양에 하는 작업을 말한다.

② 경운이 끝난 농지를 작물재배에 용이하게 흙을 잘게 부수고 평평하게 고르게 작업한다.

③ 경기는 흙을 갈아 일으켜 큰 덩어리를 대강 부수는 작업을 말한다.

④ 쇄토는 경기된 큰 덩어리를 잘게, 알맞게 부수는 작업이다.

⑤ 진압은 씨를 뿌린 후 롤러 등의 기계로 눌러 토양이 수분을 쉽게 머금을 수 있도록 하는 것이다.

(3) 파종의 개요

① 작물의 번식에 쓰이는 씨앗을 심는 것을 넓은 뜻에서 파종이라고 하지만, 대체로는 종자나 이와 비슷한 씨앗을 뿌려 심는 것을 의미한다.

② 영양기관 등을 번식용으로 쓰는 경우에는 재식(栽植)·정식(定植)·삽식(揷植) 등으로 부르고, 볍씨를 물못자리에 파종하는 것은 낙종(落種)이라고도 한다.

③ 파종시기는 작물의 종류와 품종에 따라 적당한 시기가 있으며, 그 시기도 각 지방에 따라 다르다.

④ 파종적기는 기온·습도·햇빛 등이 씨의 발아에 알맞고 자라는 동안에도 생육조건이 알맞은 시기를 말한다.

⑤ 파종량은 작물의 종류·품종·기후·토질·파종시비량·재배목적 등에 따라 다르다.

⑥ 파종절차는 파종 전 정지(整地)와 씨뿌릴 흙 간토(間土: 비료가 중복되지 않도록 약간 흙을 덮는 작업)를 한 후에 복토(覆土: 씨를 뿌리고 나서 다시 흙을 덮어주는 작업)를 한다.

(4) 파종방법 ★

① 산파(散播, 흩어뿌리기)

    ㉠ 개간지 또는 메마른 땅에 조·메밀·귀리 등을 파종할 때 포장 전면에 종자를 흩어 뿌리는 방법이다.

    ㉡ 초기 생육이 늦은 맥류, 종자가 소립인 목초류 등의 높은 파종밀도를 확보하기 위해 이용된다.

② 조파(條播)

　　㉠ 정지작업을 할 때 일정 간격의 뿌림골을 만들고 뿌림골을 따라 종자를 고루 파종 하는 방법이다.

　　㉡ 맥류, 잡곡, 감근, 순무 등 평면공간을 많이 차지하지 않는 작물에서 많이 이용된다.

　　㉢ 종자량이 산파보다 적게 들며, 골 사이가 일정 간격으로 비어 있어 수분과 양분의 공급이 좋고, 통풍과 통광도 좋아서 생육이 고르며 수량과 품질에도 좋은 영향을 끼친다. 관리 작업도 편리하다.

③ 점파(點播)

　　㉠ 일정한 간격을 두고 하나 내지 여러 개의 종자를 한 곳에 파종하는 방법이다.

　　㉡ 종자량이 적게 들고 통풍과 통광이 좋으며, 작물 개체 간의 공간거리가 균일하여 생육이 좋다.

　　㉢ 일반적으로 종자가 크고, 경엽이 잘 번성하고, 키가 큰 작물에 적용된다. 예) 옥수수, 감자, 무, 수박 등

④ 적파(摘播)

　　㉠ 점파와 비슷한 방법으로 한 곳에 여러 개의 종자를 파종한다.

　　㉡ 산파나 조파에 비해 노력이 많이 든다.

　　㉢ 수분, 비료, 광, 통풍 등의 생육환경 조건이 좋아지므로 건실하게 생육한다.

　　㉣ 개체가 명확으로 좁게 퍼지는 작물 재배 시 사용하는 방식이다.

⑤ 세조파(드릴파)

　　이랑을 조파보다 보다 좁게 하여 파종하는 방법으로 밭이나 논에서 보리나 목초를 기계로 파종할 때 이용된다.

(5) 작휴법

① 이랑의 방향, 높이, 너비 따위를 농작물 종류의 생육 환경에 알맞게 정하여 만드는 방법이다.

② 작휴법은 작물의 종류, 기상조건 및 토양조건에 따라 다르다.

③ 높은 이랑을 만들 때에는 이랑과 같은 방향으로 작물 파종 고랑을 만드는 것이 보통이지만 때로는 그 위에 이랑과 직각이 되게 만들어 파종 하는 경우도 있다.

④ 이랑의 방향, 높이, 너비 따위를 농작물 종류의 생육 환경에 알맞게 정하여 만드는 방법. 평휴법, 성휴법, 휴립 구파법, 휴립 휴파법 따위가 있다.

(6) 작휴법의 종류★

① **평휴법** : 이랑과 고랑의 높이를 같게 하는 방식이다. 건조해와 습해가 동시에 완화되며, 채소·밭벼 등에서 실시되고 있다.

② **휴립규파법** : 이랑을 세우고 낮은 골에 파종하는 방식이다. 일반적으로 중·북부지방의 맥류재배에서 한해(旱害)와 동해를 방지할 목적으로 감자에서는 발아를 촉진하고 배토가 용이하다.

③ **휴립휴파법** : 이랑을 세우고 이랑 위에 파종하는 방식. 토양배수와 통기가 좋아진다. 조·콩 등은 이랑을 비교적 낮게 세우고, 고구마는 이랑을 높게 세운다.

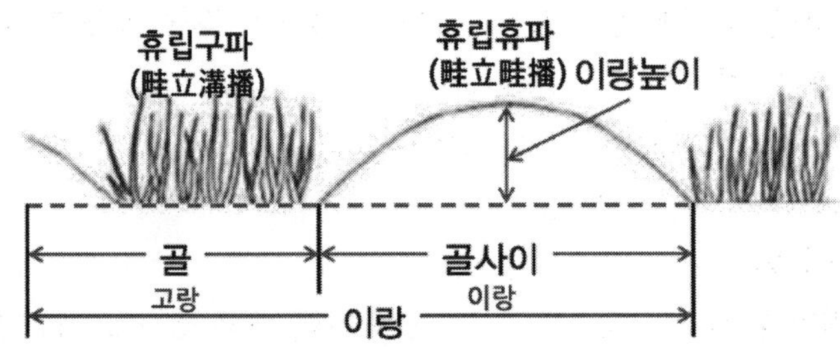

[휴립구파법 & 휴립휴파법]

④ **성휴법**

　㉠ 이랑을 보통보다 넓고 크게 만드는 방법이다.

　㉡ 파종이 편리하고 생육 초기의 건조해와 장마철의 습해를 막을 수 있다.

　㉢ 맥류의 답리작재배에 있어서도 같은 모양의 이랑을 만들고, 이랑 위에 산파한다.

(7) 이식(移植)

① 작물에 따라 직접 경지에 파종하지 않고 육묘하여 다른 곳으로 옮겨 심는 것이다.

② **이식의 종류**

　㉠ 가식(假植) : 모를 길러 본포에 정식하기 전 일정기간 보관하거나, 신근 발생을 촉진시키기 위해 심는 것이다. (* 가식의 효과 : 활착 증진, 묘상 절약, 재해의 방지)

　㉡ 정식 : 수확할 때까지 그대로 둘 포장에 옮겨 심는 것을 말한다.

　㉢ 이앙 : 벼 재배에서는 이식을 이앙(移秧)이라 하는데, 최근에는 대부분 기계이앙이다

③ **이식이 재배에 유리한 경우의 효과★**

　㉠ 이식은 보온 육묘를 전제로 하는 경우가 많아서 생육기간의 연장으로 증수를 기대할 수 있고, 초기 생육의 촉진으로 수확기를 촉진하여 경제적으로 유리하다.

　㉡ 앞그루가 있을 경우 묘상에서 육묘하여 이식하므로 경지이용도를 높일 수 있다.

ⓒ 채소는 이식에 의해 경엽의 번무 도장을 억제하고, 숙기를 빠르게 하며, 양배추·상추의 경우에는 결구를 좋게 한다.

ⓔ 육묘 중 가식하면 단근으로, 신근의 발생이 왕성하여 근군이 충실해지므로, 정식 후 활착과 초기 생육이 촉진된다.

(8) 배토(培土)★

① 개념

작물의 생육기간 중에 이랑이나 포기 사이의 흙을 포기 밑으로 긁어 모아주는 것을 말한다.

② 효과

ⓐ 맥류, 옥수수, 담배 등은 도복을 방지하기 위하여 출수 전에 배토한다.

ⓑ 밭벼, 맥류 등은 유효분얼종지기에 배토를 하면 무효분얼을 방지하여 증수효과가 있다.

ⓒ 파, 샐러리 등의 채소는 배토에 의해 연백(軟白)을 크게 하고, 감자에서는 덩이줄기의 비대를 조장한다.

ⓔ 사람이 식용을 목적으로 식물 줄기 따위를 연하고 하얗게 만드는 것이다. 빛을 차단하면 엽록소가 발달하지 않아 하얗고 연하게 자란다.

ⓜ 배토는 제초를 겸하게 되고 포장의 배수효과를 좋게 한다.

③ 시기와 방법

ⓐ 배토 시기 : 중경제초를 겸해서 1회 실시한다. 또한 연백화를 목적으로 할 때에는 작물의 생육에 따라 여러 차례에 걸쳐 실시한다.

ⓑ 보통 생육 후기에 실시하게 되므로 단근의 악영향에 주의해야 한다. 배토는 호미, 괭이를 사용하거나 트랙터를 이용해 배토할 때에는 컬티베이터에 배토판을 달아 하거나 특수한 배토기를 이용하기도 한다.

ⓒ 배토의 높이 : 맥류의 경우 7~10cm, 감자의 경우 9~12cm가 적당하다.

(9) 멀칭(mulching)의 개념과 효과

① 개념

ⓐ 멀칭이란 어떤 특정한 재료를 사용해 토양을 피복하거나 보호해 식물의 생육을 돕는 작업이다.

ⓑ 멀칭에 주로 사용되는 재료로는 수피(樹皮), 낙엽, 볏짚, 콩깍지나 땅콩깍지, 풀 및 제재소에서 나오는 부산물 등 여러 가지가 있다.

② 효과★

  ㉠ 토양수분 유지 : 지표면에서의 증발이 억제되며 아울러 토양수분의 요구도가 매우 높은 잡초의 발생을 억제시킴으로써 수분의 유실을 방지할 수 있다.

  ㉡ 토양침식과 수분의 손실을 방지 : 멀칭은 빗방울이나 관수 등으로부터의 충격을 완화시켜 주며, 수분의 이동속도를 느리게 해줌으로써 수분이 토양 내로 충분하게 침투할 수 있도록 해 준다.

  ㉢ 토양의 비옥도 증진 : 멀칭재료가 썩을 때 유기물의 함량이 증대됨으로써 토양의 비옥도를 증진시킨다. 또한 멀칭을 한 토양의 경우 미생물이 생육하기에 양호한 상태를 조성해 양분의 이용성을 높인다.

  ㉣ 잡초의 발생이 억제 : 잡초종자의 발아가 억제되며 광도의 부족으로 인해 정상적인 생육이 어렵게 된다.

  ㉤ 토양구조 개선 : 지표면에 멀칭을 할 경우 이것이 부식돼 유기물화 되기 때문에 공급량이 증가해 통기성이 양호해지며, 토양온도 및 토양습도가 높아져 근계의 발달에 좋다.

  ㉥ 토양이 굳어짐을 방지 : 관수 또는 통행시 발생가능한 토양의 굳어짐을 줄일 수 있으며, 아울러 통기성을 양호하게 유지한다.

  ㉦ 토양온도를 조절 : 여름에는 토양온도를 낮춰주며 겨울에는 보온작용을 통해 지표면의 온도를 높여주는 역할을 한다.

(10) 재배양식의 종류

① **조기재배(早期栽培)** : 조생종을 육묘하여 일찍 심어 일찍 수확이 목적이다. 감온성 품종을 보온육묘하는 중남부 및 산간고랭지 재배형이다.

② **조식재배(早植栽培)** : 평야지 1모작지대의 주된 재배형이다. 중생종이나 만생종인 다수성 품종을 일찍 파종·이식하여 작물의 영양 생장 기간을 연장함으로써 다수확을 꾀하는 재배법이다.

③ **만기재배(晚期栽培)** : 주로 중·남부 평야지대에서 생육기간이 비교적 짧은 감자, 채소 등의 뒷그루로 늦게 이양하는 재배형이다. 감온성과 감광성이 모두 둔한 품종을 선택해야 하며, 모내기 한계기는 6월 하순~7월 상순이다.

④ **만식재배(晚植栽培)** : 적기에 파종하여 기른 모를 물부족 또는 앞그루의 수확이 늦어 늦게 모내기하는 재배형이다.

제3장 핵심기출문제

1. 정식기에 어린 묘를 외부환경에 미리 적응시켜 순화시키는 과정은?

① 경화   ② 왜화

③ 이화   ④ 동화

[해설] 경화 : 종자나 작물이 건조 · 고온 · 저온 등의 환경에서 내건성 · 내염성 · 내동성 등을 높이기 위해 실시하는 것

[정답] ①

2. 종자나 눈이 휴면에 들어가면서 증가하는 식물 호르몬은?

① 옥신(auxin)   ② 시토키닌(cytokinin)

③ 지베렐린(gibberellin)   ④ 아브시스산(abscisic acid)

[해설] ①, ②, ③ 옥신, 시토키닌, 지베렐린은 모두 과실이 생장하는 데 있어 비대나 세포분열을 촉진시키는 식물호르몬에 해당함

※ 아브시스산의 작용
① 잎의 노화 및 낙엽 촉진한다.
② 휴면을 유도한다.
③ 종자의 휴면을 연장하여 발아를 억제한다.
④ 단일식물을 장일조건에서 화성을 유도하는 효과가 있다.
⑤ ABA 증가로 기공이 닫혀 위조저항성이 증진된다.
⑥ 목본식물의 경우 내한성이 증진된다.

[정답] ④

3. 육묘용 상토에 이용하는 경량 혼합 상토 중 유기물 재료는?

① 버미큘라이트(vermiculite) ② 피트모스(peatmoss)

③ 펄라이트(perlite) ④ 제올라이트(zeolite)

정답 및 해설

[해설] ※ 육묘용 상토에 이용하는 경량 혼합 상토의 종류
- 무기물 재료 : 마사토, 소성점토, 모래, 제올라이트, 버마큘라이트, 펄라이트 등
- 유기물 재료 : 피트모스, 가축분, 왕겨, 부엽, 코코넛 섬유, 나무껍질 등

[정답] ②

4. 작물을 육묘한 후 이식 재배하여 얻을 수 있는 효과를 <u>모두</u> 고른 것은?

ㄱ. 수량 증대 ㄴ. 토지 이용률 증대 ㄷ. 뿌리 활착 증진

① ㄱ, ㄴ ② ㄱ, ㄷ

③ ㄴ, ㄷ ④ ㄱ, ㄴ, ㄷ

정답 및 해설

[해설] ※ 작물을 육묘한 후 이식 재배하여 얻을 수 있는 효과
- 수량 증대 및 생육 촉진 : 생육이 촉진되어 수확이 빨라지고 이에 경제적으로 유리해짐. 또한 생육 기간이 길어지면서 작물의 발육이 커지고 수량 증대가 가능해짐
- 토지 이용률 증대 : 기존 전 작물이 있어도 묘상을 통해 모를 양성해 전 작물 사이나 전 작물을 수확한 후에 정식함으로써 경영을 할 수 있음
- 뿌리 활착 증진 : 육묘 과정에서 가식은 정식 시 뿌리 활착을 증진시키는 효과를 가짐
- 숙기 단축 : 채소의 이식은 숙기를 빠르게 하고 양배추나 상추 등의 결구를 증가시킴

[정답] ④

5. 채소 육묘에 관한 설명으로 옳은 것을 모두 고른 것은?

ㄱ. 직파에 비해 종자가 절약된다. ㄴ. 토지이용도가 높아진다.

ㄷ. 수확기 및 출하기를 앞당길 수 있다. ㄹ. 유묘기의 환경관리 및 병해충 방지가 어렵다.

① ㄱ, ㄷ ② ㄴ, ㄹ

③ ㄱ, ㄴ, ㄷ ④ ㄱ, ㄴ, ㄷ, ㄹ

[해설] ㄹ. 유묘기의 환경관리 및 병해충 방지가 어렵지 않다.(정밀한 관리와 집약적인 보호 가능)

[정답] ③

6. 형태에 따른 영양 번식 기관과 작물이 바르게 짝지어진 것은?

① 괴경 – 감자
② 인경 - 글라디올러스
③ 근경 – 고구마
④ 구경 – 양파

[해설] ※ 형태에 따른 영양 번식 기관과 작물
- 덩이줄기(괴경) : 토란, 감자 등
- 구슬줄기(구경) : 프리지어, 글라디올러스 등
- 뿌리줄기(근경) : 연근(연꽃), 칸나, 둥굴레 등
- 비늘줄기(인경) : 튤립, 백합, 쪽파, 마늘, 양파 등
- 덩이뿌리(괴근) : 달리아, 고구마 등

[정답] ①

7. 파종 방법 중 조파(드릴파)에 관한 설명으로 옳은 것은?

① 포장 전면에 종자를 흩어 뿌리는 방법이다.
② 뿌림 골을 만들고 그곳에 줄지어 종자를 뿌리는 방법이다.
③ 일정한 간격을 두고 하나 내지 여러 개의 종자를 띄엄띄엄 파종하는 방법이다.
④ 점파할 때 한 곳에 여러 개의 종자를 파종하는 방법이다.

[해설] ① 포장 전면에 종자를 흩어 뿌리는 방법이다.(산파)
③ 일정한 간격을 두고 하나 내지 여러 개의 종자를 띄엄띄엄 파종하는 방법이다.(점파)
④ 점파할 때 한 곳에 여러 개의 종자를 파종하는 방법이다.(적파)

[정답] ②

8. 육묘에 관한 설명으로 옳지 않은 것은?

① 직파에 비해 종자가 절약된다.
② 토지이용도가 낮아진다.
③ 직파에 비해 발아가 균일하다.
④ 수확기 및 출하기를 앞당길 수 있다.

정답 및 해설

[해설] ② 토지이용률의 증대

[정답] ②

---

9. P손해평가사는 '가지'의 종자발아율이 낮아 고민하고 있는 육묘 농가를 방문하였다. 이 농가에서 잘못 적용한 영농법은?

① 보수성이 좋은 상토를 사용하였다.
② 통기성이 높은 상토를 사용하였다.
③ 광투과가 높도록 상토를 복토하였다.
④ pH가 교정된 육묘용 상토를 사용하였다.

정답 및 해설

[해설] 가지는 혐광성종자이므로 파종을 한 후 복토하는 것은 필요하나, 그 사유가 광투과를 높이기 위한 것이 아니고 오히려 광투과를 줄이기 위한 것이다.

[정답] ③

---

10. 토양 표면을 피복해 주는 멀칭의 효과가 아닌 것은?

① 잡초 억제　　　　　　　② 로제트 발생
③ 토양수분 조절　　　　　④ 지온 조절

정답 및 해설

[해설] 한대나 온대 지방이 원산지인 일이년초나 숙근초, 열대나 아열대가 원산지인 구근류, 화목류 중에는 생육도중 생장이나 절간 신장이 일시적으로 정지되는 경우가 있는데, 생장이 정지되는 상태를 휴면, 절간 신장이 정지되는 상태를 '로제트(좌지 현상 ; 座止 現像)'라고 한다. 로제트화는 여름철 고온 후 저온이 경과될 때 많이 발생

한다.
로제트 현상을 타파하려면 저온(5도)에서 15일에서 4주이상 처리(저온처리), 지베렐린 (GA) 100ppm처리, 삽수 또는 발근묘의 냉장처리하는 방법이 있다.

[정답] ②

11. 육묘에 관한 설명으로 옳지 않은 것은?

① 직파에 비해 종자가 절약된다.　② 토지이용도가 낮아진다.
③ 직파에 비해 발아가 균일하다.　④ 수확기 및 출하기를 앞당길 수 있다.

[해설] 파종 적기에 앞그루가 경지에 서 있으면 토지를 이용할 수 없으나 육묘이식재배를 하면 토지의 이용도를 제고하게 된다.

[정답] ②

12. 재래육묘에 비해 플러그육묘의 장점이 아닌 것은?

① 노동 · 기술집약적이다.
② 계획생산이 가능하다.
③ 정식 후 생장이 빠르다.
④ 기계화 및 자동화로 대량생산이 가능하다.

[해설] 플러그 육묘(공정육묘)는 기술집약적이기는 하나 노동력 적게 소요된다.

[정답] ①

13. 토양 표면을 피복해 주는 멀칭의 효과가 아닌 것은?

① 잡초 억제　② 로제트 발생
③ 토양수분 조절　④ 지온 조절

[해설] 로제트(rosette)는 식물(풀)의 줄기가 밑바닥에서 짧아져 짧은 줄기의 끝에서부터 땅에 붙어 사방으로 나는 잎을 말하며, 그러한 모양으로 잎이 나는 식물들을 로제트식물이라고 한다. 로제트(rosette) 현상은 저온으로 인하여 절간(마디) 사이가 짧아지고 생장점 부근에 꽃이 밀생하는 것을 말한다. 여름 고온 후 저온에 의해 유도된다.

[정답] ②

14. 다음은 벼의 수발아에 관한 내용이다. (   )에 들어갈 내용을 순서대로 옳게 나열한 것은?

수발아는 (   )에 종실이 이삭에 달린 채로 싹이 트는 것을 말하며, 벼가 우기에 도복이 되었을 때 자주 발생한다. 또한 (   )이 (   )보다 수발아가 잘 발생한다.

① 수잉기, 조생종, 만생종
② 결실기, 조생종, 만생종
③ 수잉기, 만생종, 조생종
④ 결실기, 만생종, 조생종

[해설] 수발아는 결실기에 종실이 이삭에 달린 채로 싹이 트는 것을 말하며, 벼가 우기에 도복이 되었을 때 자주 발생한다. 또한 조생종(더울 때)이 만생종(쌀쌀할 때)보다 수발아가 잘 발생한다.
* 수발아 : 식물체에 붙어 있는 이삭이 연속되는 강우로 인하여 수확기전에 발아를 하는 현상
* 벼의 수발아(穗發芽) : 벼 이삭이 줄기에 붙어 있는 상태의 벼알에서 싹이 트는 현상

[정답] ②

15. 다음 A농가가 실시한 휴면타파 처리는?

강원도에 있는 A농가에서는 작년에 콩의 발아율이 낮아 생산량 감소로 경제적 손실을 보았다. 금년에 콩 종자의 발아율을 높이기 위해 휴면타파 처리를 하여 손실을 만회할 수 있었다.

① 훈증 처리
② 콜히친 처리
③ 토마토톤 처리
④ 종피파상 처리

[해설] 종피파상법 : 경실의 발아촉진을 위하여 종피에 상처를 내는 방법
② 콜히친(콜키신) : 백합과 식물인 콜키쿰의 씨앗이나 뿌리줄기에 포함되어 있는 성분으로 급성통풍 발작의 치료 및 예방에 사용되는 약물. 식물에서는 염색체 분리를 저해하기 때문에 씨 없는 수박을 만드는 데에도 사용된다.

[정답] ④

제4장　자연재해

01 | 농작물 관련 자연재해

(1) 열해(熱害) ★

① 작물이 생육적온을 넘어 고온으로 인해 받게 되는 피해를 말하며, 열해에 의해서 단시간 내에 작 물이 고사하는 것을 열사라 함

② 원인

  ㉠ 질소대사의 이상 : 고온에서는 유해물질인 암모니아의 합성이 많아지게 되고 단백질의 합성은 저해됨

  ㉡ 유기물의 과잉 소모 : 고온이 지속되면 기타 영양성분 및 유기물 등이 많이 소모됨

  ㉢ 원형질막의 액화 : 열에 의해 반투성인 인지질이 액화해 원형질막의 기능을 상실함

  ㉣ 증산의 과다 : 고온에서는 뿌리의 수분 흡수량보다 증산량이 과다하게 증가하게 됨

  ㉤ 철분에 의한 침전 : 고온에 의해 철분이 침전하게 되면 황백화 현상이 나타남

③ 피해 증상

  ㉠ 수량 및 품질 저하 : 영양기관을 이용하는 작물은 높은 온도로 잎줄기나 뿌리의 생육이 억제돼 수량이 감소

  ㉡ 조기 추대 : 높은 온도에 의해 꽃눈이 분화되는 상추 같은 종류는 식물체가 충분히 커지기 전에 개화 및 추대하게 됨

  ㉢ 착화 및 결과 불량 : 열매채소에서는 꽃맺힘이 나빠지고 열매와 꽃이 많이 떨어져 수확이 줄어들고 강한 직사광선으로 꽃과 잎이 탐

  ㉣ 결구 불량 : 상추, 양배추, 배추 등은 고온이 되면 속잎의 발생이 적어져 결구가 불충분해짐

    ※ 결구 : 작물의 생육이 진행됨에 따라 새로 나는 안쪽 잎이 서로 겹치는 알들이가 되는 현상

  ㉤ 종자의 발아 불량 : 양귀비, 시네라리아, 금어초, 시금치, 상추 등 낮은 온도에서 발아하는 종자는 온도가 25℃ 이상이 되면 발아율이 급격히 낮아짐. 특히 상추 종자의 경우 30℃에서 휴면에 들어가 거의 발아가 안 됨

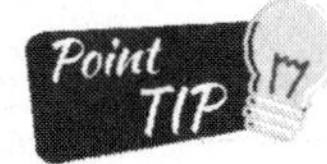

하고현상

목초의 생육 적정 온도는 15~21℃로 여름철 기온이 이보다 높을 경우 목초의 뿌리 활력이 감퇴해 수분 흡수에 지장을 받게 되고 고온에 의해 잎의 수분증발량은 더욱 높아져 목초의 생육이 부진해진다. 심할 경우 고사하게 되는데 이 같은 현상을 하고현상이라 한다.

* 목초 : 줄기나 잎을 가축의 사료로 이용할 목적으로 재배하는 식물

④ 열해 대책

　㉠ 내열성이 강한 작물을 선택

　㉡ 그늘을 생성

　㉢ 관개하여 지온을 저하시킴

　㉣ 지면에 풀 또는 짚 등을 깔아 지온 상승을 방지

　㉤ 하우스 재배 또는 비닐 터널 시 환기를 통해 온도 조절

　㉥ 밀식 금지

　㉦ 혹서기를 피해 재배 시기를 조절

　㉧ 질소의 과다 사용 금지

(2) 일소 현상(日燒 現像)

① 개념

　㉠ 여름철에 직사광선에 노출된 원줄기나 원가지의 수피 조직, 과실, 잎에 이상이 생기는 고온장해

　㉡ 작물이나 식물에 맺히는 물방울이 렌즈 작용을 해 작물체가 타들어가는 현상으로 햇볕에 노출되는 작물의 수체 부위의 온도가 지나치게 높아져 발생하는 경우가 많음

② 일소 발생에 영향을 미치는 조건★

　㉠ 건조하기 쉬운 모래땅, 토심이 얕은 건조한 경사지

　㉡ 지하수위가 높아 뿌리가 깊게 뻗지 못하는 곳

　㉢ 배상형으로 키운 나무가 개심자연형으로 키운 나무보다 더 발생

　㉣ 원가지의 분지 각도가 넓을수록 발생이 많음

　㉤ 수세가 약한 나무, 노목, 직경 5cm 이상인 굵은 가지에서 많이 발생

　㉥ 착색 촉진(당, 광, 온도)을 위해 봉지를 벗겼을 때 발생, 양광면에서 더 잘 나타남

　㉦ 서향의 과수원이 동향이나 남향의 과수원보다 심하게 일어남

③ 일소장해 방지대책

　　㉠ 건전하고 튼튼하게 나무를 키움

　　㉡ 전정 시 굵은 가지에 햇빛이 직접 닿지 않도록 잔가지를 붙임

　　㉢ 백도제나 수성페인트 도포로 직사광선을 피하도록 함

　　㉣ 과실이나 가지가 노출되지 않도록 잎을 잘 보호

　　㉤ 노출된 과실은 봉지를 씌우고 원줄기를 짚으로 가려 줌

　　㉥ 토양이 건조하여 지온이 상승하지 않도록 부초를 하거나 관수를 하여 수체의 수분
　　　흡수와 증산의 균형이 깨지지 않도록 유의

(3) 상해(霜害)

① 상해의 기상조건

　　㉠ 상해는 저온에 약한 여름작물을 재배할 때 입는 첫서리 또는 늦서리의 피해로 약
　　　0℃ 정도의 온도에서 일어남

　　㉡ 이른 봄, 늦가을에 발생

　　㉢ 최고 기온이 18℃ 이하일 때(20℃ 이상 되면 서리는 거의 내리지 않음)

　　㉣ 바람이 불어 엷은 구름이 나타나면 서리해 발생은 적음

경화(순화)

- 낙엽과수의 경우 가을에 노화기간 동안 자연적인 온도 저하와 함께 내한성이 증대되는데 이
러한 내한성을 높이기 위해 서서히 낮은 온도에 노출되어야 함. 이를 경화 및 순화라 함
- 경화 : 월동작물이 5℃ 이하의 낮은 온도에 노출돼 내동성이 커지는 것
- 경화상실 : 경화된 것이 다시 고온에 노출돼 원상태로 되돌아 오는 것

② 상해의 발생기작

　　㉠ 내동성 이하의 저온에 접하여 조직을 동결시켜 파괴한 결과

　　㉡ 세포막이나 엽록체의 막이 경화되어 파괴

　　㉢ 세포내가 탈수되어 건조사의 상태

　　㉣ 세포내가 동결되면 동사 : 동결이 급속히 진행

　　㉤ 세포내의 수분이 세포외로 탈수되어 세포간극만이 동결하면 탈수의 정도에 따라
　　　장해 정도가 다름

③ 상해의 피해 양상★

ㄱ 꽃봉오리가 서로 뭉쳐 있을 때 서리의 피해를 받으면 암술의 길이가 짧아짐

ㄴ 개화기 전후에 서리의 피해를 심하게 받으면 꽃잎은 죽지 않으나 암술머리와 배주(胚珠)가 얼어 죽어 갈색이나 검은색으로 변함

ㄷ 수분과 수정이 되지 않아 결실이 되지 않음

ㄹ 어린 과실이 서리피해를 받으면 꽃받침 가까운 부분에 가락지 모양으로 둥글게 얼어 죽음

ㅁ 과실이 자람에 따라 기형과(畸形果)가 되어 상품성이 없어짐

ㅂ 어린잎이 서리의 피해를 받으면 물에 삶은 것 같이 되어 검게 말라 죽음

ㅅ 개화 전까지는 내한성(耐寒性)이 비교적 강함

④ 대책

ㄱ 살수빙결법 : 낮은 온도가 계속되는 동안에도 스프링클러로 살수해 식물체 표면에 빙결을 지속해주면 식물체 온도는 0℃를 유지해 상·동해를 막을 수 있음

ㄴ 연소법 : 연소를 통해 열을 알맞게 공급하면 약 -3~-4℃ 정도의 상·동해를 막을 수 있음

ㄷ 피복법 : 폴리에틸렌·신문지·비닐·짚 등을 이용해 피복하면 상·동해를 방지할 수 있음

ㄹ 송풍법 : 지상 약 10m 높이에서 프로펠러를 회전시켜 지면보다 약 3~4℃ 정도 높은 따뜻한 공기를 지면으로 송풍하면 서리를 막을 수 있음

ㅁ 발연법 : 불을 떼고 젖은 가마니나 청초를 덮어 수증기가 많이 함유된 연기를 발산시키면 열이 공급되고 수증기가 지열의 발산을 줄여 줘 서리의 피해를 방지할 수 있음

ㅂ 관개법 : 저녁 때 충분하게 관개를 하면 수열이 가해지고 지중열을 빨아올리며 수증기가 지열의 발산을 막아 약한 서리를 방지할 수 있음

(4) 동해(凍害)

① 개념

ㄱ 추위로 작물의 조직이 얼어서 입는 피해를 동해(0℃ 미만의 온도)라 한다.

ㄴ 세포의 원형질막 파손에 의한 탈수현상에 의하여 즉시고사에 이르게 되는 것을 말한다.

② 대책

ㄱ 내동성 작물(월동 적응 작물)

ㄴ 입지조건의 개선(방풍시설·토지개선·배수시설)

ⓒ 재배적 대책 : 보온재배(채소류·화훼류), 이랑을 세워 뿌림골을 깊게 하여 파종(맥류), 칼륨증시, 적기 파종·파종량 다소 많게, 답압(踏壓)실시, 퇴비를 종자 위에

ⓔ 응급대책 : 관개법(수온·지중열 이용), 송풍법(지상 10m, 방상팬), 발연법(연기+열), 피복법, 연소법, 살수빙결법(식물체 표면에 빙결지속)

(5) 냉해(冷害)★

① 냉해

㉠ 냉해는 여름작물의 생육기간 동안에 저온에 의하여 발생하는 농작물의 피해를 의미하며, 일조가 부족 할 때 그 피해가 더욱 커짐

㉡ 작물의 성장 기간에 적정 온도보다 낮은 기온이 오래 지속되어 성장 방해(생육 저해), 수량감소 및 품질 저하 등의 피해를 주는 것이다.

㉢ 벼·옥수수·고구마·토마토·오이 등 열대나 아열대 원산의 작물은 냉해를 받기 쉬움

㉣ 저온은 작물을 동사시키지는 않지만 생육을 저해하는 온도를 의미한다

㉤ 작물재배는 통상 어떤 지역의 평년기온에 맞추어 행하여지기 때문에 평년 이하의 온도가 길게 이어질 경우에는 피해가 나타남

㉥ 냉해발생 해에는 여름작물의 대부분이 많든 적든 피해를 받으며, 특히 벼 작물의 피해가 두드러짐

② 냉해의 양상(분류)

㉠ 병해형 냉해

- 냉온에서 생육이 부진해 규산의 흡수가 적어져 조직의 규질화가 부실하게 되고 질소대사 및 광합성의 이상으로 도열병의 침입이 용이해져 쉽게 전파되는 유형임
- 유수의 발육과정 중 냉해는 불임화, 기형화, 불완전영화, 영화착생수의 감소 등의 발생을 초래해 출수불능, 불완전 출수, 출수지연 등의 현상을 초래함
- 청치의 발생을 많게 하므로 품질 및 수량, 결실 등을 저하시킴
- 등숙기의 저온은 특히 초기에 장해가 큼
- 개화기의 저온은 화분의 능력을 상실시켜 수정을 저해함
- 못자리 시기에는 13℃ 이하가 되면 생육 및 발아 등이 늦어짐

㉡ 장해형 냉해
유수형성기부터 개화 및 출수기까지의 기간에 걸쳐 냉온의 영향을 받으면 생식기관이 정상적으로 형성되지 못하거나 화분의 수정 및 방출에 장애를 일으켜 불임현상을 초래하는 유형

ⓒ 지연형 냉해
- 벼의 생육 초기부터 출수기에 이르기까지 여러 시기에 걸쳐 일조의 부족이나 냉온으로 생육이 지연되고 출수가 늦어져 등숙기에 저온에 처하게 돼 수량이 저하되는 유형
- 외형상으로는 이삭의 수정 및 개화 또는 추출 등이 불완전하게 되고 심하면 선 채로 녹색 상태에서 마르는 청고 현상을 나타냄

③ 대책

㉠ 지연형 냉해

비닐못자리나 보온 절충 못자리 등을 만들어 조기 육묘해 벼의 생육기간을 일반적인 재배보다 빨리 이동시키는 조식재배의 실시

㉡ 장해형 냉해
- 냉수관개를 금지하고 누수답은 개량함
- 출수기에 변화를 주고 영양의 상태를 조절함
- 배수 및 관개의 조절에 의한 비효 증가
- 칼륨비료 및 인산의 증시
- 내냉성 품종의 선택

(6) 수해(水害)

① 우리나라는 아열대 몬순 기후로 장기간의 장미 및 여름철의 집중호우로 수해가 많이 발생하고 그 피해 또한 큼

② 수해는 곤충 또는 병원균의 전파 및 침입 등이 용이해져 병충해도 발생하고 관수 또는 침수 등으로 인해 작물이 생리적으로 약해짐

③ 수해 후 각종 생리작용에는 호흡작용의 결과 과다한 에너지를 필요로 하는데 관수나 침수 상태에서는 물속의 용존산소의 한계가 있어 호흡작용이 저해되고 무기호흡을 하면서 피해가 발생함

④ 피해 양상

㉠ 사력의 침전으로 인한 작물의 매몰

㉡ 토양의 붕괴

ⓒ 포장 및 도복의 표토 유실

㉣ 기계적인 손상

㉤ 침수로 인한 습해

㉥ 완전한 침수로 인한 관수해

  ② 토양이 환원되면 밭작물의 경우 과습 조건에서 망간·철 등 미량원소가 다량 흡수돼 작물에 장해를 입히기도 하고 산화상태에서 인산과 결합해 불용화되었던 망간·철 등이 많이 녹아 나옴

  ⑩ 습해를 막기 위해서는 내습성 작물의 선택이 중요하며 습해로 골풀 같은 것은 근모까지 목질화 되고 담수상의 벼의 뿌리도 심하게 목질화 되거나 코르크화 됨. 이는 통기조직을 통해 공급된 산소가 뿌리 밖으로 확산되지 않고 생장점으로 공급하게 하는 장치이기 때문

③ 대책★

  ㉠ 과산화석회 사용 : 토양에 과산화석회를 혼입(4~8ha/10a)하든가 종자에 분의해서 파종하면 오랜 기간 산소를 방출해 습지에서의 생육 및 발아가 조정됨

  ㉡ 시비 : 황산근 비료와 미숙유기물의 사용을 피하고 표층시비를 해 뿌리를 지표면 가까이로 유도함. 그리고 뿌리의 흡수장해가 보일 경우 엽면시비를 함

  ㉢ 품종 및 작물 선택 : 내습성인 품종과 작물을 선택함

  ㉣ 토양 개량 : 투기 및 투수를 좋게 하고 토양개량제·석회·부식 등을 사용해 입단을 조성하며 세사를 객토함

  ㉤ 정지 : 경사지에서는 등고선재배를 하고 습답에서는 휴립재배를 하며 밭에서는 휴립휴파를 함

  ㉥ 배수 : 습해의 기본 대책임

02 | 각종 자연재해

제4장 자연재해

(1) 풍해(風害)★

① 풍해의 기구

  ㉠ 10m/sec 이상의 강풍은 풍해를 유발

  ㉡ 풍속이 클수록, 공기습도가 낮을수록 풍해는 큼

  ㉢ 기계적(물리적) 장해 : 화곡류는 도복하여 수발아와 부패립이 발생되고 수분, 수정이 장해되어 불임립, 쭉정이 등이 발생함. 풍해에 의한 백수현상 발생

  ㉣ 생리적 장해 : 호흡이 증대하여 저장양분의 소모가 증대하고 상처가 건조하면 광산화반응에 의해 고사함

ⓜ 강풍이나 돌풍은 풍식(風蝕)을 조장하고, 해안지대에서는 염풍이 되어 조해를 유발

ⓗ 냉풍에 의하여 작물의 체온이 저하되어 심하면 냉해를 입게 됨

② **풍해의 대책방안**

㉠ 재배적 대책

ⓐ 비배관리의 합리화로 인한 생육건실화의 도모 : 밀식 방지, 질소 회피, 가리 증시로 작물의 생육상태를 건실화하면 기계적인 장해를 낮출 수 있음

ⓑ 배토, 결속 및 지주 : 옥수수나 수수의 몇 대식 결속, 과수류 및 과채류의 지주, 맥류나 두류의 베토는 절손 및 도복 등을 막을 수 있음

ⓒ 작기 이동 : 위험 태풍기를 회피하도록 재배시기를 이동하는 것으로 수도의 경우 출수개화기 때 태풍으로 인한 피해가 큰데 이와 같은 8월 하순~9월 상순 시기를 피하기 위해 조생종을 선택해 조기 재배하는 방법이 유용함

ⓓ 내풍성 작물 및 내도복성 품종의 선택 : 단간 · 강간성인 내도복성 작물과 고구마 · 목초 등의 내풍성 작물을 선택해 생리적 · 기계적인 장해에 따른 풍해를 감소시킴

ⓔ 낙과방지제의 살포 : 과수류는 4-D, 5-T, 5-TP 등 낙과방지제를 살포함

ⓕ 관개 담수의 조치 : 위험태풍기의 침수관개는 도복의 피해를 감소시킬 수 있음

ⓖ 사후대책으로 태풍 후에는 반드시 병충해 방제가 필요하고 더불어 조속한 영양 상태를 회복하기 위한 요소 엽면시비가 필요함

㉡ 풍해 약화책 강구

ⓐ 방풍원의 설치 : 고도의 방풍 필요 지역은 수수깡, 옥수수나 쪽제비싸리류의 관목, 무궁화로 간이 울타리 및 생울타리 등을 설치함

ⓑ 방풍림의 조성 : 상습 풍해 지역에는 부락 공동으로 교목 같은 방풍림을 조성하는데 방풍림의 효과는 해당 높이의 10~15배 정도 되므로 포장 면적을 감안해 관목 및 교목 등을 적절히 선택해 조성함

(2) 도복(倒伏)★

① 도복이란 벼, 맥류, 두류 등은 등숙이 진행되면서 강한 비바람에 의해 쓰러지는 경우가 많은데 이 같이 작물이 쓰러지는 것을 의미한다.

② 키가 큰 품종일수록 연약하게 자라 도복하기 쉽다.

③ 벼의 등숙 후기에 상부가 무거워 도복의 위험이 크다.

④ **두류** : 개화기부터 약 10일간 줄기의 급속한 신장 - 도복 위험이 커진다.

⑤ 질소에 의한 다비증수재배의 경우에 심하다.

⑥ 도복의 유발조건

   ㉠ 품종 : 장간종이면서 줄기가 약한 품종일수록 도복저항성이 약함

   ㉡ 재배조건 : 밀식, 질소의 과다시용, 칼리와 규산의 부족

   ㉢ 병충해 : 벼의 잎짚무늬마름병, 마디도열병, 멸구의 발생, 맥류의 줄기녹병

   ㉣ 환경조건 : 등숙이 진행되어 하중이 무거울 때 비가 많이 오거나 특히 강풍이 동반
되면 도복을 크게 유발

⑦ 도복의 피해

   ㉠ 감수(수량감소) : 등숙률 저하, 천립중 저하

   ㉡ 품질의 손상 : 결실 불량, 변질 부패, 수발아

   ㉢ 수확 작업의 불편함 : 인력수확 및 기계수확의 어려움

   ㉣ 간작물(사이작물)에 대한 피해 : 간작물의 건전한 생육을 저해

   ㉤ 수발아 : 성숙기에 가까운 벼나 맥류의 이삭에서 싹이 틈

(3) 한해(旱害, 가뭄해)

① 생리 및 원인

   ㉠ 오랫동안 비가 적게 와 토양 중 수분이 부족해서 작물의 생육이 나빠지거나 심할
경우 고사하는 피해를 말함

   ㉡ 보통 경사지의 밭에서 잘 나타나는데 빗물이 경사지에서는 땅속으로 스며들지 않
고 표면으로 흘러 내려 토양에 저장되지 않고 유실되기 때문

   ㉢ 개화기에는 많은 물이 필요하고 이때 물이 부족할 경우 수량이 줄어듦. 특히 한여
름에 물이 부족하게 되면 작물이 시들게 됨

   ㉣ 한해는 토양이 건조하면 식물체 내의 수분 함량 또한 감소해 생육이 나빠지고 심
할 경우 고사하거나 위조하게 됨

② 작물의 내건성(작물이 건조에 견디는 성질)★

   ㉠ 체내 수분 상실 적은 작물

   ㉡ 체내의 수분 보유력이 큼

   ㉢ 기공의 크기가 작음

   ㉣ 지하의 근권부(뿌리영역)의 발달

   ㉤ 수분의 흡수능이 크되 수분 증산량이 적은 작물이어야 내건성이 강하다.

③ 대책

   ㉠ 증발의 억제 및 토양 수분의 보유력 증대

      ⓐ 증발억제제 살포

      ⓑ 중경제초

ⓒ 피복

ⓓ 드라이 파밍 : 비가 올 때마다 땅을 갈아(경운) 빗물을 저장함으로써 가뭄에 대비하는 방법

ⓔ 토양입단 조성 : 석회, 유기물, 점토 등을 사용해 토양입단을 조성함

ⓛ 품종 및 작물의 선택 : 내건성이 강한 작물 재배가 중요. 내건성이 강한 작물로 완지형 목초·알팔파·밀·호밀·기장·조·수수 등이 있음

ⓒ 관개

관개의 종류

- 지표관개 : 지표면에 물을 흘려 대는 방법
  - 전면관개, 고랑 관개
- 살수관개 : 공중에서 물을 뿌려서 대는 방법
  - 다공관 관개, 스프링클러 관개, 물방울 관개
- 지하관개 : 지하로부터 수분을 공급하는 방법
  - 개거법, 암거법

(4) 우박

① **개념**

㉠ 적란운(積亂雲) 또는 봉우리적운에서 생긴 얼음의 입자나 불규칙한 덩어리의 형태로 된 강수현상(降水 現象)

㉡ 지표면의 뜨거운 공기와 상층부의 차가운 공기로 인해 불안정한 대기 상태

㉢ 기온이 빙점보다 훨씬 낮은 곳을 제외하고는 동결이 천천히 일어나므로 공기가 빠져나가 투명한 얼음을 형성

② **우박의 피해**

㉠ 기계적 피해 : 우박이 작물체에 직접 충돌하면서 발생하는 것으로 생육 단계, 우박의 충돌부위 등에 따라 영향이 다르다.

③ **생리적 피해**

㉠ 상처부위로부터의 과즙이나 수액은 충해, 병해의 원인 : 부패균의 발생이 많아짐

㉡ 낙엽은 광합성 능력을 저하

㉢ 과실의 소형화와 저장양분에도 영향을 미친다.

(5) 염해(鹽害)

① 작물의 영양소 분균형이 발생하고 토양 수분의 흡수가 어려워짐

② 토양의 수분포텐셜이 식물 체내의 수분포텐셜보다 낮아짐

③ 시설 재배의 경우 비료의 과용으로 생김

④ 토양 수분의 강수량보다 증발량이 많을 경우 발생

염류장해

① 토양 용액이 작물의 세포액 농도보다 높아 작물이 수분 및 양분 등을 흡수하지 못하고
   어린 뿌리의 세포가 장해를 받아 지상부가 생육하지 못해 고사함

② 주로 시설재배에서 나타나며 연속적인 재배작물에서 시비한 비료 성분을 작물이 미처 활
   용하지 못해 염류 형태로 과도하게 토양에 축적되어 장해가 나타나는 것

③ 대책

   ㉠ 염류집적이 나타나지 않는 시비관리시스템을 적용함

   ㉡ 호밀 같은 심근성 흡비 작물을 재배함으로써 집적 염류를 제거함

   ㉢ 관수로 염류를 씻어냄

제4장 핵심기출문제

1. 가뭄이 지속될 때 작물의 잎에 나타날 수 있는 특징으로 옳지 <u>않은</u> 것은?

    ① 엽면적이 감소한다.   ② 증산이 억제된다.

    ③ 광합성이 촉진된다.   ④ 조직이 치밀해진다.

정답 및 해설

[해설] ③ 가뭄이 지속될 경우 작물 세포 내에 수분이 부족해져 광합성이 둔화됨

[정답] ③

2. A농가가 작물에 나타나는 토양 습해를 줄이기 위해 실시할 수 있는 대책으로 옳은 것을 모두 고른 것은?

ㄱ. 이랑 재배   ㄴ. 표층 시비   ㄷ. 토양 개량제 사용

    ① ㄱ, ㄴ   ② ㄱ, ㄷ

    ③ ㄴ, ㄷ   ④ ㄱ, ㄴ, ㄷ

정답 및 해설

[해설] ※ 토양 습해를 줄이기 위해 실시할 수 있는 대책

- 이랑 재배
- 내습성 품종 및 작물 선택
- 표층 시비
- CaO_2(과산화석회) 사용
- 토양 개량제 사용
- 배수

[정답] ④

3. A농가가 과수 작물 재배 시 동해를 예방하기 위해 실시할 수 있는 조치가 아닌 것은?

   ① 과실 수확 전 토양에 질소를 시비한다.
   ② 과다하게 결실이 되지 않도록 적과를 실시한다.
   ③ 배수 관리를 통해 토양의 과습을 방지한다.
   ④ 강전정을 피하고 분지 각도를 넓게 한다.

정답 및 해설

[해설] 과실 수확 전 토양에 질소를 시비할 경우 늦게까지 자라게 돼 결국 저장양분이 적게 되므로 동해에 견디기가
    어려워짐

[정답] ①

4. 과수의 일소 현상에 관한 설명으로 옳지 않은 것은?

   ① 강한 햇빛에 의한 데임 현상이다.
   ② 토양 수분이 부족하면 발생이 많다.
   ③ 서향 또는 남서향의 과원에서 발생이 많다.
   ④ 모래토양보다 점질토양 과원에서 발생이 많다.

정답 및 해설

[해설] 일소는 건조하기 쉬운 모래땅(사질토양), 토심이 얕은 건조한 경사지에서 많이 발생한다.

[정답] ④

5. 과수 작물의 조류(鳥類) 피해 방지 대책으로 옳지 <u>않은</u> 것은?

   ① 방조망 설치   ② 페로몬 트랩 설치
   ③ 폭음기 설치   ④ 광 반사물 설치

정답 및 해설

[해설] 해충의 발생밀도를 미리 예측하거나 해충 방제에 사용됨

[정답] ②

6. 강풍으로 인해 작물에 나타나는 생리적 반응을 모두 고른 것은?

> ㄱ. 세포 팽압 증대　　ㄴ. 기공 폐쇄　　ㄷ. 작물 체온 저하

① ㄱ, ㄴ　　　　　　　　　　② ㄱ, ㄷ
③ ㄴ, ㄷ　　　　　　　　　　④ ㄱ, ㄴ, ㄷ

정답 및 해설

[해설] ㄱ. 강풍으로 인해 수분의 흡수가 감소하여 세포 팽압이 감소함
ㄴ. 강풍으로 인해 기공이 닫힘으로 이산화탄소의 흡수가 감소되고 따라서 광합성이 감퇴됨
ㄷ. 강풍으로 인해 작물의 체온이 저하되고 심할 경우 냉해가 발생함

[정답] ③

7. 고온 장해에 관한 증상으로 옳지 않은 것은?

① 발아 불량　　　　　　　　② 품질 저하
③ 착과 불량　　　　　　　　④ 추대 지연

정답 및 해설

[해설] 고온 장해 증상 : 품질 저하, 발아 불량, 조기 추대, 착화 및 결과 불량

[정답] ④

8. 다음에서 설명하는 냉해로 올바르게 짝지어진 것은?

> ㄱ. 작물생육기간 중 특히 냉온에 대한 저항성이 약한 시기에 저온의 접촉으로 뚜렷한 피해를
>   받게 되는 냉해
> ㄴ. 오랜 기간 동안 냉온이나 일조 부족으로 생육이 늦어지고 등숙이 충분하지 못해 감수를
>   초래하게 되는 냉해

① ㄱ: 지연형 냉해, ㄴ: 장해형 냉해　　② ㄱ: 접촉형 냉해, ㄴ: 감수형 냉해
③ ㄱ: 장해형 냉해, ㄴ: 지연형 냉해　　④ ㄱ: 피해형 냉해, ㄴ: 장기형 냉해

[해설] ※ 냉해의 종류
- 장해형 냉해 : 냉온에 대한 저항성이 약한 시기인 감수분열기에 저온에 노출되어 수분수정이 안되어 붙임현상이 초래되는 냉해
- 지연형 냉해 : 영양생장기의 저온 또는 일조 부족으로 생육 특히 출수기가 늦어지고 등숙이 충분하지 못하게 되는 냉해

[정답] ②

9. 과수원의 바람 피해에 관한 설명으로 옳지 않은 것은?

① 강풍은 증산작용을 억제하여 광합성을 촉진한다.
② 강풍은 매개곤충의 활동을 저하시켜 수분과 수정을 방해한다.
③ 작물의 열을 빼앗아 작물체온을 저하시킨다.
④ 해안지방은 염분 피해를 받을 수 있다.

[해설] 강풍은 오히려 증산작용을 촉진하여 식물체의 수분 손실을 증가시키고, 잎의 수분 부족으로 광합성이 억제될 수 있다

[정답] ①

10. 염류 집적에 대한 대책이 아닌 것은?

① 흡비작물 재배 ② 무기물 시용
③ 심경과 객토 ④ 담수 처리

[해설] ※ 염류 집적 장애 대책
- 염류집적이 나타나지 않는 시비관리시스템을 적용함
- 호밀 같은 심근성 흡비 작물을 재배함으로써 집적 염류를 제거함
- 관수로 염류를 씻어냄

[정답] ②

11. 벼의 수발아에 관한 설명으로 옳지 않은 것은?

① 결실기에 종실이 이삭에 달린 채로 싹이 트는 것을 말한다.
② 결실기의 벼가 우기에 도복이 되었을 때 자주 발생한다.
③ 조생종이 만생종보다 수발아가 잘 발생한다.
④ 휴면성이 강한 품종이 약한 것보다 수발아가 잘 발생한다.

[해설] 휴면성이 약한 품종이 강한 것보다 수발아가 잘 발생한다.
* 수발아(穗發芽) : 성숙기에 가까운 벼나 맥류의 이삭에서 싹이 틈

[정답] ④

12. 다음 설명이 틀린 것은?

① 동해는 물의 빙점보다 낮은 온도에서 발생한다.
② 일소현상, 결구장해, 조기추대는 저온장해 증상이다.
③ 온대과수는 내동성이 강한 편이나, 열대과수는 내동성이 약하다.
④ 서리피해 방지로 톱밥 및 왕겨 태우기가 있다.

[해설] 일소현상, 결구장해, 조기추대는 고온에 의한 장해 증상이다.

[정답] ③

13. 작물재배 시 습해 방지대책으로 옳지 않은 것은?

① 배수
② 토양개량
③ 증발억제제 살포
④ 내습성 작물 선택

[해설] 증발억제제는 한해(가뭄)에 대한 대책으로 유용하다.

※ 습해 대책
• 배수
• 정지 : 밭에서는 휴립휴파, 논에서는 휴립재배, 경사지에서는 등고선재배

- 시비 : 미숙유기물과 황산근비료의 사용을 피하고, 표층시비로 뿌리를 지표면 가까이 유도하고, 뿌리의 흡수장해 시 엽면시비를 한다.
- 토양개량 : 세토의 객토, 토양개량제 등을 사용하여 입단조성으로 공극량을 증대
- 과산화석회의 사용 : 종자에 과산화석회를 분의해 파종, 토양에 혼입하면 산소가 방출되므로 습지에서 발아 및 생육이 조장된다.

[정답] ③

14. 도복 피해를 입은 작물에 대한 피해 경감대책으로 옳지 않은 것은?

① 왜성품종 선택
② 질소질 비료 시용
③ 맥류에서의 높은 복토
④ 밀식재배 지양

정답 및 해설

[해설] 질소질 비료를 시용하는 것은 도복을 촉진한다.

[정답] ②

15. 다음이 설명하는 재해는?

시설재배 시 토양수분의 증발량이 관수량보다 많을 때 주로 발생하며, 비료성분의 집적으로 작물의 토양수분 흡수가 어려워지고 영양소 불균형을 초래한다.

① 한해
② 습해
③ 염해
④ 냉해

정답 및 해설

[해설] 염해(salt damage, 鹽害)
- 해안 지방의 저지대에 지하수가 침투하거나 해수 물보라의 유입, 바람으로 인한 염풍의 피해
- 건조지역 등에서 관수량이 적은 상태에서 염류로 인한 피해
- 다량의 화학 또는 유기질 비료를 사용한 다음 염류가 집적되어 피해를 나타내기도 함(시설재배지의 염류집적)
- 토양용액의 높은 염류농도는 삼투압을 높여 뿌리를 통한 양분과 수분 흡수를 저해 하여 피해가 나타나는 것

[정답] ③

제5장 시비관리와 호르몬, 잡초 및 병해충관리

01 | 시비관리와 호르론

(1) 시비와 비료

① 시비(施肥, fertilization)란 작물의 생장을 촉진시키거나 수확량 또는 품질을 높이기 위해 부족하기 쉬운 비료성분인 질소, 인산, 칼리질 비료 등을 토양 또는 배지에 공급하는 것을 말한다.

② 비료는 작물의 생장을 촉진시키고 토양의 생산성을 높이기 위하여 작물 또는 토양에 투입하는 영양물질을 말한다.

③ 비료는 성분에 따라 크게 화학비료(무기질 비료)와 유기질비료로 구분된다. 화학비료의 주성분은 화학공정을 통해 추출하는 '질소(N), 인산(P), 칼륨(K)' 등의 무기질 물질이며, 유기질비료의 주성분은 동식물로부터 추출하는 유기화합물이다.

④ 전층시비 : 논을 갈기 전 암모니아태 질소를 논 전체에 뿌린 후 작토의 전층에 썩히도록 시비하는 것으로 심층시비의 실제적인 방법이다.

⑤ 심층시비 : 암모니아태 질소를 논 토양의 심부환원층에 줘 비효를 증진시키려는 목적의 시비를 말하며 이때 암모니아태 질소를 환원층에 주면 토양에 잘 흡착되고 절대적 호기균인 질화균의 작용을 받지 않게 되어 비효가 오래도록 지속된다.

(2) 엽면시비★

① 개념 및 의의

㉠ 작물의 생육에 필요한 성분을 인위적으로 작물의 잎을 통하여 흡수케 하는 방법을 엽면시비라고 한다.

㉡ 녹색잎은 기공(氣孔)을 통해서 광합성작용과 호흡작용을 하면서 동시에 탄산가스와 산소를 흡수, 교환 하게 된다.

㉢ 기공에서 흡수하는 물질은 이들 기체 외에도 보통 뿌리에서 흡수되는 수분이나 다른 무기물과 유기물을 포함한다. 이때 흡수된 물질은 정상적인 생육을 위해 체내에서 이용된다.

② 비료의 엽면흡수에 영향을 끼치는 요인
   ㉠ 잎의 표면보다 표피가 얇은 이면에서 더 잘 흡수된다.
   ㉡ 잎의 호흡작용이 왕성할 때 잘 흡수되므로 가지나 줄기의 정부로부터 가까운 잎에서 흡수율이 높으며, 늙은잎보다 젊은잎에서, 그리고 밤보다 낮에 잘 흡수된다.
   ㉢ 살포액의 pH는 미산성인 것이 흡수가 잘된다.
   ㉣ 전착제(展着劑 - 농약이 작물이나 병원균, 해충에 잘 붙게함)를 첨가하면 흡수가 조장된다.
   ㉤ 피해가 나타나지 않는 범위에서 살포액의 농도가 높을 때 흡수가 빠르다.
   ㉥ 석회를 시용하면 흡수가 억제되어 고농도 살포의 해를 경감할 수 있다.
   ㉦ 기상조건이 좋은 때에는 작물의 생리작용이 왕성하므로 흡수가 빠르다.
③ 엽면시비가 필요한 때
   ㉠ 미량요소 결핍
   ㉡ 영양상태의 신속한 회복이 필요할 때
   ㉢ 뿌리의 흡수가 나쁠 때
   ㉣ 토양시비가 곤란하거나 특수 목적이 있을 때

(3) 작물의 내적 균형과 식물생장조절제(식물 호르몬)★★

생장조절제(Plant growth regulator)는 체내에서 생성되는 천연의 식물호르몬, 이와 유사한 화학구조 및 생리적 기능 지닌 화학물질이다.

① 에틸렌(Ethylene)
   ㉠ 에틸렌은 가장 간단한 기체 상태의 식물호르몬으로 2개의 탄소가 이중결합으로 이루어짐
   ㉡ 식물의 노화, 과실의 숙성 촉진, 착색촉진, 무색무취의 가스, 엽록소 분해, 이층형성
   ㉢ 종류 : 천연(C_2H_4, 에틸렌), 합성(에세폰-에틸렌 발생제)
   ㉣ 호두나무 노화ㆍ열개 촉진, 종자 처리 시 휴면타파ㆍ발아 촉진
   ㉤ 과일의 경우 에틸렌의 피해로는 숙성의 진행에 따른 과육의 연화현상을 들 수 있지만 줄기채소인 아스파라거스 등의 경우 조직이 질겨지는 육질경화를 촉진함
② 아브시스산(ABA, abscissic酸)
   ㉠ 식물 생장을 억제하는 대표적인 식물호르몬으로 주 기능은 식물의 낙엽 촉진과 휴면 유도임
   ㉡ 식물의 휴면은 GA 농도가 낮고 ABA 농도가 높을 때 일어남
   ㉢ 도복방지, 분화류의 왜화, 액아생장 촉진, 노화지연

③ 시토키닌(cytokinin)

   ㉠ 종자의 발아 촉진

   ㉡ 잎의 생장 촉진(무 등), 호흡을 억제하여 엽록소와 단백질의 분해 지연

   ㉢ 잎의 노화 지연(해바라기 등)

   ㉣ 착과 증진(포도) 및 모양과 크기 향상(사과)

   ㉤ 저장 중의 신선도 유지(아스파라거스)

   ㉥ 식물의 내한성(내동성) 증대

④ 지베렐린(GA, gibberellic acid)

   ㉠ 주된 생리기능으로 줄기의 생장촉진을 들 수 있음

   ㉡ 단위 결과 유도, 개화 및 화아 분화, 휴면 타파 촉진, 착과 촉진

   ㉢ 로제트현상 타파, 저온 장일효과(광과 온도의 대체효과)

⑤ 옥신류(IAA)

   ㉠ 주로 세포신장이나 세포분열을 촉진해 생장을 촉진

   ㉡ 발근촉진, 착과촉진, 탈리형성 억제, 에틸렌 형성 유도, 정아 우세형

   ㉢ 대표적으로 제초제, 착과촉진제, 발근촉진제 등이 있음

   ㉣ 옥신을 이용한 대표적인 발근촉진제로 루톤이 있음

   ㉤ 종류 : 천연(IAA, IAN, PAA, IBA), 합성(NAA, 2,4-D, PCPA, 2,4,5-T, MCPA)

(4) 탄질률과 T/R률

① 탄질률(carbon–nitrogen, C/N率)

   ㉠ 탄질률이란 잎에서 탄소동화작용(광합성)에 의해 만들어진 탄수화물(C)과 뿌리에서 흡수한 질소(N) 성분의 비율 에 의하여 가지의 생장, 꽃눈의 형성 및 열매에 영향을 준다는 이론이다.

   ㉡ 가지 생장 : 탄질률이 높을수록(탄수화물이 많고 질소가 적을수록) 가지와 같은 영양생장이 억제되고, 대신 저장 기관에 에너지가 축적된다.

   ㉢ 꽃눈 형성 : 탄질률이 적절히 높아지면 생식 생장(꽃눈 형성)이 촉진된다. 이는 과실수의 경우 특히 중요하며, 과실 형성과 수확량에 직접적인 영향을 미친다.

   ㉣ 열매 발달(결실): 열매 발달 시에는 탄질률이 적절히 유지되어야 하며, 탄수화물은 열매의 크기와 품질에, 질소는 열매의 성숙과 영양 상태에 영향을 미친다.

탄진률의 특성

- 탄수화물이 많고 질소가 많으면 개화가 억제된다.
- 탄수화물이 많고 질소가 적으면 개화가 촉진된다.
- 탄수화물이 적고 질소가 많으면 번무해진다.
- 탄수화물이 적고 질소가 적으면 생육이 저하된다.

② T/R률 : Top/Root ratio 라는 의미로, 나무의 근부(뿌리부)에 대한 지상부의 비율을 말한다.

(5) 성숙의 지표★

생리적 성숙이란 형태적으로 고유의 모양을 갖추고 최대크기가 된 것을 말하며 내부적으로 당분이 증가하고 신맛이 감소하며 조직이 연화되고 향기가 증가하는 등 여러 가지 질적인 변화를 수반한다. 수박, 딸기, 토마토, 붉은 고추 등은 생리적으로 성숙하면 수확하는 것들이다.
원예적 성숙이란 크기와 형태를 갖추어 상업적으로 이용할 수 있는 상태에 이른 것을 말한다.

① 형태적으로 고유의 모양을 갖추며, 품종 및 품목의 최대 크기의 때를 말한다.
② 저장 탄수화물이 당으로 변환된다.(녹말이 포도당으로 전환)
③ 유기산이 감소하며 신맛이 감소한다. 성숙한 과실에는 환원당이 많고 유기산으로는 구연산, 사과산, 주석산 등이 많다.
④ 엽록소가 감소하며 여러 가지 색소가 발현된다.
⑤ 세포벽의 팩틴질이 분해되어 조직이 연화된다. (세포벽 구성 물질로는 전분, 효소, 펙틴, 수분, 섬유소 등이 있다.)
⑥ 여러 가지 향기가 발산한다. 과실의 향기 성분은 복잡한 휘발성 유기화합물의 혼합체들이다.(에스테르 화합물)
⑦ 호흡이 일시적으로 상승하기도 한다.(호흡급등현상 = 비호흡급등현상)
  ㉠ 일반적으로 과실은 발육과정에서 호흡의 변화를 바탕에 따라 급등형(climacteric type)과 비급등형(non-climacteric type)과실로 구분된다.
  ㉡ 급등형 과실 : 사과, 배, 복숭아, 참다래, 감, 바나나, 키위, 망고 등
  ㉢ 비급등형 과실 : 포도, 감귤, 오렌지, 레몬 등

⑧ 에틸렌의 급격한 상승이 일어난다.

⑨ 과실의 성숙의 단계에 따라 표면 크기와 형태는 비대하고, 엽록소(클로로필, chlorophyll) 가 분해되어 과피(果皮)의 바깥색이 녹색에서 품종 고유의 색택을 가진다.

(6) 채소의 저장★

현재 개발되어 이용되고 있는 저장법의 기본원리는 수확 후 생리에 근거하여 호흡과 생장활동을 억제하고, 여기에 증산작용과 미생물의 활동 등을 방지하는 기술이라고 볼 수 있다.

① 저장 전 처리 : 저장성을 향상시키기 위하여 생산물을 선별, 세척하고, 저장하기 전에는 약제나 방사선처리, 예냉, 예건, 큐어링과 같은 예비적 처리를 한다.

   ㉠ 예냉 : 수확 후 채소류의 품온을 일정한 온도까지 내리게 하는 처리를 예냉이라 한다. 대부분의 수확물에 필요한 조치이다.

   ㉡ 예건 : 수확 후 저장하기 전에 체내의 수분을 어느 정도까지 감소시키면서 적당한 수준으로 말리는 것을 예건이라고 한다.(예 : 감귤 등)

   ㉢ 큐어링 : 수확 시 생긴 상처를 치유해줌으로써 수분손실과 병균의 침입을 막아줌으로써 저장성과 저장 중 품질을 방지해주는 것을 말한다.(예 : 감자, 고구마, 마늘, 양파, 생강 등)

   ㉣ 증산억제제, 산소흡수제, 에틸렌제거제와 같은 것을 처리하거나 MH-30, 방사선 등을 처리하여 병해를 억제하기도 한다.

② 저장조건 : 채소의 저장조건은 온도와 습도조절을 강조하고 있다.

   ㉠ 온도는 대개 0℃, 습도는 95% 전후이지만, 오이, 가지, 멜론은 7~10℃, 고구마와 호박은 13℃, 녹숙토마토는 13~21℃로 상대적으로 높은 저장온도를 요구한다.

   ㉡ 습도는 마늘, 양파, 호박이 6575%로 다소 건조한 조건에서 저장하는 것이 좋다.

   ㉢ 과채류는 85~90% 정도다.

   ㉣ 엽채류는 90~95% 정도로 저장한다.

③ 저장방법 : 채소의 저장방법은 상온저장, 보온저장, 저온저장, 냉동저장, CA저장이 있다.

   ㉠ 상온저장 : 오래전부터 감자, 고구마, 양파 등이 이용해 오던 방법으로 강우와 이슬을 막을 수 있을 정도의 시설에서 저장하는 것이다.

   ㉡ 냉동저장 : 채소 중에서 아스파라거스, 시금치, 딸기 등을 급속 냉동하여 0℃ 이하에서 포장 냉동상태로 저장하는 방법이다. 30분 이내에 급속 냉동하여 조직 내 수분이 다수의 미결정체로 동결되도록 하여 변색, 향기 상실, 저장 중의 품질 변화를 방지하는 방법이다. 포장을 하지 않으면 승화하여 동결 현상이 나타나 변색, 향기

상실, 저장 중의 품질변화가 일어난다.

  ⓒ 보온저장 : 도랑저장과 굴, 움 저장 등은 오래전부터 농가에서 이용해오던 보온저장 방법이다. 상온저장이 어려운 고랭지 재배 작물 등의 호냉성 채소들은 간단한 보온시설을 이용하여 저장한다.

  ⓒ 저온저장 : 현대시설의 냉각장치를 이용하여 온도를 적으로 자동조절하면서 저장하는 방법이다. 가정에서 많이 이용되고 있는 냉장고는 일종의 저온저장방법이다.

  ⓒ CA(Controlled Atmosphere)저장 : 저장고 내의 공기성분 가운데 산소와 탄소가스를 인위적으로 조절하여 저장성을 향상시키는 것이다. 산소농도는 낮추고, 탄산가스의 농도는 높여 호흡을 억제시킴으로써 저장효과를 높이는 저장방법으로 채소에는 양배추 등에 이용되고 있다. 플라스틱 필름을 이용한 포장저장은 CA 저장과 비슷한 효과를 나타내는 보조적 저장법이라 볼 수 있다.

02 | 잡초 및 병해충관리

(1) 잡초(雜草)

① 개념

경작이나 재배하는 작물 외의 식물이다. 땅에서 기르는 농작물이나 화초, 조경수 등을 제외한 것 모두 잡초라 한다. 제초는 이러한 것들을 제거하는 작업을 통칭한다.

② 잡초의 특징

  ㉠ 잡초는 양분, 수분, 광선, 공간 등에 대하여 작물과 경합함

  ㉡ 작물의 생육환경을 불량하게 만들어 수량을 감소

  ㉢ 수광, 통풍 등을 불량하게 하고, 작물 체온이나 지온, 수온을 저하시킨다.

  ㉣ 잡초는 재생력이 강하여 식물체의 일부만 남아도 재생하여 번식하기도 한다.

  ㉤ 잡초 종자에는 성숙 후 땅에 떨어지면 곧 발아하는 것도 있지만, 많은 종류는 휴면성을 지니고 있다.

  ㉥ 성숙 후 3~4개월 동안 발아하지 않는 것도 많은데, 콩과의 경실은 특히 휴면기간이 길다.

(2) 잡초의 방제

① 예방적 방제
- ㉠ 재배관리의 합리화
- ㉡ 작물종자의 정선(精選)
- ㉢ 농기계나 기구의 청소
- ㉣ 가축관리
- ㉤ 관배수로, 운반 토양의 관리
- ㉥ 관상식물, 비산(飛散) 종자의 관리
- ㉦ 오염된 작물 종자의 수확 관리
- ㉧ 선별잔해물의 퇴기비 및 사료전환

② 물리적(기계적) 방제
- ㉠ 깎기(예취) : 지상부를 잘라주면 잡초로 하여금 지하부의 영양분을 지상부의 재생에 사용하게 하여 식물 자체를 약하게 함
- ㉡ 경운(耕耘) : 기존 잡초 억제와 부분적 제거에 이용
- ㉢ 멀칭(mulching) : 빛의 투과를 차단, 상당수의 광발아 잡초들의 발아를 억제
- ㉣ 침수처리 : 논에서 10~15cm 수심을 유지하면 잡초발생억제
- ㉤ 중경 · 배토
- ㉥ 범용관리기를 이용하여 자연적인 잡초제거
- ㉦ 화염제초
- ㉧ 잡초소각 및 흙속의 잡초종자까지 사멸

③ 경종적(재배적) 방제
- ㉠ 작부체계 : 윤작, 답전윤환재배, 이모작
- ㉡ 육묘이식재배 : 육묘이식 및 이앙으로 작물이 공간 선점
- ㉢ 재식밀도 : 재식밀도를 높여 초관형성 촉진
- ㉣ 품종선정 : 분지성, 엽면적, 출엽속도, 초장 등 경합력이 큰 작물 선정
- ㉤ 재파종 및 대파 : 1년생 잡초의 발생억제
- ㉥ 피복작물 : 토양침식 및 잡초발생 억제
- ㉦ 춘경 · 추경 · 경운 · 정지 : 작물의 초기생장 촉진
- ㉧ 병해충 및 선충 방제 : 적기방제로 피해지의 잡초발생 억제

④ 생물학적 방제
- ㉠ 기생성, 식해성, 감염 병원성을 지닌 생물을 이용
- ㉡ 잡초의 밀도를 적게 하는 수단

    ⓒ 병원미생물 : 올방개, 돌피 등의 방제에 실용화(녹병균, 곰팡이, 세균, 선충, 바이러스 등)

    ⓔ 대, 소동물오리, 새우, 참게, 우렁이 등을 이용

    ⓜ 어패류 : 수생잡초를 선택적으로 방제(잉어, 붕어, 흑색달팽이, 초어)

    ⓗ allelopathy : 인접식물의 생육에 부정적인 영향(호밀, 귀리, 보리 등)

    ⓢ 잡초식해곤충 : 돌소리쟁이(좀남색잎벌레), 선인장(좀벌레), 고추나물 속(무구풍뎅이)

⑤ **종합적 방제(IWM, Integrated Weed Management)**

    ㉠ 농약, 천적, 내병충성 품종, 작물의 재배법 등을 유기적으로 조화

    ㉡ 작물의 생산성 향상에 목표를 두어야 함

    ㉢ 완전 박멸보다는 경제적 허용범위까지 방제(防除)

    ㉣ 방제법을 2종 이상 선택

    ㉤ 협력적인 조건에서 물리적, 경종적, 화학적, 생물적 방제법 등을 연계성 있게 수행

    ㉥ 제초 필요성의 검토, 잡초군락의 조사 및 예찰, 제초방법의 선정, 제초방법의 체계화, 방제체계의 적용 등

(3) 병원균의 종류에 따른 병★

① **곰팡이(진균)** : 벼도열병, 키다리병, 깨씨무늬병, 잎집무늬병, 깜부기병, 역병, 노균병, 탄저병, 오이 덩굴쪼김병, 흰가루병(白粉病, 오이 · 장미), 과수의 부란병(상처 부위)

② **세균(박테리아)** : 벼흰빛잎마름병, 채소의 풋마름병, 감자의 더뎅이병(瘡痂病), 과수의 근두암종병(根頭癌腫病, crown gall), 과수의 화상병, 복숭아 세균구멍병 등

③ **마이코플라즈마** : 벼 노른오갈병, 감자 · 대추의 빗자루병(테트라사이클론 등 항생물질로 치료)

④ **바이러스** : 벼 오갈병, 줄무늬잎마름병, 담배모자이크병, 토마토 · 감자의 바이러스병 등

(4) 병충해 방제법★

① **재배적 방제(경종적 방제)**

무병식물 이용, 저항성 품종 이용, 전염원 제거, 윤작, 시비에 의한 생육촉진방법 등을 이용하는 방제법

    ㉠ 토지의 선정

    ㉡ 시비법의 개선

    ㉢ 품종의 선택 및 생육기의 조절

    ㉣ 정결한 포장 관리

ⓜ 윤작, 재배양식의 변화

ⓗ 수확물의 건조

ⓢ 혼식

ⓞ 중간 기주 식물의 제거

② 생물학적 방제

　　㉠ 기생성 곤충 : 침파리, 고치벌, 맵시벌 등

　　㉡ 포식성 곤충 : 풀잠자리, 꽃등애

　　㉢ 병원 미생물 : 송충이(좀도병균), 옥수수(심식충)

③ 기계적 방제(물리적 방제)

　　㉠ 온탕처리 : 종자의 바이러스 불활성화, 구근류의 선충, 뿌리응애방제

　　㉡ 토양소독 : 증기 및 태양열 소독

　　㉢ 공중습도 조절 : 습도 증가에 의한 응애 방제, 습도 저하에 의한 흰가루병, 잿빛곰
　　　 팡이병 등 대부분의 병해방제

　　㉣ 온도처리 : 맥류의 깜부기병, 고구마의 검은 무늬병 등 온탕처리로

　　㉤ 포살 및 채란

　　㉥ 담수 및 차단

　　㉦ 소각 및 소토 : 토양전염성 병해충 구제

　　㉧ 유살

④ 화학적 방제

　　㉠ 각종 살균제 : 살충제, 유인제, 기피제, 화학불임제, 보조제 등

　　㉡ 살비제 : 곤충에는 효과가 없으며, 응애류에 효과가 있다.

⑤ 종합적 방제(IPM, integrated pest management)

　　㉠ 경제적 손실이 위험 수준이 되지 않는 범위에서 병해충의 밀도를 유지

　　㉡ 식물 검역 및 특정 작물 재배 금지나 제한 등과 함께 생물학적, 화학적, 그리고
　　　 경종적 방제 수단을 모두 포함

　　㉢ 식물병, 해충, 잡초 등의 유해 생물들에 대한 식물보호 수단을 활용하려는 장기적
　　　 인 전략

　　㉣ 작물보호를 최적화(最適化)하려는 목적에서 유해생물 개체군을 조절 관리

　　㉤ 병해충의 종합적 대책은 경종적, 생물적(유전공학 포함) 및 화학적인 3대 요인으로
　　　 집약

　　㉥ IPM은 모든 방제 방법을 서로 모순되지 않게, 부작용을 최소화하고, 작물 생산물
　　　 의 부가 가치를 높이는 전략

(5) 천적을 이용한 해충방제 *

① 칠레이리응애, 긴털이리응애, 팔라시스이리응애, 오이이리응애 : 귤응애, 잎응애, 점박이응애

② 애꽃노린재류, 으뜸애꽃노린재 : 총채벌레류

③ 온실가루이좀벌, 황온좀벌, 담배장님노린재 : 온실가루이, 담배가루이

④ 칠성풀잠자리, 어리줄풀잠자리, 콜레마니진디벌, 진디혹파리, 무당벌레, 어비진딧벌 : 진딧물류

⑤ 애꽃노린재류, 으뜸애꽃노린재 : 목화진딧물, 점박이응애, 나방류의 알

⑥ 잎굴파리좀벌 : 잎굴파리

⑦ 황온좀벌 : 담배가루이

(6) 페로몬(pheromone)

① 개념 및 의의

　㉠ 페로몬이란 어원은 희랍어의 pherein(to carry : 운반하다)과 Horman(to excite : 흥분시키다)의 합성어로 독일의 Karlson과 부테넨츠(Butenendt)에 의해 1959년에 명명되었다.

　㉡ 페로몬은 대부분 극소량이 분비되어 통신목적으로 이용되며 결국 감각기관을 통해 탐지되고 그 정보가 중추신경계로 전달되어 직접 행동에 영향을 준다.

　㉢ 페로몬이란 같은 종 내의 한 개체가 외부로 방출하는 물질로 다른 개체에 의해 감각되어 특이한 행동 반응을 보이게 하는 물질로 정의된다.

　㉣ 같은 종내 다른 개체와의 통신수단으로서 체외로 분비하며 휘발성이 강한 화합물이다.

② 페로몬의 종류

　㉠ 페로몬은 곤충의 행동반응에 따라 성페로몬, 집합페로몬, 경보페로몬, 길잡이페로몬, 분산페로몬, 계급페로몬 등으로 구별할 수 있다.

　㉡ 해충 방제에 주로 이용하는 페로몬이 성페로몬이다.

　㉢ 무독하고 환경오염을 발생시키지 않으며 같은 종에만 영향을 미친다.

　㉣ 같은 종내 다른 개체와의 통신수단으로서 체외로 분비하며 휘발성이 강한 화합물이다.

제5장 핵심기출문제

1. A농가가 요소 엽면시비를 하고자 하는 이유가 아닌 것은?

① 신속하게 영양을 공급하여 작물 생육을 회복시키고자 할 때
② 토양 해충의 피해를 받아 뿌리의 기능이 크게 저하되었을 때
③ 강우 등으로 토양의 비료 성분이 유실되었을 때
④ 작물의 생식 생장을 촉진하고자 할 때

정답 및 해설

[해설] ※ 엽면시비의 실용성
① 작물에 미량요소의 결핍증이 나타났을 경우 : 결핍증을 나타나게 하는 요소를 토양에 시비하는 것보다 엽면에 시비하는 것이 효과가 빠르고 시용량도 적어 경제적이다.
② 작물의 초세를 급속히 회복시켜야 할 경우 : 작물이 각종 해를 받아 생육이 쇠퇴한 경우 엽면시비는 토양시비 보다 빨리 흡수되어 시용의 효과가 매우 크다.
③ 토양시비로는 뿌리 흡수가 곤란한 경우 : 뿌리가 해를 받아 뿌리에서의 흡수가 곤란한 경우 엽면시비에 의해 생육이 좋아지고 신근이 발생하여 피해가 어느 정도 회복 된다.
④ 토양시비가 곤란한 경우 : 참외, 수박 등과 같이 덩굴이 지상에 포복 만연하여 추비가 곤란한 경우, 과수원의 초생재배로 인해 토양시비가 곤란한 경우, 플라스틱필름 등으로 표토를 멀칭하여 토양에 직접적인 시비가 곤란한 경우 등에는 엽면시비는 시용효과가 높다.

[정답] ④

2. 저장성을 향상시키기 위한 저장 전 처리에 관한 설명으로 옳지 않은 것은?

① 결구배추는 수분 손실을 줄이기 위해 수확한 후 바로 저장고에 넣어 보관한다.
② 감자는 수확 시 생긴 상처를 빨리 아물게 하기 위해 큐어링을 실시한다.
③ 마늘은 휴면이 끝나면 싹이 자라 상품성이 저하될 수 있으므로 맹아 억제 처리를 한다.
④ 수박은 고온기 수확 시 품온이 높아 바로 수송할 경우 부패하기 쉬우므로 예냉을 실시한다.

> 정답 및 해설
>
> [해설] 결구배추, 양파, 마늘, 감귤 등은 저장고에 입고하기 전에 작물의 일부를 자연조건에서 미리 건조한 후 저장한다.
>
> [정답] ①

3. 과실의 수확 적기를 판정하는 항목으로 옳은 것을 모두 고른 것은?

ㄱ. 만개 후 일수   ㄴ. 당산비   ㄷ. 단백질 함량

① ㄱ, ㄴ   ② ㄱ, ㄷ

③ ㄴ, ㄷ   ④ ㄱ, ㄴ, ㄷ

> 정답 및 해설
>
> [해설] ※ 수확적기 판정시 고려 사항
> - 호흡속도, 에틸렌 등 생리대사의 변화
> - 당함량, 산함량 등 대사산물의 변화
> - 만개 후 일수
>
> [정답] ①

4. 국화의 생육억제제로 쓰이는 식물생장 조절제는?

① IAA   ② NAA

③ 2,4-D   ④ B-9

> 정답 및 해설
>
> [해설] 전조(電照 : 형광등 조명)재배의 기간이 길어져서 생장을 억제 해야하는 국화재배지나 키를 낮게 키워야 하는 콩, 들깨 등 일반 작물에서도 유용하게 사용할 수 있다.
>
> [정답] ④

5. 식물의 생장과 발육에 영향을 주는 식물생장조절제에 대한 설명으로 옳은 것은?

① 사과나무에 자연낙화하기 지전에 ABA를 살포하면 낙과를 방지할 수 있다.
② 포도나무(델라웨어 품종)에 지베렐린을 처리하여 무핵과를 얻을 수 있다.
③ NAA는 잎의 기공을 폐쇄시켜 증산을 억제시킴으로써 위조저항성이 커진다.
④ 시토키닌은 사과나무, 서양배 등의 낙엽을 촉진시켜 조기수확을 할 수 있다.

[해설] ① 사과나무에 자연낙화하기 이전에 NAA, 2,4-D를 살포하면 열매자루의 이층형성을 억제하여 낙과를 방지할
수 있다.
③ ABA는 잎의 기공을 폐쇄시켜 증산을 억제시킴으로써 위조저항성이 커진다.
④ 에세폰은 사과나무, 서양배 등의 낙엽을 촉진시켜 조기수확을 할 수 있다.

[정답] ②

6. 우리나라 토마토 시설재배 농가에서 사용하는 탄산시비에 대한 설명으로 옳지 않은 것은?

① 탄산시비하면 수확량 증대효과가 있다.
② 탄산시비 공급원으로 액화탄산가스가 이용된다.
③ 광합성능력이 가장 높은 오후에 탄산시비 효과가 크다.
④ 탄산시비의 효과는 시설내 환경변화에 따라 달라진다.

[해설] 오후에는 광합성능력이 저하된다. CO_2를 시용할 필요가 없고, 전류를 촉진하도록 유도한다. 광합성 활동이
증가하면 CO_2 함량은 급격히 감소한다.

[정답] ③

7. 병충해 방제법에 대한 설명으로 옳지 않은 것은?

① 밀의 곡실선충병은 종자를 소독하여 방제한다.
② 배나무 붉은별 무늬병을 방재하기 위하여 중간기주인 향나무를 제거한다.
③ 풀잠자리, 됫박벌레, 진딧물은 기생성 곤충으로 천적으로 이용된다.
④ 벼 줄무늬잎마름병에 대한 대책으로 저항성품종을 선택하여 재배한다.

[해설] 천적을 이용하는 방법이 생물학적 방제이다. 풀잠자리, 됫박벌레, 진딧물은 포식성 곤충으로 해충을 잡아먹는다. 기생성 곤충은 침파리, 고치벌, 꼬마벌 등이 있다.

[정답] ③

---

8. 작물의 시비관리에 대한 설명으로 옳지 않은 것은?

① 벼 만식(晩植)재배시 생장촉진을 위해 질소시비량을 증대한다.
② 생육기간이 길고, 시비량이 많은 작물은 밑거름을 줄이고 덧거름을 많이 준다.
③ 엽면시비는 미량요소의 공급 및 뿌리의 흡수력이 약해졌을 때 효과적이다.
④ 과수의 결과기에 인 및 칼리질비료가 충분해야 품질향상에 유리하다.

[해설] 만식재배에서는 도열병 발생의 우려가 크므로 질소시비량을 줄여야 한다.

[정답] ①

---

9. 곡물의 저장과정에서 일어나는 변화에 대한 설명으로 옳지 않은 것은?

① 저장중 호흡소모와 수분증발등으로 중량이 감소한다.
② 저장중 발아율이 저하된다.
③ 저장중 지방의 자동산화에 의해 산패가 일어나 유리지방산의 증가로 묵은 냄새가 난다.
④ 저장중 α-아밀라제에 의해 전분이 분해되어 환원당 함량이 감소한다.

[해설] 저장중 전분(포도당)이 α-아밀라제에 의해 분해되어 환원당 함량이 증가한다.

[정답] ④

---

10. 수확후 농산물의 호흡억제를 위한 목적으로 사용되는 방법이 아닌 것은?

① 청과물의 예냉
② 서류의 큐어링
③ 엽근채류의 0~4℃ 저온저장
④ 과실의 CA저장

[해설] 수확물의 상처에 유상조직인 코르크층을 발달시켜 병균의 침입을 방지하는 조치를 큐어링(curing)이라 한다.
④ CA저장(Controlled Atmosphere storage) : 인위적 저장기술로서 산소를 낮추고 이산화탄소를 높여 저온을 유지한다.

[정답] ②

11. 작물의 로제트(rosette)현상을 타파하기 위한 생장조절물질은?

① 옥신
② 지베렐린
③ 에틸렌
④ 아브시스산

[해설] 국화재배시 여름 고온을 경과한 후 가을의 저온을 접하면 절간이 신장하지 못하고 짧게 되는 현상을 말한다.
로제트화는 여름철 고온 후 저온이 경과될 때 많이 발생한다.
로제트 현상을 타파하려면 저온(5도)에서 15일에서 4주이상 처리(저온처리), 지베렐린(GA) 100ppm처리, 삽수
또는 발근묘의 냉장처리하는 방법이 있다.

[정답] ②

12. 해충 방제에 이용되는 천적을 모두 고른 것은?

| ㄱ. 애꽃노린재류 | ㄴ. 콜레마니진디벌 | ㄷ. 칠레이리응애 | ㄹ. 점박이응애 |

① ㄱ, ㄹ
② ㄱ, ㄴ, ㄷ
③ ㄴ, ㄷ, ㄹ
④ ㄱ, ㄴ, ㄷ, ㄹ

[해설] 점박이응애는 기주식물의 범위가 넓은 해충으로 과수 및 원예식물에 흡즙성 가해를 하는 주요 해충 중 하나이
다. 잎의 뒷면에만 주로 서식하며, 구기를 세포 속에 찔러 넣고 엽록소 등 내용물을 흡즙하므로 겉면에는 피해
증상이 잘 나타나지 않는다.

[정답] ②

13. 채소작물 재배 시 에틸렌에 의한 현상이 아닌 것은

① 토마토 열매의 엽록소 분해를 촉진한다.
② 가지의 꼭지에서 이층(離層)형성을 촉진한다.
③ 아스파라거스의 육질 연화를 촉진한다.
④ 상추의 갈색 반점을 유발한다.

정답 및 해설

[해설] 에틸렌은 일반적으로 작물의 경도를 약화하여 물러지게 만든다. 아스파라거스는 육질을 경화시킨다.

[정답] ③

14. 과수에서 세균에 의한 병으로만 나열한 것은?

① 근두암종병, 화상병, 궤양병
② 근두암종병, 탄저병, 부란병
③ 화상병, 탄저병, 궤양병
④ 화상병, 근두암종병, 부란병

정답 및 해설

[해설] 세균(박테리아) : 벼흰빛잎마름병, 채소의 풋마름병, 감자의 더뎅이병, 과수의 근두암종병(根頭癌腫病, crown gall), 과수의 화상병, 복숭아 세균구멍병, 궤양병 등

[정답] ①

15. 곰팡이에 의한 병이 아닌 것은?

① 감귤 역병
② 사과 화상병
③ 포도 노균병
④ 복숭아 탄저병

정답 및 해설

[해설] 사과, 배 등 과수나무에 발생하는 세균성 병해이다. 에르위니아 아밀로보라라는 세균에 의해 감염된다. 감염된 나무는 잎·꽃·가지·줄기·과일 등이 화상을 입은 것처럼 조직이 검게 변해 서서히 말라죽는다. 감염된 나무가 발견되면 반경 100m 이내의 개체들은 모두 폐기해야 하며, 발병지역에서는 5년간 해당 과수나무를 심지 못해 농가에 극심한 피해를 남긴다.

[정답] ②

16. 세균에 의해 작물에 발생하는 병해는?

① 궤양병 ② 탄저병
③ 역병 ④ 노균병

[해설] ② 탄저병: 진균, ③ 역병: 진균, ④ 노균병: 진균

[정답] ①

17. 호흡 급등형 과실인 것은?

① 포도 ② 딸기
③ 사과 ④ 감귤

[해설] 호흡 급등형 과실 : 배, 사과, 토마토, 멜론, 수박, 복숭아 등
　　　호흡 비급등형 과실 : 감귤, 포도, 가지, 고추, 오이, 딸기, 파인애플 등

[정답] ③

18. 다음이 설명하는 과수의 병은?

○ 세균에 의한 병
○ 전염성이 강하고, 5~6월경 주로 발생
○ 꽃, 잎, 줄기 등이 검게 변하며 서서히 고사

① 대추나무 빗자루병 ② 포도 갈색무늬병
③ 배 화상병 ④ 사과 부란병

[해설] 화상병(Erwinia amylovora)은 세균이 사과, 배나무 등 장미과 식물에 일으키는 병으로, 전염성이 강하여 한번
　　　발생하면 나무 전체가 고사될 수 있는 병이다.
① 대추나무 빗자루병 : 대추나무의 꽃눈이 잎눈으로 변하면서 작은 잎이 계속 나와 마치 빗자루와 같은 모습을
　　나타내는 질병이다.

② 포도 갈색무늬병 : 갈색무늬병은 캠벨얼리에 많이 발생하는 병으로 잎에만 발생한다. 심하게 발생하면 8~9월경에 조기낙엽 되어 과실의 품질과 수량이 떨어지고 결과모지가 약해져 이듬해 발아가 지연된다.
④ 사과 부란병 : 나무의 줄기 및 가지에 발생되어 가지 또는 나무전체를 말려 죽이거나 나무세력을 약하게 하여 과실수량에 심한 영향을 미치는 무서운 병이다. 본 병은 처음 나무껍질이 갈색으로 되며, 약간 부풀어오르고 쉽게 벗겨지며, 시큼한 냄새가 난다.

[정답] ③

19. 다음은 탄질비(C/N율)에 관한 내용이다. ( )에 들어갈 내용을 순서대로 옳게 나열한 것은?

작물체내의 탄수화물과 질소의 비율을 C/N율이라 하며, 과수재배에서 환상박피를 함으로서 환상박피 윗부분의 C/N율이 ( ), ( )이/가 ( )된다.

① 높아지면, 영양생장, 촉진
② 낮아지면, 영양생장, 억제
③ 높아지면, 꽃눈분화, 촉진
④ 낮아지면, 꽃눈분화, 억제

정답 및 해설

[해설] 작물체내의 탄수화물과 질소의 비율을 C/N율이라 하며, 과수재배에서 환상박피를 함으로서 환상박피 윗부분의 C/N율이 높아지면, 꽃눈분화가 촉진된다.
* 탄질률(carbon-nitrogen ratio, C/N 率) : 잎에서 탄소동화작용에 의해 만들어진 탄수화물(C)과 뿌리에서 흡수한 질소(N) 성분의 비율 에 의하여 가지의 생장, 꽃눈의 형성 및 열매에 영향을 준다는 이론

[정답]

20. 전염성 병해가 아닌 것은?

① 토마토 배꼽썩음병
② 벼 깨씨무늬병
③ 배추 무름병
④ 사과나무 화상병

정답 및 해설

[해설] 토마토 배꼽썩음병은 "칼슘(석회) 부족"으로 인해 발생

[정답] ①

<table><tr><td>제6장</td><td>상적발육과 환경</td></tr></table>

01 | 상적발육

(1) 상적발육의 개념

① 작물의 아생(牙生), 화성(花成), 개화(開花), 성숙(成熟)등과 같은 작물의 단계적 양상을 발육상이라 하고, 이 같은 여러가지 발육상을 거쳐서 발육이 완성됨을 상적발육이라 함

② 화성(花成) : 상적 발육에 있어서 가장 중요한 발육상의 경과는 영양기관의 발육단계인 영양적 발육 또는 영양 생장을 거쳐 생식기관의 발육단계인 생식적 발육 또는 생식 생장으로 이행하는 것

③ 신장(elongation) : 작물생육에서 키가 크는 것

④ 생장(growth) : 여러 기관이 양적으로 증대하는 것을 이라 한다.

⑤ 발육(development) : 작물이 아생·분얼·화성·등숙 등의 과정을 거치면서 체내에 질적인 재조정작용이 생기는 것

(2) 화성유도의 주요 요인★

① 내적요인 : C/N율, 옥신, 지베렐린 등

  ㉠ C/N율이 식물의 생육, 화성, 결실을 지배하는 기본요인이 된다는 학설로, C/N율이 높으면 화성이 유도되고, 낮으면 영양생장이 계속된다고 한다.

  ㉡ C/N율 설이 적용되는 예

   • 과수재배 시 환상박피, 각절(줄기의 여러 곳에 칼질하여 관다발의 일부를 끊는 것)

   • 고구마 순을 나팔꽃 대목에 접목하면 지상부의 탄수화물축적이 많아져 개화결실이 조장된다.

  ㉢ 엽과비(leaf and fruit ratio, 葉果比) : 한 식물 개체에 달린 잎과 열매 수의 비율. 열매 수에 대한 잎의 수의 비율로 표시하는데, 비율이 높을수록 열매가 커지는 경향이 있다.

② 외적요인 : 일장관계, 감온(감광)성, 버널리제이션 등이 관여

(3) 버널리제이션(춘화)★

① 춘화처리(春花處理)

식물체 일정시기에 인위적인 저온에 의해 화성을 유도, 촉진하는 것

② 버널리제이션의 종류

㉠ 처리온도 : 저온춘화(월년생 장일식물), 고온춘화(단일작물)

㉡ 처리시기 :

- 종자춘화형식물 : 최아종자 때부터 저온에 감응하는 작물 (예) 추파맥류, 완두, 잠두, 무 등
- 녹식물춘화형식물 : 녹체기 때부터 저온에 감응하는 작물 (예) 양배추, 양파, 히요스 등

③ 춘화처리에 관여하는 조건

㉠ 최아 : 최아종자는 처리기간이 길어지면 부패하거나 유근이 도장될 우려가 있음

㉡ 처리온도와 기간 : 일반적으로 겨울작물은 저온, 여름작물은 고온이 효과적임

㉢ 산소 : 산소가 부족하여 호흡이 불량하면 춘화처리의 효과가 지연됨

㉣ 광선 : 온도를 유지하고 건조를 방지하기 위하여 암중에 보관하는 것이 좋음

㉤ 건조 : 고온과 건조는 저온처리의 효과를 경감 또는 소멸시킴

(4) 이춘화(離春花)와 재춘화(再春花)★

① 자극의 감응부위 : 생장점

② 이춘화(離春花) : 저온 춘화처리를 실시한 직후에 35℃의 고온에서 춘화처리효과가 상실

③ 재춘화 : 가을호밀에서 이춘화 후에 저온 춘화처리를 하면 다시 춘화처리가 되는 것

(5) 춘화처리의 이용

① 꽃의 촉성재배로 출하시기를 앞당길수 있음

② 춘화처리를 이용하여 육종연한을 단축시킬 수 있음

③ 월동하는 작물을 봄에 심어도 저온 처리하면 출수·개화하므로 채종재배에 이용

④ 재배상의 이용 : 재배상의 이용 추파성과 춘파성을 알면 파종기나 재배적지 등의 선택에 도움이 되며, 추파맥류라도 춘화처리하여 춘파할 수 있음

⑤ 재배법의 개선 : 추파성 정도가 낮은 품종은 월동 전에 생식생장이 유도되므로 비교적 만파하는 것이 안전함

⑥ 종 또는 품종의 감정 : 종자의 발아율 등을 고려

(6) 추대의 환경요인

① 추대 : 화아분화 이후 조건이 적당하여 화경이 자라는 현상. 잎줄기채소의 상품성을 저해한다.

② 온도 : 저온 감응성인 무, 배추는 온도를 감응한 후 온난, 장일 상태에서 추대가 빨라진다.

③ 일장 : 화아분화 이후 장일이면 추대가 더욱 촉진된다.

④ 토양 : 척박하면 추대가 빨라지고, 비옥하면 추대가 늦어진다. 또한 사질토양이 점질토양보다 추대가 빠르다.

⑤ 가지과의 토마토와 고추, 박과의 오이와 호박 등은 화아분화와 추대에 일장 등 특별한 환경조건을 요구 하지 않는다.

(7) 일장효과★

① 밝을 때(명기)가 어두울 때(암기)보다 길 때 개화 결실되는 것을 장일이라 하고, 암기가 길 때 개화 결실하는 것을 단일성이라 한다.

② 한계 일장 : 12~14시간 정도가 기준이 된다.

③ 일장효과에 영향을 주는 요인

  ㉠ 발육단계 : 벼는 본엽 7~9매 시부터 출수 30일 전까지 민감하다.

  ㉡ 처리일수에 영향을 받는다.

  ㉢ 온도, 광, 광도가 관계한다.

  ㉣ 광질 : 600~680nm(적색광)에서 효과가 크고, 480nm(청색광)에서는 효과가 미약하다

  ㉤ 연속암기 : 단일식물의 경우 연속암기 중간에 광을 조사하면 암기의 합계가 아무리 길어도 단일효과가 발생하지 않는다.(야간조파)

  ㉥ 질소의 사용 : 장일식물은 질소가 부족 시 개화가 촉진, 단일식물은 질소가 많아야 단일효과가 커진다.

(8) 일장형에 따른 작물의 분류★

① 단일식물

  ㉠ 단일상태(보통 8~10시간 조명)에서 화성이 유도, 촉진

  ㉡ 최적일장과 유도일장의 주체가 단일측에 있고, 한계일장은 보통 장일측에 있음

  ㉢ 암기가 일정 시간 지속되어야 함

  ㉣ 옥수수, 국화, 콩, 담배, 들깨, 딸기, 도꼬마리, 목화, 벼 등

② 장일식물

　㉠ 장일상태(보통 16~18시간 조명)에서 화성이 유도, 촉진

　㉡ 최적일장과 유도일장의 주체가 장일 측에 있고, 한계일장은 보통 단일 측에 있음

　㉢ 맥류, 양귀비, 시금치, 양파, 상추, 아마, 티머시, 아주까리, 감자 등

③ 중일(성)식물

　㉠ 일정한 한계일장이 없고, 대단히 넓은 범위의 일장에서 화성이 유도

　㉡ 화성이 일장의 영향을 받지 않는다고 할 수도 있다.

　㉢ 강낭콩, 고추, 토마토, 당근, 셀러리 등

(9) 일장의 재배적 이용

① 시금치(장일추대) : 추파하여 추대전 생장량 높임

② 호프(단일 작물) : 개화전에 보광하여 영양생장을 계속하게 함

③ 꽃의 개화기 조절

④ 육종연한 단축

⑤ 일장을 이용한 성전환 : 암꽃 수의 증가, 수량 증대

⑥ 자웅동주인 모시풀은 8시간 이하의 단일에서는 자성(암꽃)이 되고, 14시간이상 장일 조건에서는 웅성(수꽃)이 핀다.

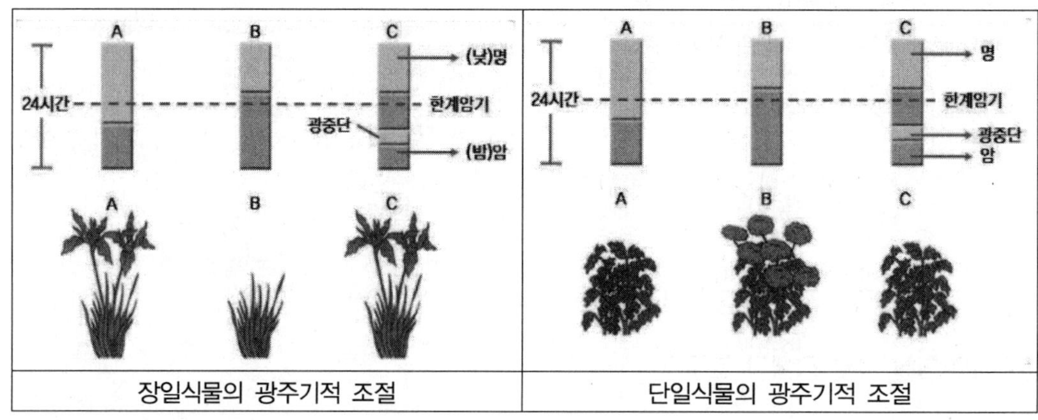

02 | 번식

(1) 유성번식

① 개념

ㄱ 유성번식이란 웅성배우자와 자성배우자를 형성하여 이들이 접합 또는 수정 되어 접합자를 형성한 뒤 분열, 증식하여 개체를 형성하는 생식법으로 대게의 다세포 생물에서 볼 수 있으며 우리가 가장 흔히 접할 수 있는 번식 방법이다.

ㄴ 유성생식은 주변에 같은 수종이 많을 경우에 잡종이 형성되어 특유형태의 수종 번식이 안 되는 경우도 있다.

② 장점

ㄱ 특정 유전형질의 조합으로 새로운 개체를 계속 만들어 낼 수 있다.

ㄴ 근친교배보다 유전적으로 가능한 다른 종들끼리 교배할 경우 더욱 건강한 후세를 얻을 수 있다.

③ 단점

ㄱ 돌연변이가 계속해서 후대에 유전된다.

ㄴ 우수한 유전자라도 후세에 그대로 발현시키기는 어렵다.

(2) 자식성 식물과 타식성 식물

① 자식성 식물

ㄱ 벼, 밀, 대두, 토마토, 복숭아, 담배, 고추, 보리, 수수, 목화

ㄴ 자연교잡률 4% 이하인 작물 : 벼, 보리, 밀, 콩, 땅콩, 아마, 토마토

ㄷ 타식성에 비해 임실률이 낮다.

ㄹ 화기가 잘 열리지 않는다.

② 타식성 식물

ㄱ 마늘, 양파, 고구마, 시금치, 삼, 호프, 아스파라거스, 옥수수, 감, 호밀 등

ㄴ 타식성 작물을 인위적으로 자식시키면 생산성이 떨어지는 현상을 근교약세 또는 자식약세라 한다.

(3) 무성번식★

① 개념

ㄱ 성이 관여하지 않고 주로 모식물체의 영양기관 일부를 떼어내 개체를 증식, 영양

번식이라 한다.

    ⓛ 식물의 기관, 조직, 단세포 심지어는 원형질체까지도 재생능력(전형성능)을 갖고 있기 때문에 무성번식이 가능하다.

② 장점

    ㉠ 모체와 유전적으로 완전히 동일한 다수의 개체 수확 가능

    ㉡ 종자번식 불가능한 경우 유일한 증식수단

    ㉢ 초기생장 좋고 과실을 일찍 맺을 수 있음

③ 단점

    ㉠ 일단 바이러스에 감염되면 제거가 불가능

    ㉡ 저장과 운반이 종자에 비하여 어렵고 비쌈

    ㉢ 종자에 비하여 장기보관 불가능

    ㉣ 증식률도 종자에 비하여 매우 낮음

    ㉤ 작물의 종류·방법에 따라 상당한 기술 필요

(4) 삽목(꺾꽂이, cuttings)★

식물의 영양기관인 잎, 줄기, 뿌리 등을 모체로부터 분리한 후 상토에 꽂아 뿌리를 내리게 하고, 새싹을 돋게 하여 독립된 식물체를 만드는 번식방법

① 뿌리삽(근삽, 根揷) : 근삽은 주로 가을에 뿌리를 캐어 약 15~20cm 깊이로 끊어 지중에 매장하였다가 다음해 봄에 삽목하는 것으로 오동나무, 등나무, 라일락(수수꽃다리) 등도 이용한다.

② 가지삽(지삽, 枝揷)

    ㉠ 휴면지삽(숙지삽, 熟枝揷) : 숙지삽은 전년도에 자란 가지를 삽목하는 방법으로, 3~4월에 주로 실시하므로 낙엽수에는 잎이 붙어 있지 않다. 향나무, 전나무, 가문비나무 등 발근이 어려운 수목을 주로 대상으로 한다.

    ㉡ 녹지삽(綠枝揷, green cuttings) : 녹지삽은 당해 년에 자란 가지가 굳어지기 전에 잎을 붙인 채로 삽목하는 방법

    ㉢ 엽속삽(葉束揷) : 잎에 눈을 붙인 삽목으로 소나무류에 적용된 바 있다.

    ㉣ 엽아삽(葉芽揷) : 엽속삽과 거의 같은 것으로 한 가지에서 다량의 증식재료를 얻을 수 있다는 장점이 있는 것으로 나무딸기에 적용된다.

(5) 접목(접붙이기, grafting)★

① 개념
   ㉠ 번식시키려는 어미나무의 가지나 눈을 떼어내 다른 나무에 붙여 키우는 방법
   ㉡ 접수(접순, scion) : 접을 하는 가지
   ㉢ 대목(stock) : 뿌리가 되거나 접수의 밑부분이 되는 나무
② 유형
   ㉠ 절접(veneer grafting) : 접수는 충실한 눈을 2~3개 붙여서 6~9cm로 잘라 한쪽 면을 깎아내고, 대목도 목질부를 약간 붙여 깎아 상호형성층을 접착시켜 접목하는 방법이다.
   ㉡ 할접(cleft grafting) : 대목의 단면을 직경방향으로 쪼개고 접수를 쐐기모양으로 깎아서 그 속에 끼워 상호 성층을 맞춘다.
   ㉢ 박접(bark grafting) : 대목의 껍질을 약간 벗기고 그 사이에 조제한 접수를 끼워 접목하는 방법이다.
   ㉣ 합접(ordinary grafting) : 대목과 접수의 크기가 같은 것을 골라 단면을 서로 비스듬히 깎아 접목하는 방법이다.
③ 박과 채소류 접붙이기의 장점
   ㉠ 토양전염성 병 발생을 억제한다. (덩굴쪼김병 : 수박, 오이, 참외)
   ㉡ 저온, 고온 등 불량 환경에 대한 내성이 증대된다. (수박, 오이, 참외)
   ㉢ 흡비력이 강해진다. (수박, 오이, 참외)
   ㉣ 과습에 잘 견딘다. (수박, 오이, 참외)
   ㉤ 과실의 품질이 우수해진다. (수박, 멜론)

(6) 취목(묻어떼기, layering)★

모식물의 가지를 휘어 땅속에 묻거나, 가지에 상처를 내고 수태(피트모스) 등으로 싸서 뿌리를 내리게 한 다음에 잘라내어 번식시키는 방법

① **성토법** : 어미나무의 줄기를 짧게 절단하고, 기부에서 많은 새 가지가 나오게 한 다음에 새 가지의 끝이 보일 정도로 2~3회 흙을 덮어 주어서 새 가지 밑동에서 뿌리가 나오게 하는 방법(사과, 양앵두, 석류, 목련 등)
② **선취법** : 식물의 가지를 휘어 그 한끝을 땅속에 묻어서 뿌리를 내리게 하는 인공 번식법 가지를 여러 번 파상적으로 굽혀 굴곡시켜 번식하는 방법
③ **파상취법** : 포도나무, 덩굴장미 번식에 이용

④ 당목취법(撞木取法) : 과수의 휘묻이 번식 방법의 하나. 나뭇가지를 수평으로 묻고, 각 마디에서 발생하는 새 가지를 발근시켜, 한 가지에서 여러 개를 취목하는 방법(포도, 자두 등)

⑤ 고취법(양취법) : 공중에 뻗어 있는 새 가지에 상처를 내거나 환상박피를 하고, 그 부분을 축축한 수태로 싸서 그 속에서 발근이 이루어지도록 하는 번식방법(고무나무, 라일락 등)

(7) 분주(Division)

① 자연적으로 생겨난 식물체의 일부를 떼어내어 증식시키는 번식방법(=포기나누기)

② 흡지 : 땅속뿌리에서 새싹이 돋아 지상부로 자라나오는 가지(국화, 용설란, 나무딸기 등)

③ 포복경 : 근관부 액아에서 발생한 기는줄기, 마디에서 새로운 식물체를 만드는 가지 (딸기, 접란 등)

(8) 분구(알뿌리나누기)

① 분구의 방법

　㉠ 크로스커팅(노칭법) : 인경의 밑부분을 기부의 중심까지 2~6곳을 절상하는 방법

　㉡ 코어링 : 코르크 천공기(cork borer)나 그와 비슷한 장치를 이용해서 짧은 축의 끝에 있는 중심부의 생장점을 완전히 제거하는 일. 비늘 줄기의 번식법의 하나

　㉢ 스쿠핑 : 수확한 구를 거꾸로 하여 가운데가 움푹 들어가도록 단축경을 도려내는 방법

② 인경, 구경 : 분리법

③ 괴경, 구근 : 절단법

(9) 원예식물의 조직배양(tissue culture)

① 개념

　㉠ 식물체의 일부를 모체로부터 분리시켜 특수한 용기 내에서 무균상태로 배양시키는 기술

　㉡ 식물이 가지고 있는 재생능력을 인간이 적절한 배양환경 하에서 최대한으로 이용

　㉢ 전형성능(totipotency) : 세포, 조직, 기관 등이 완전한 식물체로 만들어지는 것

② 원예적 이용

　㉠ 대량 급속 증식 : 영양번식작물의 대량번식(감자, 카네이션, 사과, 난)

　㉡ 무병주 생산 : 바이러스에 감염되지 않은 무병종묘 생산, 생장점 배양(감자, 딸기)

ⓒ 육종에의 이용 : 형질전환, 배배양, 세포융합, 약배양, 기내선발, 유전자원 장기보존

ⓓ 2차 대사산물 생산 : 생장, 발육 및 생식과정과 같이 생존에 필수적인 물질 이외의
천연산물의약, 염료, 시약, 공업원료로 사용

1. 다음 (   )에 들어갈 내용으로 옳은 것은?

> 저온에서 일정 기간 이상 경과하게 되면 식물체 내 화아분화가 유기되는 것을 (ㄱ)라 말하며, 이 후 25~30℃에 3~4주 정도 노출시켜 이미 받은 저온감응을 다시 상쇄시키는 것을 (ㄴ)라 한다.

① ㄱ: 춘화, ㄴ: 일비   ② ㄱ: 이춘화, ㄴ: 춘화

③ ㄱ: 춘화, ㄴ: 이춘화   ④ ㄱ: 이춘화, ㄴ: 일비

정답 및 해설

[해설] 밀, 보리 겨울종은 겨울 저온을 거쳐야 다음해 봄에 꽃을 피우고 곡식을 생산할 수 있다. 이와 같이 저온을 거쳐야 다음 해에 적당한 환경에서 꽃을 피우는 생리적 현상을 춘화처리라고 한다.
* 이춘화 : 저온춘화 한 작물을 고온에 경과하면 춘화처리 효과가 상실되는 현상

[정답] ③

2. 종자춘화형에 속하는 작물은?

① 양파, 당근   ② 당근, 배추

③ 양파, 무   ④ 배추, 무

정답 및 해설

[해설] 종자춘화형 : 무, 배추, 완두, 추파맥류 등
* 녹식물 춘화형 : 양파, 양배추, 국화, 당근, 우엉 등

[정답] ④

3. 자가수분으로 수분수가 필요 없는 과수는?

    ① 신고 배   ② 후지 사과
    ③ 캠벨얼리 포도   ④ 미백도 복숭아

[해설] 캠벨얼리 포도는 자가수분이 가능하여 수분수가 필요하지 않다.

* 수분수 : 과수에서 결실을 위하여 꽃가루를 주는 나무를 말하며, 대부분 과수는 자가불화합성으로 수분수가 필요한데, 유일하게 포도는 자기화합성으로 수분수가 필요없다.

[정답] ③

4. 작물의 일장형에 관한 설명으로 옳지 않은 것은?

    ① 보통 16-18시간의 장일조건에서 개화가 유도, 촉진되는 식물을 장일식물이라고 하며 시금치, 완두, 상추, 양파, 감자 등이 있다.
    ② 보통 8-10시간의 단일조건에서 개화가 유도, 촉진되는 식물을 단일식물이라고 하며 가지, 콩, 오이, 호박 등이 있다.
    ③ 일장의 영향을 받지 않는 식물을 중성식물이라고 하며 토마토, 당근, 강낭콩 등이 있다.
    ④ 좁은 범위에서만 화성이 유도, 촉진되는 식물을 정일식물 또는 중간식물이라고 한다.

[해설] 단일식물 : 옥수수, 콩, 딸기, 국화, 벼 등
      장일식물 : 상추, 시금치 등
      중일(중성)식물 : 가지, 오이, 토마토, 호박 등

[정답] ②

5. 무성생식에 비해 종자번식이 갖는 상업적 장점이 아닌 것은?

    ① 대량생산 용이   ② 결실연령 단축
    ③ 원거리이동 용이   ④ 우량종 개발

정답 및 해설

[해설] 무성생식 또는 영양생식은 개화와 결실연령을 단축시킨다. 무성생식은 새로운 개체가 생식 세포로부터 생기는 것이 아니고 모체의 체세포에서 발생되는 현상이다.

[정답] ②

6. 삽목번식에 관한 설명으로 옳지 않은 것은?

① 과수의 결실연령을 단축시킬 수 있다.
② 모주의 유전형질이 후대에 똑같이 계승된다.
③ 종자번식이 불가능한 작물의 번식수단이 된다.
④ 수세를 조절하고 병해충 저항성을 높일 수 있다.

정답 및 해설

[해설] ※ 삽목 번식의 단점
식물의 종류에 따라서는 삽목으로는 발근되지 않거나 발근되어도 그 후의 생육이 부 실한 경우가 있다. 실생묘에 비하여 뿌리가 얕으므로 수세를 조절하기가 어렵다.

[정답] ④

7. 다음 (   )에 들어갈 내용으로 옳은 것은?

포도 · 무화과 등에서와 같이 생장이 중지되어 약간 굳어진 상태의 가지를 삽목하는 것을 (ㄱ)이라 하고, 사과 · 복숭아 · 감귤 등에서와 같이 1년 미만의 연한 새순을 이용하여 삽목하는 것을 (ㄴ)이라고 한다.

① ㄱ : 신초삽, ㄴ : 숙지삽   ② ㄱ : 신초삽, ㄴ : 일아삽
③ ㄱ : 숙지삽, ㄴ : 일아삽   ④ ㄱ : 숙지삽, ㄴ : 신초삽

정답 및 해설

[해설] ※ 삽목의 종류
- 숙지삽 : 포도 · 무화과 등에서와 같이 생장이 중지되어 약간 굳어진 상태의 가지를 삽목하는 것
- 신초삽 : 사과 · 복숭아 · 감귤 등에서와 같이 1년 미만의 연한 새순을 이용하여 삽목하는 것
- 일아삽 : 눈 달린 가지에 삽목하는 것

[정답] ④

8. 삽목번식에 관한 설명으로 옳지 않은 것은?

① 과수의 결실연령을 단축시킬 수 있다.
② 모주의 유전형질이 후대에 똑같이 계승된다.
③ 종자번식이 불가능한 작물의 번식수단이 된다.
④ 수세를 조절하고 병해충 저항성을 높일 수 있다.

[해설] 삽목 번식의 단점 : 식물의 종류에 따라서는 삽목으로는 발근되지 않거나 발근되어도 그 후의 생육이 부실한 경우가 있다. 실생묘에 비하여 뿌리가 얕으므로 수세를 조절하기가 어렵다.

[정답] ④

9. 다음이 설명하는 번식 방법으로 올바르게 짝지어진 것은?

ㄱ. 식물의 잎, 줄기, 뿌리를 모체로부터 분리하여 상토에 꽂아 번식하는 방법
ㄴ. 뿌리 부근에서 생겨난 포기나 부정아를 나누어 번식하는 방법

① ㄱ: 삽목, ㄴ: 분주　　　　② ㄱ: 취목, ㄴ: 삽목
③ ㄱ: 삽목, ㄴ: 접목　　　　④ ㄱ: 접목, ㄴ: 분주

[해설] 삽목과 분주에 대한 설명이다.

[정답] ①

10. 다음 (　　　)의 내용을 순서대로 옳게 나열한 것은?

저온에 의하여 꽃눈형성이 유기되는 것을 (　　)라 말하며, 당근ㆍ양배추 등은 (　　)으로 식물체가 일정한 크기에 도달해야만 저온에 감응하여 화아분화가 이루어진다.

① 춘화, 종자춘화형　　　　② 이춘화, 종자춘화형
③ 춘화, 녹식물춘화형　　　　④ 이춘화, 녹식물춘화형

[해설] 저온에 의하여 꽃눈이 형성되는 것을 춘화라 하며, 당근, 양배추 등은 녹식(물)체 춘 화형에 해당한다.

[정답] ③

---

11. 일장효과와 춘화처리에 대한 설명으로 옳은 것은?

① 춘화처리는 광주기와 피토크롬에 의해 결정된다.
② 일장효과는 생장점에서 감응하고, 춘화처리는 잎에서 감응한다.
③ 대부분의 단일식물은 개화를 위해 저온춘화가 요구된다.
④ 지베렐린은 저온과 장일을 대체하여 화성을 요구하는 효과가 있다.

[해설] 춘화처리는 저온을 경과함으로써 화성(꽃의 분화, 발육)이 촉진된다.
② 춘화처리는 생장점에서 감응하고, 일장처리는 잎에서 감응한다. 일장처리는 늙은 잎이나 어린 잎 보다 성엽이
    더 잘 감응한다.
③ 장일식물은 개화를 위해 저온춘화가 요구된다.

[정답] ④

---

12. 다음 중 장일식물로만 짝지어진 것은?

① 시금치, 백합
② 백일홍, 양파
③ 가지, 코스모스
④ 토마토, 포인세티아

[해설] 장일성 식물 : 시금치, 양파, 금어초, 카네이션, 백합 등

[정답] ①

---

13. 다음 중 괴근(塊根, 덩이뿌리)에 해당하는 구근류는?

① 수선화
② 달리아
③ 글라디올러스
④ 칸나

[해설] • 덩이줄기(괴경) : 토란, 감자 등
• 구슬줄기(구경) : 프리지어, 글라디올러스 등
• 뿌리줄기(근경) : 연근(연꽃), 칸나, 둥굴레 등
• 비늘줄기(인경) : 튤립, 백합(나리), 쪽파, 마늘, 양파 등
• 덩이뿌리(괴근) : 달리아, 고구마 등

[정답] ②

14. 조직배양을 통한 무병주 생산이 상업화되지 않은 작물을 모두 고른 것은?

| ㄱ. 마늘 | ㄴ. 딸기 | ㄷ. 고추 | ㄹ. 무 |

① ㄱ, ㄴ   ② ㄱ, ㄷ
③ ㄴ, ㄹ   ④ ㄷ, ㄹ

[해설] 무병종묘 생산 : 감자, 딸기, 마늘, 카네이션, 난, 구근류, 과수 등

[정답] ④

15. 과수의 가지(枝)에 관한 설명으로 옳지 않은 것은?

① 곁가지 : 열매가지 또는 열매어미가지가 붙어 있어 결실 부위의 중심을 이루는 가지
② 덧가지 : 새가지의 곁눈이 그 해에 자라서 된 가지
③ 자람가지 : 과실이 직접 달리거나 달릴 가지
④ 홉지 : 지하부에서 발생한 가지

[해설] 자람가지 : 꽃눈이 붙어 있지 않는 새가지 또는 1년생 가지

[정답] ③

제7장 | 농업시설

01 | 시설재배

(1) 시설 내 환경 특이성

① 온도 : 일교차가 크고, 위치별 분포가 다르며, 지온이 높음
② 광선 : 광질이 다르고, 광량이 감소하며, 광분포가 불균일함
③ 공기 : 탄산가스가 부족하고, 유해가스가 집적되며, 바람이 없음
④ 수분 : 토양이 건조해지기 쉽고, 공중습도가 높으며, 인공관수를 함
⑤ 토양 : 염류 농도가 높고, 토양물리성이 나쁘며, 연작장해가 있음

(2) 시설의 장점

① 주년재배 : 연중재배
② 불량환경 극복
③ 자연재해회피
④ 체계적, 안정적인 생산물 공급

(3) 시설자재의 특성

① 가격이 저렴해야 함
② 팽창과 수축이 적어야 함
③ 내구성이 커야 함
④ 광투과율이 높아야 함
⑤ 외부 충격에 강해야 함
⑥ 겨울철 보온성이 커야 함
⑦ 열전도율이 낮아야 함
⑧ 부식이 되지 않아야 함

(4) 재배시설의 구비요건

① 골격률이 적은 시설

낮 동안에 시설 내로 햇빛이 투과되는 정도는 일조량이 부족한 겨울철 재배작물의 품질과 생육에 직접적인 영향을 미친다. 기본적으로 시설의 구조면에서 골격률 (frame rate)이 적은 시설이 햇빛의 투과율이 높다.

② 햇빛의 투과성이 좋은 자재를 피복한 시설

피복자재는 시설의 광선 투과성에 직접적인 영향을 미친다. 우선적으로 햇빛의 투과 율과 보온성이 높고 변색이 잘 되지 않는 피복자재이어야 하며, 계면활성제로 방적 (防滴) 처리가 되고 먼지가 잘 달라붙지 않는 방진(防塵)처리가 된 것을 이용하는 것 이 좋다.

③ 방열이 적은 시설

방열비(放熱比)는 하우스의 바닥면적에 대한 표면적(방열부)의 비율로서 보온비(保溫 比)와 반대의 개념이다. 같은 바닥면적에서는 시설물의 표면적이 작을수록 보온에 유 리하다. 겨울철 재배에서 난방비와 밀접한 관계가 있는 방열비는 시설면적이 커짐에 따라 감소한다.

④ 보온이 잘되는 시설

최근의 원예작물의 재배시설은 2중으로 고정피복을 하여 하우스 내부에 보온성이 우 수한 보온커튼을 다층 처리하거나 하우스 외면에 두꺼운 보온덮개를 피복하는 등 보 온력을 향상시키려는 여러 가지 수단들이 이용되고 있다. 다중피복하거나 보온커튼 을 여러 층 처리하면 보온력은 높아지나 햇빛투과율이 떨어지므로 재배하는 작물의 광선 요구량이나 시설의 구조 등을 잘 고려하여 적절한 피복방법을 선택해야 한다.

⑤ 안전하고 내구성이 있는 시설

강한 바람이나 적설에 견디는 시설구조이어야 하므로 시공 시 그 지역의 최대풍속이 나 적설량을 고려해야 한다. 안전성이 우려되는 지역에는 일정한 간격으로 굵은 파이 프를 배치하고 보조골재를 추가적으로 설치해야 한다.

⑥ 시설 내 환경조절이 가능한 시설

최소한의 환경조절장치 즉 환기창이나 가온, 관수 및 관비 장치가 구비되어야 재배노 력을 절감하고 작물재배에 적합한 환경을 조성해 줄 수 있다.

02 | 시설의 환경

(1) 기화냉방법

① 공기가 물과 접촉하면 기화열을 빼앗기면서 자신은 냉각되는 원리를 이용한 방법
② 기화냉방법은 물과 공기를 조우시켜 기온을 습구온도 부근까지 낮출 수 있으며 습구온도와 건구온도 간의 차이가 클수록 즉, 공중습도가 낮을수록 냉각효율은 증대됨
③ 작물의 시설재배에 사용되는 기화냉방법★
  ㉠ 팬 앤드 미스트(fan and mist) : 시설의 한쪽 면에 미스트 분무실을 설치하고 반대쪽에서 팬을 가동하여 외부 공기가 미스트 분무실을 통과하는 동안 냉각되어 유입하게 하는 냉방 방식이다. 미스트가 시설 내로 유입하지 않도록 하는 제적 장치가 필요하다.
  ㉡ 팬 앤드 패드(fan and pad) : 온실의 외벽 부분에 패드(pad)를 부착시키고 여기에 물을 흘려 내려보내면서 반대쪽에 풍압형 환기선(換氣扇)을 달아 실내공기를 밖으로 뽑아내면 실내에 형성된 외압에 의하여 공기가 패드를 통과하면서 냉각 되고 실내로 유입되어 실내공기의 온도가 낮아지게 된다.
  ㉢ 팬 앤드 포그(fan and fog) : 방울의 입자를 50㎛(0.05mm) 이하의 세무로 분사시켜, 가습 냉각된 환기선으로 배기시키게 설계된 냉각방식이다.

(2) 난방시설

① 온풍난방기
  ㉠ 개념 : 연료의 연소에 의해 발생하는 열을 공기에 전달하여 따뜻하게 하는 난방방식으로 플라스틱 하우스의 난방에 많이 쓰인다.
  ㉡ 장점 : 열효율이 80~90%로 다른 난방 방식에 비하여 높고 짧은 시간에 필요한 온도로 가온하기가 쉬우며, 시설비가 저렴하다.
  ㉢ 단점 : 건조하기 쉽고 가온하지 않을 때에는 온도가 급격히 떨어지며, 연소에 의한 가스의 장해가 발생하기 쉽다.
② 온수난방장치
  ㉠ 개념 : 보일러로 데운 온수(70~115도)를 시설 내에 설치한 파이프나 방열기(라디에이터)에 순환시켜 표면에서 발생하는 열을 이용하는 방식이다.
  ㉡ 특징 : 열이 방열되는 시간은 많이 걸리지만, 한번 더워지면 오랫동안 지속되며 균일하게 난방할 수 있다.

③ 증기난방방식

　㉠ 개념 : 보일러에서 만들어진 증기를 시설 내에 설치한 파이프나 방열기(라디에이터)에 보내어 여기에서 발생한 열을 이용하는 난방방식이다.

　㉡ 이용: 규모가 큰 시설에서는 고압식을, 소규모에서는 저압식을 사용한다.

(3) 관수설비

① 살수장치 : 스프링클러, 소형 스프링클러, 유공튜브

② 점적관수장치 : 플라스틱 파이프나 튜브에 분출공을 만들어 물이 방울방울 떨어지게 하거나 천천히 흘러나오게 하는 방법

③ 분무장치

④ 저면관수장치 : 화분에 대한 관수방법으로 벤치에 화분을 배열한 다음 물을 공급하여 화분의 배수공을 통하여 물이 스며 올라가게 하는 방법

⑤ 지중관수 : 땅속에 매설한 급수 파이프로부터 토양 중에 물이 스며 나와 작물의 근계에 수분을 공급하는 방법

(4) 환기장치

① 자연환기방식

　㉠ 천창환기

　　• 측면환기와 병용하면 효과가 높다.

　㉡ 곡부환기

　　• 연동시설의 곡부 공기정체를 방지하는 배출구로 유효

　　• 아치형시설이 주로 이용되며 권취방식이 대부분

　㉢ 측면환기

　　• 슬라이딩 : 밀폐성 우수, 조작 불편하고 투자액이 많다.

　　• 돌출방식 : 환기효율 불량하고 투자액 높다.

　　• 권취방식 : 환기효율 양호하고, 투자액 저렴하며, 조작이 간단하다.

② 강제환기방식

　㉠ 환기팬

　　• 전후면환기 : 이랑이 공기 흐름 방향과 일치하여 환기효율 좋지만 외풍의 영향을 받기 쉽다.

　　• 측면환기 : 길이가 긴 시설, 폭이 넓은 시설에서 사용한다. 풍량이 부족하지 않도록 설계시 유의해야 한다.

- 환기팬 부착위치 : 환기팬의 송풍방향과 외풍의 풍압력에 의한 풍향이 일치하기 때문에 바람받는 쪽에 설치한다.
  ㉡ 흡기구
  - 환기구를 반드시 설치하며 그때 효율을 좋게 하기 위해 재배작물의 유효 높이보다 낮은 위치에 부착할 필요가 있다.
  - 시설 내 온도 분포를 보다 균일하게 하기 위해 크게 설치한다.

(5) 식물공장

① 정보통신과 생물공학기술을 농업생산에 이용하여 기후환경과 재배관리의 모든 과정이 로봇에 의해 완벽하게 제어되는 공장
② 환경조건을 작물생장에 알맞게 인위적으로 제어하고, 생산공정을 자동화한 새로운 생산방식
③ 자연조건의 영향을 받지 않음
④ 토지이용률이 높으므로 땅값이 비싼 곳에서도 유리
⑤ 소비지 가까운 곳에 설치할 수 있어 도시형 농업이 가능
⑥ 힘든 작업이 없어서 노약자도 가능하다.
⑦ 농약을 적게 사용한 고품질의 농산물 생산이 가능
⑧ 인건비를 최소화하고, 단위면적당 생산량이 많음
⑨ 생육속도가 빨라 재배시간이 짧음
⑩ 에너지원에 이상이 없는 한 연중가동이 가능

(6) 양액재배★★

① 개요
  ㉠ 주로 카네이션, 장미, 미나리, 상추, 고추, 방울토마토, 토마토, 오이 등을 재배하는데 활용되는 방법
  ㉡ 토양대신 생육에 필요한 무기양분을 골고루 용해시킨 양액으로 작물을 재배하는 형태
  ㉢ 물만으로 재배하므로 통상 수경재배라고도 하며 배양액을 만들어 재배하기 때문에 용액재배라고도 함
  ㉣ 배양액의 구비조건
  - 재배기간이 계속되어도 무기원소와 농도 간의 pH 및 비율의 변화가 적을 것
  - 각각의 이온이 적당하게 용해되어 총 이온 농도가 적절할 것

- 작물에 유해한 이온을 함유하지 않을 것
- 뿌리에서 흡수하기 쉬운 물에 용해된 이온 상태일 것
- 필수 무기양분을 함유하고 있을 것
- pH 5.5~6.5 범위에 있을 것

ⓜ 양액재배는 토양을 활용하지 않는 재배법으로 작물의 생육에 필요한 영양분을 적절하게 흡수할 수 있도록 알맞은 농도로 조절한 배양액에 식물을 심어 산소를 공급하며 재배하는 기법

② 양액재배의 장단점

㉠ 장점
- 수량성 및 품질이 우수함
- 생력화 및 자동화가 용이
- 장소의 제한을 받지 않음
- 청정재배가 가능
- 작물의 연작이 가능
- 농약 사용량이 적음

㉡ 단점
- 배양액의 완충능력이 없어 PH 변화나 양분농도에 민감함
- 설비 및 장치 등에 있어 많은 자본을 필요로 함
- 병균으로부터 빠르게 전염됨
- 작물의 선택이 한정적임
- 전문적인 지식이 요구됨
- 폐자재의 활용이 어려움

③ 액상배지경 양액재배

㉠ 담액식 수경재배(Water culture)
- 뿌리가 액체배지, 즉 배양액 속에 담겨져 있으며 지상부는 베드위에서 가꾸는 방법으로 가장 단순하고 고전적인 방식이다.
- 산소의 공급방법에 따라 유동식, 액면저하식, 통기식 등으로 나눈다. 또한 탱크의 유무에 따라 탱크방식과 무탱크 방식으로도 나눈다.
- 물탱크를 사용하는 경우 탱크내의 배양액은 펌프로 급액관을 통해 재배베드로 공급되고, 일정한 수위를 넘는 경우 배액관을 통해 다시 탱크로 돌아와서 순환하게 된다. 무탱크 방식인 경우 배양액이 베드와 베드 사이를 이동하게 만드는 방식이다.

ⓛ 박막식 수경재배(Nutrient Film Technique)
- 파이프 내에 배양액을 조금씩 흘려보내 재배하는 방법이다.
- 뿌리에 산소가 충분히 공급될 수 있도록 뿌리 사이를 흐르는 양액이 마치 필름처럼 얇은 막을 형성해야한다는 점을 강조하도록 붙여진 이름이다.
- 뿌리의 산소공급이 원활하고 작업효율을 높일 수 있으며, 근권 환경 제어의 반응성이 좋다. 근권 내의 완충력이 낮은 단점이 있다.
- 배양액이 계속 순환하기 위해서 베드와 양액탱크, 급배액장치로 이루어진다.

ⓒ 분무식 수경재배(Aeroponics)
- 뿌리가 공중에 매달려 있는 상태에서 배양액을 뿌리로 분사하여 재배하는 방식을 분무식 수경재배라 한다.
- 이 방법은 담액식 수경재배에서 발생하는 뿌리 부분 산소의 부족을 극복하기 위해 고안된 방식이다. 빛을 차단한 베드내에 배양액을 간헐적으로 뿌리에 분무하기 때문에 뿌리에 충분한 산소가 공급되게 된다.
- 분무식 수경재배는 산소 부족이 일어나지 않으므로 다른 수경재배 방법에 비해 생육이 빠르고 밀식 재배가 가능하다.

ⓔ 점적식 수경재배 (Drip system)
- 양액탱크에서 펌프를 이용해 일정 시간 마다 약간의 양액을 각 작물에 흘려보내 주는 방식이다.
- 펌프는 미리 설정된 타이머를 통해 작동한다.
- 수경재배이지만, 양액을 사용한다는 점에서만 수경재배일 뿐, 사실상 일반적인 토경재배와 거의 비슷하다.

④ **고형배지경 양액재배**

㉠ 펄라이트경
- 펄라이트(perlite)는 흑요석을 고온으로 가열하여 만든 흰색의 입자로서 최근에 양액재배 배지로 상품화되어 보급이 확대되고 있다.
- 펄라이트는 무게가 가볍고 취급이 용이하고, 많은 양의 수분을 흡수시켜 이용할 수 있으며, 수분 보수력이 뛰어나다.
- 유효수분 함량이 낮다는 결점을 가지고 있어서 이를 보완하기 위해 암상암면, 피트모스, 훈탄 등을 혼합하여 배지 전면에 부직포를 깔면 효과적이다.

㉡ 암면경
- 암면(rockwool)은 현무암이나 제철소에서 부산물로 얻어지는 폐기물(slug) 등을 섬유화시킨 무기질 섬유로서 주성분이 광물질로 되어 있는 불용성 무기물이다. 이러한 암면으로 성형한 배지를 이용하여 양액을 떨어뜨리면서 재배하는 방식이다.

• 암면경은 다른 고형배지경에 비하여 이식과 경식이 간편하고, 기상률이 클 뿐만 아니라 배수와 보수성이 양호하며, 가벼워 취급하기가 편리하다.
• 재배 가능한 작물의 종류가 많고, 병해충 방제와 세척이 용이하며, 사용이 용이하고 재배관리를 시스템화할 수 있는 등의 장점이 있다.
• 배지에 대한 양·수분의 보유, 방출이 있으므로 제어기능이 떨어지며, 사용 후 폐암면의 처리가 어렵다는 단점이 있다.

ⓒ 훈탄경

• 왕겨를 까맣게 태워 만든 훈탄을 배지로 삼고 양액을 분사 또는 떨어뜨려 작물을 재배하는 방식이다.
• 훈탄은 병해충이 거의 없으며 공극률이 커서 통기성과 보수성이 뛰어나다.
• 훈탄은 잔근 처리가 쉬워 간단하게 퇴비로 소독 후 재사용이 가능하다.
• 처음 사용할 때는 알칼리성으로 물로 충분히 씻은 다음에 사용해야 한다.

03 | 시설의 종류와 피복재

(1) 유리 온실

① 개념 및 의의

ⓐ 외부 피복재가 유리로 된 온실로 이곳에서 재배 가능한 작물로는 백합·장미 등의 화훼류와 오이·토마토 등의 채소류가 있으나 유리 온실의 경제성을 고려해 신중하게 재배 작물을 선택하는 것이 중요함

ⓑ 유리 온실은 연중 주년 생산 체계화할 수 있는 시스템을 갖고 있으며 작업성, 안전성, 환경제어, 보온성, 광투과성 등이 우수함

ⓒ 골조는 서까래·용마루 등의 알루미늄 프로파일과 C형강·사각관·H형강 등의 철재로 이루어져 있음

② 온실의 종류

ⓐ 양지붕식 온실

• 가장 기본적인 온실의 형태로서 양지붕의 경사도 및 길이가 같은 형태의 온상이다.
• 용마루를 사이에 두고 좌우 지붕 길이 같은 온실, 광투과와 통풍효과가 좋다.
• 필요에 따라 단동형과 2동 이상이 되는 연동형으로 설치된다.
• 토마토, 오이 등 과채류와 장미, 카네이션, 국화 등의 화훼류가 주로 재배된다.

ⓒ 반지붕식 온실
- 간단한 가정 온실이나 북쪽에 벽 또는 건물이 있을 때, 그것을 이용하여 남쪽 방향으로 지붕이 기울도록 만든 온실로서 다른 형태에 비하여 시설비가 적게 들며, 쉽게 만들 수 있다.
- 보온은 비교적 용이하나 채광이 양지붕식에 비하여 크게 떨어지며, 통풍이 불량하기 때문에 환기에 신경을 많이 써야 하는 온실의 형태이다.

ⓒ 쓰리쿼터(3/4)식 온실
- 전체 유리지붕 면적비의 3/4이 앞면, 1/4이 뒷면을 차지하는 비율인데, 앞면이 남쪽으로 향하고 반대편은 북쪽을 향한다.
- 반지붕식 온실의 단점을 보완한 형태로서 채광 및 보온성이 좋고, 규모가 작으면서도 창이 많은 구조로 만들 수 있다.

ⓔ 벤로형(venlo type) 온실
- 유럽과 네덜란드를 중심으로 발전한 연동식 온실의 하나로, 온실 1동에 지붕이 2개 이상이다.
- 처마 높이(측고)가 높고 지붕에 환기창이 많아 열 완충 능력이 뛰어나다.
- 골격률이 낮고, 투광률이 높으며, 시설비가 저렴하다.
- 파프리카나 토마토 등의 사계절 재배에 알맞다.

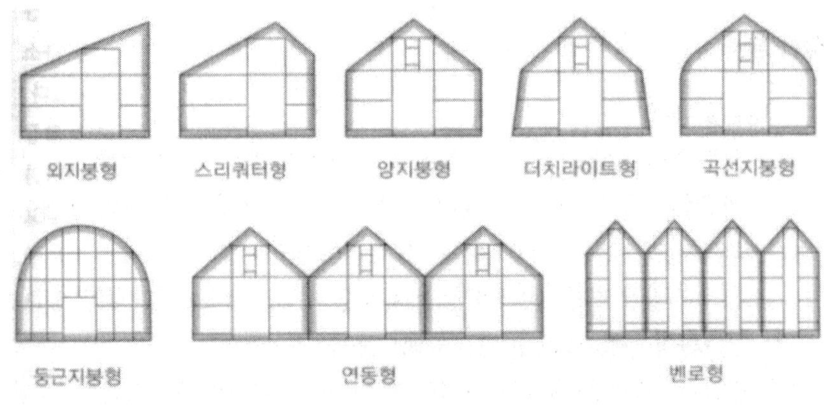

[온실의 종류]

(2) 플라스틱 온실

① 개념 및 특성
ⓐ 외부의 피복재가 PVC, EVA, PE 등의 플라스틱 소재로 이루어진 온실이다.
ⓑ 유리 온실에 비해 안전성, 환경제어, 보온성, 광투과성 등이 저하된다.
ⓒ 시공이 용이하고 설치비용이 저렴하다.

② 지붕모양

    ㉠ 터널형

        • 장점: 보온성이 크고 바람에 잘 견디며, 빛이 잘 든다.

        • 단점: 환기 능률이 떨어지고 많은 눈에 잘 견디지 못한다.

    ㉡ 지붕형 하우스

        • 바람이 세거나 적설량이 많은 지대에 적합하다.

    ㉢ 아치형 하우스

        • 골격률이 작은 편이어서 광선의 투과율이 높으며, 단동형뿐만 아니라 연동형으로도 설치할 수 있다.

    ㉣ 대형 지붕형 하우스

        • 지붕형 연동 하우스의 단점을 보완하고, 편리하게 관리하기 위하여 너비가 10m 이상인 대형 철재하우스이다.

        • 특징은 보온, 환기, 기온 등의 환경조절이 용이하나, 대형화에 따른 안전구조 설계 때문에 골격자재비가 많이 든다.

(3) 외피복재의 요구조건★

① **투광성** : 작물이 필요로 하는 양만큼의 태양광선을 투과할 수 있는 투명도를 갖추고 있어야 하며, 그 투명성을 가급적 오래 유지시켜야 한다.

② **보온성** : 야간의 냉각방지 및 온도상승효과가 있어야 한다.

③ **내후성** : 강도 유지, 변색 및 착색이 적어야 한다.

④ **무적성** : 물방울이 맺히지 않고 흘러내려야 하며, 그 효과는 가급적 오래 유지되어야 한다.

⑤ **물리성** : 충격 및 인장에 강하고 팽창, 수축이 적어야 한다.

⑥ **작업성** : 피복작업이 용이하고 필름간에 접착성이 없어야 하며, 가벼워야 한다.

⑦ **경제성** : 사용 연한이 길고 적절한 가격과 아울러 시설재배 시 피복재로서의 요구사항을 충족시킬 수 있는 필름을 선정한다.

(4) 경질피복재의 종류와 특성★

① 유리

    ㉠ 유리는 광투과성, 불연성, 내구성, 보온성이 우수하며, 주로 3~5mm 범위의 것으로 국내에서는 4mm유리가 많이 사용된다.

    ㉡ 고가의 설치비가 요구되며, 파손 위험이 높은 단점이 있으며, 먼지 제거를 위한

유리면 세척의 대책도 필요하다.

② 염화경질비닐

    ㉠ 연질 염화비닐과 달리 가소제를 함유하지 않은 이축연신필름, 자외선 흡수제를 함유한 것은 380㎚ 이하의 자외선은 전혀 투과시키지 않으므로 적용 작물에 주의를 요한다.

    ㉡ 보온, 무적성이 좋고 방진처리에 따른 오염방지 효과, 우수한 내후성 등으로 장기 피복이 가능하나 연질 염화비닐과 접촉시 가소제가 되므로 접촉사용은 피하여야 한다.

③ PET(polyethylene terephthalate)

    ㉠ 경질폴리에스테르필름으로써 농업용 플라스틱 필름중 강도가 높은 편이며, 내한성이 우수하여 낮은 온도에서의 사용이 유용하다.

    ㉡ 매우 투명하고 쉽게 오염되지 않으며, PET용 유적처리제를 분무하면 유적효과도 가능하다.

    ㉢ 소각시 PVC 등과 달리 독성가스나 대기오염원이 되는 물질을 발생시키지 않는다.

④ PC(polycarbonate)

    ㉠ 폴리카보네이트판으로써 플라스틱소재 중 강도가 높은데, 유리의 250배 정도의 충격강도를 가지고 있다.

    ㉡ 자외선 흡수제가 가미된 것은 380nm 이하의 파장을 차단하며, 다른 경질소재와 달리 황변방지 효과가 7~8년간 지속되므로 유리 대용으로 그 수요가 확대되고 있다.

⑤ 불소계 수지(Ethylene Tetra Fluoro Ethylene, ETFE) 필름

    ㉠ 화학적 비활성 및 내열성, 비점착성, 우 수한 절연 안정성, 낮은 마찰계수 등 제반 우수한 특성들을 가지고 있다.

    ㉡ 불소수지 중 강도가 가장 높고 두께는 2,500μm까지 올릴 수 있으며 내구성이 우수하다.

    ㉢ 불소수지 종류 : PVDF, PTFE, FEP, ETFE 등

(5) 연질피복재의 종류와 특성★

① PE(polyethylene)필름

    ㉠ PVC필름과 달리 EVA나 PE필름은 Blown방식으로 넓은 폭을 생산할 수 있다. 수지 자체의 특성으로는 EVA나 PVC에 비해 투광성, 보온성, 물리적 성질이 열세하나 가격이 저렴하고 피복작업이 쉬운 장점이 있다.

    ㉡ 장점 : 광선 투과율이 높고, 서로 달라붙지 않으며, 먼지가 잘 부착되지 않고, 약품에 대한 내성이 크다.

ⓒ 단점 : 내후성이 작아 수명이 짧고, 항장력과 신장력이 작으며, 보온력이 상대적으로 떨어지고, 가격이 상대적으로 저렴하다.

② EVA(ethylene vinyl acetate)필름

　　㉠ PE에 비닐아세테이트(vinyl acetate)가 중합되어 유연한 탄력성을 가지며, 충격강도도 있는 필름이다.

　　㉡ 투명성이나 보온성이 PVC나 PE의 중간 정도이며, 특히 내한성이 좋아 PVC보다 지역적인 사용 폭이 넓다.

③ PVC(polyvinyl chloride)필름

　　㉠ 폴리비닐클로라이드(polyvinyl chloride)를 주원료로 하여 여기에 유연성과 탄력성을 갖도록 가소제(탄성강화)를 첨가하며, 소량의 안정제(수지분해방지), PVC 분해방지 안료 등이 사용된다.

　　㉡ 380nm 이하의 자외선은 투광량이 적거나 일부 자외선은 거의 투과하지 않으므로 사용상 주의를 요하며, 내한성이 약하고 지역별 사용의 제한이 따르며, 장기 피복 시 오염이 심하므로 따뜻한 지역의 내피로 일부 사용된다.

1. 시설 내의 환경 특이성에 관한 설명으로 옳지 않은 것은?

① 위치에 따라 온도 분포가 다르다.
② 위치에 따라 광 분포가 불균일하다.
③ 노지에 비해 토양의 염류 농도가 낮아지기 쉽다.
④ 노지에 비해 토양이 건조해지기 쉽다.

정답 및 해설

[해설] 염류 농도가 노지보다 높다

[정답] ③

2. 다음이 설명하는 온실형은?

○ 처마가 높고 폭이 좁은 양지붕형 온실을 연결한 형태이다.
○ 토마토, 파프리카(착색단고추) 등 과채류 재배에 적합하다.

① 양쪽지붕형   ② 터널형
③ 벤로형   ④ 쓰리쿼터형

정답 및 해설

[해설] 벤로형 온실은 유럽과 네덜란드를 중심으로 발전한 연동식 온실의 하나로, 온실 1동에 지붕이 2개 이상이다. 처마 높이(측고)가 높고 지붕에 환기창이 많아 열 완충 능력이 뛰어나다. 파프리카나 토마토 등의 사계절 재배에 알맞다.

[정답] ③

3. 다음이 설명하는 양액 재배방식은?

> ○ 고형배지를 사용하지 않음
> ○ 베드의 바닥에 일정한 기울기를 만들어 양액을 흘려보내는 방식
> ○ 뿌리의 일부는 공중에 노출하고, 나머지는 양액에 닿게 하여 재배

① 담액수경　　　　　　② 박막수경
③ 암면경　　　　　　　④ 펄라이트경

[해설] ① 담액수경 : 물과 영양분이 포함된 양액을 20–30cm 깊이로 수조에 채워넣고, 물 위에 뜰 수 있는 스티로폼
　　　　(발포 폴리스티렌) 재질 등 물에 뜰 수 있는 부표, 혹은 거치식 판에 식물을 올려놓고, 뿌리가 양액에 닿을
　　　　수 있도록 만들어 둔 수경재배 방식
③ 암면경 : 암면은 현무암이나 제철소에서 부산물로 얻어지는 폐기물 등을 섬유화시킨 것으로 불용성 무기물이다.
　　　　암면을 성형화하여 그 위에 양액을 공급하면서 재배하는 방식이다.
④ 펄라이트경 : 펄라이트는 화산용암이나 마그마가 지표의 호수, 강 등으로 흘러들어 급격한 냉각에 의해 형성된
　　　　것으로, 이 펄라이트를 배지로 이용하여 재배하는 방식이다.

[정답] ②

4. 시설원예 피복자재에 관한 설명으로 옳지 않은 것은?

① 연질필름 중 PVC 필름의 보온성이 가장 낮다.
② PE 필름, PVC 필름, EVA 필름은 모두 연질필름이다.
③ 반사필름, 부직포는 커튼보온용 추가피복에 사용된다.
④ 한랭사는 차광피복재로 사용된다.

[해설] PVC 필름의 보온성이 가장 높다.

[정답] ①

5. 다음 피복재 중 투과율이 가장 높은 연질 필름은?

① 염화비닐(PVC) 필름　　　　② 불소계수지(ETFE) 필름
③ 에틸렌아세트산비닐(EVA) 필름　　④ 폴리에틸렌(PE) 필름

정답 및 해설

[해설] ※ 폴리에틸렌(PE) 필름의 특징
- 주로 터널 및 멀칭 피복재료, 커튼, 하우스의 외피복 등으로 이용됨
- 가격이 싸고 약품에 대한 내성이 크기 때문에 피복재 중 가장 많이 사용됨
- 표면에 먼지가 잘 붙지 않음
- 연질피복재이고 광투과율이 높음
- 장파장을 많이 투과시키므로 보온성이 떨어짐

[정답] ④

6. 담액수경의 특징에 관한 설명으로 옳은 것은?

① 산소 공급 장치를 설치해야 한다.
② 베드의 바닥에 일정한 구배를 만들어 양액이 흐르게 해야 한다.
③ 배지로는 펄라이트와 암면 등이 사용된다.
④ 베드를 높이 설치하여 작업효율을 높일 수 있다.

정답 및 해설

[해설] 담액수경의 기본 구조는 배양액 탱크, 급액장치, 배액장치, 제어장치 및 재배베드로 구성되어 있으며, 배양액은 펌프로 급액관을 통하여 다시 탱크로 돌아와서 순환된다. 담액수경은 배양액의 산소가 부족하기 쉬우므로 인위적으로 산소를 공급하거나 기포발생기를 설치하는 것이 좋다.

[정답] ①

7. 다음이 설명하는 재배법은?

○ 양액재배 베드를 허리높이까지 설치
○ 딸기 '설향' 재배에 널리 활용
○ 재배 농가의 노동환경 개선 및 청정재배사 관리

① 고설 재배
② 토경 재배
③ 고랭지 재배
④ NFT 재배

[해설] 고설(高設) 재배 : 땅에서 1m 높이 베드에 딸기를 재배하며, 정해진 영양액을 일정한 간격으로 공급해주는 현대화방식

[정답] ①

8. XX 농가가 선택한 피복재는?

XX 농가는 재배시설의 피복재에 물방울이 맺혀 광투과율의 저하와 병해 발생이 증가하였다. 그래서 계면활성제가 처리된 필름을 선택하여 필름의 표면장력을 낮춤으로써 물방울의 맺힘 문제를 해결하였다.

① 무적 필름 ② 폴리에틸렌 필름
③ 해충기피 필름 ④ 광파장변환 필름

[해설] 무적(霧滴) 필름이란 물방울이 떨어져 피해를 주지 않게 하기 위하여 필름 생산시 첨가하여 물방울 맺힘 현상을 줄이고 물방울이 필름표면을 타고 흘러내리게 하는 성질을 지닌 필름을 말한다.

[정답] ①

9. 유리온실 내 지면으로부터 용마루까지의 길이를 나타내는 용어는?

① 간고 ② 동고
③ 측고 ④ 헌고

[해설] 동고는 지면에서 용마루(온실의 가장 높은 지점)까지의 길이를 말한다.
① 간고 : 인접한 기둥 간의 거리(온실 폭 방향)
③ 측고 : 온실 측벽의 높이를 의미하며, 지면에서 처마 끝까지의 높이
④ 헌고 : 처마 끝에서 용마루까지의 높이(지붕의 경사 부분)

[정답] ②

10. 베드의 바닥에 일정한 크기의 기울기로 얇은 막상의 양액이 흘러 순환하도록 하고 그 위에 작물의 뿌리 일부가 닿게 하여 재배하는 방식은?

① 매트재배
② 심지재배
③ NFT재배
④ 담액재배

정답 및 해설

[해설] NFT(Nutrient Film Technique) 재배는 베드 바닥에 얇은 막 형태의 양액이 일정한 기울기로 흐르도록 하고, 작물의 뿌리가 그 양액에 접촉하게 하여 재배하는 방식이다.
① 매트재배 : 매트를 이용하여 뿌리에 양액을 공급하는 방식
② 심지재배 : 심지를 통해 양액을 흡수하여 공급하는 방식
④ 담액재배 : 뿌리를 양액에 담가 재배하는 방식으로, 연속적인 물 공급이 특징

[정답] ③

11. 다음 중 외피복용 피복자재로만 짝지어진 것은?

① 유리, 반사필름
② FRA판, 한랭사
③ FRA판, PVC필름
④ PE필름, 반사필름

정답 및 해설

[해설] 반사필름은 주로 반사 및 보광에, 한랭사는 차광에 이용된다.

[정답] ③

12. 장기간 재배한 시설 내 토양의 일반적인 특성으로 옳지 않은 것은?

① 강우의 차단으로 염류농도가 높다.
② 노지에 비해 염류집적으로 토양 pH가 낮아진다.
③ 연작장해가 발생하기 쉽다.
④ 답압과 잦은 관수로 토양통기가 불량하다.

정답 및 해설

[해설] 자연강우가 없고, 인공관수만 있으므로 염류가 집적될 수 있다. 노지에 비해 염류집적으로 토양은 알칼리화되고 pH가 높아지는 경향이 있다.

[정답] ②

13. 배양액과 배지의 pH에 대한 설명 중 옳지 않은 것은?

① 일반적으로 배양액의 pH는 5.5~6.5의 범위가 적절하다.
② 음이온이 양이온보다 상대적으로 많이 흡수되면 배지의 pH가 낮아진다.
③ NH_4의 공급이 많으면 배지의 pH가 높아진다.
④ 배양액의 조성에 사용된 질소원에 따라 배지의 pH를 다소 조절할 수 있다.

정답 및 해설

[해설] NH_4의 공급이 많아지면 배지의 pH가 낮아진다.

[정답] ③

14. 작물의 시설재배에 사용되는 기화냉방법이 아닌 것은?

① 팬앤드패드(fan & pad)
② 팬앤드미스트(fan & mist)
③ 팬앤드포그(fan & fog)
④ 팬앤드덕트(fan & duct)

정답 및 해설

[해설] 기화냉방법에는 패드를 이용하는 팬앤드패드법, 연무 등을 이용한 팬앤드미스트, 팬앤드포그 방법이 있다.

[정답] ④

15. 다음에서 설명하는 피복재의 특징을 가장 잘 나타낸 것은?

○ 두께 0.05 ~ 0.1 mm의 부드럽고 얇은 플라스틱필름의 종류이다.
○ 열안정제(수지분해 방지)나 자외선 흡수제(내후성 강화)를 첨가하여 만들었다.
○ 장점 : 화학약품에 대한 내성이 강하며, 보온력이 뛰어나다.
○ 단점 : 서로 잘 붙은 성질 때문에 취급 불편하며, 가격이 비싸다.

① 폴리에틸렌 필름(polyethylene, PE)
② 염화비닐필름(polyvinyl chloride, PVC)
③ 에틸렌 아세트산 비닐(ethylene vinyl acetate, EVA)
④ 폴리에스테르 필름(PET)

정답 및 해설

[해설] 1939년 미국에서 개발하였고, 1950년부터 피복재로 이용한 염화비닐필름에 대한 설명이다.

[정답] ②

손해평가사 제1차 기출모의고사

제1회 ~ 제3회

[제1과목 「상법」 보험편]

[제2과목 농어업재해보험법령]

[제3과목 재배학 및 원예작물학]

[손해평가사 1차 제1회 기출모의고사]

1. 상법상 손해보험계약에 관한 설명으로 옳은 것은?

① 피보험자는 보험계약에서 정한 불확정한 사고가 발생한 경우 보험금의 지급을 보험자에게 청구할 수 없다.

② 보험자가 보험계약자로부터 보험계약의 청약과 함께 보험료 상당액의 전부 또는 일부의 지급을 받은 때는 다른 약정이 없으면 30일 이내에 낙부통지를 발송해야 한다.

③ 보험자는 보험사고가 발생한 경우 보험금이 아닌 형태의 보험급여를 지급할 것을 약정할 수 없다.

④ 보험기간의 시기(始期)는 보험계약 체결시점과 같아야 한다.

정답 및 해설

[해설] 보험계약의 성립(638조의2)

① 보험자가 보험계약자로부터 보험계약의 청약과 함께 보험료 상당액의 전부 또는 일부의 지급을 받은 때에는 다른 약정이 없으면 30일 내에 그 상대방에 대하여 낙부의 통지를 발송하여야 한다. 그러나 인보험계약의 피보험자가 신체검사를 받아야 하는 경우에는 그 기간은 신체검사를 받은 날부터 기산한다.

② 보험자가 제1항의 규정에 의한 기간 내에 낙부의 통지를 해태한 때에는 승낙한 것으로 본다.

③ 보험자가 보험계약자로부터 보험계약의 청약과 함께 보험료 상당액의 전부 또는 일부를 받은 경우에 그 청약을 승낙하기 전에 보험계약에서 정한 보험사고가 생긴 때에는 그 청약을 거절할 사유가 없는 한 보험자는 보험계약상의 책임을 진다. 그러나 인보험계약의 피보험자가 신체검사를 받아야 하는 경우에 그 검사를 받지 아니한 때에는 그러하지 아니하다.

* 소급보험(상법 제643조)
보험계약은 그 계약전의 어느 시기를 보험기간의 시기로 할 수 있다.

[정답] ②

2. 甲보험회사의 화재보험 약관에는 보험계약자에게 설명해야 하는 중요한 내용을 포함하고 있으나 甲회사가 이를 설명하지 않고 보험계약을 체결하였다. 이에 관한 설명으로 옳지 않은 것은? (다툼이 있으면 판례에 따름)

① 보험계약이 성립한 날로부터 1개월이 된 시점이라면 보험계약자는 보험계약을 취소할 수 있다.

② 甲보험회사는 화재보험약관을 보험계약자에게 교부해야 한다.

③ 보험계약이 성립한 날로부터 4개월이 된 시점이라면 보험계약자는 보험계약을 취소할 수 없다.

④ 보험계약자가 보험계약을 취소하지 않았다면 甲보험회사는 중요한 약관조항을 계약의 내용으로 주장할 수 있다.

정답 및 해설

[해설] 보험약관의 교부 · 설명 의무(638조의3)
① 보험자는 보험계약을 체결할 때에 보험계약자에게 보험약관을 교부하고 그 약관의 중요한 내용을 설명하여야 한다.
② 보험자가 약관의 교부 · 설명을 위반한 경우 보험계약자는 보험계약이 성립한 날부터 3개월 이내에 그 계약을 취소할 수 있다.

[정답] ④

3. 상법상 보험증권에 관한 설명으로 옳은 것은?

① 보험계약자가 보험증권을 멸실한 경우에는 보험자에 대하여 증권의 재교부를 청구할 수 있으며, 그 증권 작성의 비용은 보험계약자가 부담한다.

② 기존의 보험계약을 변경한 경우 보험자는 그 보험증권에 그 사실을 기재함으로써 보험증권의 교부에 갈음할 수 없다.

③ 타인을 위한 보험계약이 성립된 경우에는 보험자는 그 타인에게 보험증권을 교부해야 한다.

④ 보험계약자가 최초의 보험료를 지급하지 아니한 경우에도 보험계약이 성립한 때에는 보험자는 지체 없이 보험증권을 작성하여 보험계약자에게 교부하여야 한다.

정답 및 해설

[해설] ② 기존의 보험계약을 변경한 경우 보험자는 그 보험증권에 그 사실을 기재함으로써 보험증권의 교부에 갈음할 수 있다.
③ 타인을 위한 보험계약이 성립된 경우에는 보험자는 보험계약자에게 보험증권을 교부해야 한다.
④ 보험자는 보험계약이 성립한 때에는 지체 없이 보험증권을 작성하여 보험계약자에게 교부하여야 한다. 그러나 보험계약자가 보험료의 전부 또는 최초의 보험료를 지급하지 아니한 때에는 그러하지 아니하다.

[정답] ①

4. 타인을 위한 손해보험계약(보험회사 A, 보험계약자 B, 타인 C)에서 보험사고의 객관적 확정이 있는 경우 그 보험계약의 효력에 관한 설명으로 옳지 않은 것은?

① 보험계약 당시에 보험사고가 이미 발생하였음을 B가 알고서 보험계약을 체결하였다면 그 계약은 무효이다.

② 보험계약 당시에 보험사고가 이미 발생하였음을 A와 B가 알았을지라도 C가 알지 못했다면 그 계약은 유효하다.

③ 보험계약 당시에 보험사고가 발생할 수 없음을 A가 알면서도 보험계약을 체결하였다면 그 계약은 무효이다.

④ 보험계약 당시에 보험사고가 발생할 수 없음을 A, B, C가 알지 못한 때에는 그 계약은 유효하다.

[해설] 보험사고의 객관적 확정의 효과(제644조)
보험계약당시에 보험사고가 이미 발생하였거나 또는 발생할 수 없는 것인 때에는 그 계약은 무효로 한다. 그러나 당사자 쌍방과 피보험자가 이를 알지 못한 때에는 그러하지 아니하다.

[정답] ②

5. 상법상 보험대리상 등에 관한 설명으로 옳은 것은 모두 몇 개인가?

- 보험대리상은 보험계약자로부터 보험료를 수령할 수 있는 권한을 갖는다.
- 보험대리상이 아니면서 특정한 보험자를 위하여 계속적으로 보험계약의 체결을 중개하는 자는 보험자가 작성한 보험증권을 보험계약자에게 교부할 수 있는 권한을 갖는다.
- 대리인에 의하여 보험계약을 체결한 경우 대리인이 안 사유는 그 본인이 안 것과 동일한 것으로 한다.
- 보험자는 보험대리상이 보험계약자로부터 청약, 고지, 통지 등 보험계약에 관한 의사표시를 수령할 수 있는 권한을 제한할 수 없다.

① 1개　　　　　② 2개　　　　　③ 3개　　　　　④ 4개

[해설] 보험대리상 등의 권한(제646조의2)

① 보험계약자로부터 보험료를 수령할 수 있는 권한
② 보험자가 작성한 보험증권을 보험계약자에게 교부할 수 있는 권한

③ 보험계약자로부터 청약, 고지, 통지, 해지, 취소 등 보험계약에 관한 의사표시를 수령할 수 있는 권한
④ 보험계약자에게 보험계약의 체결, 변경, 해지 등 보험계약에 관한 의사표시를 할 수 있는 권한

[정답] ③

6. 상법상 보험계약자가 보험자와 보험료를 분납하기로 약정한 경우에 관한 설명으로 옳지 않은 것은?

① 보험계약 체결 후 보험계약자가 제1회 보험료를 지급하지 아니한 경우, 다른 약정이 없는 한 계약 성립 후 2월이 경과하면 보험계약은 해제된 것으로 본다.
② 계속보험료가 연체된 경우 보험자는 즉시 그 계약을 해지할 수는 없다.
③ 계속보험료가 연체된 경우 보험대리상이 아니면서 특정한 보험자를 위하여 계속적으로 보험계약의 체결을 중개하는 자는 보험계약자에 대해 해지의 의사표시를 할 수 있는 권한이 있다.
④ 보험대리상이 아니면서 특정한 보험자를 위하여 계속적으로 보험계약의 체결을 중개하는 자는 보험자가 작성한 영수증을 보험계약자에게 교부하는 경우에 한하여 보험료를 수령할 권한이 있다.

정답 및 해설

[해설] 보험료의 지급과 지체의 효과(제650조)
① 보험계약자는 계약체결후 지체 없이 보험료의 전부 또는 제1회 보험료를 지급하여야 하며, 보험계약자가 이를 지급하지 아니하는 경우에는 다른 약정이 없는 한 계약성립후 2월이 경과하면 그 계약은 해제된 것으로 본다.
② 계속보험료가 약정한 시기에 지급되지 아니한 때에는 보험자는 상당한 기간을 정하여 보험계약자에게 최고하고 그 기간 내에 지급되지 아니한 때에는 그 계약을 해지할 수 있다.
③ 특정한 타인을 위한 보험의 경우에 보험계약자가 보험료의 지급을 지체한 때에는 보험자는 그 타인에게도 상당한 기간을 정하여 보험료의 지급을 최고한 후가 아니면 그 계약을 해제 또는 해지하지 못한다.

[정답] ③

7. 상법상 특정한 타인(이하 "A"라고 함)을 위한 손해보험계약에 관한 설명으로 옳은 것은?

① 보험계약자는 A의 동의를 얻지 아니하거나 보험증권을 소지하지 아니하면 그 계약을 해지하지 못한다.
② A가 보험계약에 따른 이익을 받기 위해서는 이익을 받겠다는 의사표시를 하여야 한다.
③ 보험계약자가 계속보험료의 지급을 지체한 때에는 보험자는 A에게 보험료 지급을 최고하지 않아도 보험계약을 해지할 수 있다.
④ 보험계약자가 A를 위해 보험계약을 체결하려면 A의 위임을 받아야 한다.

[해설] 타인을 위한 보험(제639조)
① 보험계약자는 위임을 받거나 위임을 받지 아니하고 특정 또는 불특정의 타인을 위하여 보험계약을 체결할 수 있다. 그러나 손해보험계약의 경우에 그 타인의 위임이 없는 때에는 보험계약자는 이를 보험자에게 고지하여야 하고, 그 고지가 없는 때에는 타인이 그 보험계약이 체결된 사실을 알지 못하였다는 사유로 보험자에게 대항하지 못한다.
② 제1항의 경우에는 그 타인은 당연히 그 계약의 이익을 받는다. 그러나 손해보험계약의 경우에 보험계약자가 그 타인에게 보험사고의 발생으로 생긴 손해의 배상을 한 때에는 보험계약자는 그 타인의 권리를 해하지 아니하는 범위안에서 보험자에게 보험금액의 지급을 청구할 수 있다.
③ 제1항의 경우에는 보험계약자는 보험자에 대하여 보험료를 지급할 의무가 있다. 그러나 보험계약자가 파산선고를 받거나 보험료의 지급을 지체한 때에는 그 타인이 그 권리를 포기하지 아니하는 한 그 타인도 보험료를 지급할 의무가 있다.

[정답] ①

8. 상법상 손해보험계약의 부활에 관한 설명으로 옳지 않은 것은?

① 제1회 보험료의 지급이 이루어지지 않아 보험계약이 해제된 경우 보험계약자는 보험계약의 부활을 청구할 수 있다.
② 계속보험료의 연체로 인하여 보험계약이 해지되고 해지환급금이 지급되지 아니한 경우 보험계약자는 보험계약의 부활을 청구할 수 있다.
③ 계속보험료의 연체로 인하여 보험계약이 해지된 경우 보험계약자가 보험계약의 부활을 청구하려면 연체보험료에 약정이자를 붙여 보험자에게 지급해야 한다.
④ 보험계약자가 상법상의 요건을 갖추어 계약의 부활을 청구하는 경우 보험자는 30일 이내에 낙부통지를 발송해야 한다.

[해설] 보험계약의 부활(제650조의2)
제650조제2항에 따라 보험계약이 해지되고 해지환급금이 지급되지 아니한 경우에 보험계약자는 일정한 기간 내에 연체보험료에 약정이자를 붙여 보험자에게 지급하고 그 계약의 부활을 청구할 수 있다. 제638조의2의 규정은 이 경우에 준용한다.

• 보험계약의 부활이란 보험계약자가 2회 이후의 계속보험료 납입을 연체하여 보험계약이 해지 되었으나 해지환급금을 받지 않은 경우에 일정한 기간 내에 부활을 청약한 날까지의 연체보험료에 약정이자를 붙여 보험자에게 지급하고 종전과 동일한 내용이 계약을 성립시키고자 하는 당사자 사이의 합의를 말한다.

[정답] ①

9. 상법상 고지의무에 관한 설명으로 옳은 것은?

① 타인을 위한 손해보험계약에서 그 타인은 고지의무를 부담하지 않는다.
② 보험자가 서면으로 질문한 사항은 중요한 사항으로 본다.
③ 고지의무자가 고의 또는 중과실로 중요한 사항을 불고지 또는 부실고지 한 사실을 보험자가 보험계약 체결직후 알게 된 경우, 보험자가 그 사실을 안 날로부터 1월이 경과하면 보험계약을 해지할 수 없다.
④ 고지의무자가 고의 또는 중과실로 중요한 사항을 불고지 또는 부실고지한 경우 보험자가 계약 당시에 그 사실을 알았을지라도 보험자는 보험계약을 해지할 수 있다.

[해설] 고지의무위반으로 인한 계약해지(제651조)
보험계약당시에 보험계약자 또는 피보험자가 고의 또는 중대한 과실로 인하여 중요한 사항을 고지하지 아니하거나 부실의 고지를 한 때에는 보험자는 그 사실을 안 날로부터 1월내에, 계약을 체결한 날로부터 3년내에 한하여 계약을 해지할 수 있다. 그러나 보험자가 계약당시에 그 사실을 알았거나 중대한 과실로 인하여 알지 못한 때에는 그러하지 아니하다.

[정답] ③

10. 보험기간 중 사고발생의 위험이 현저하게 변경된 경우에 관한 설명으로 옳은 것을 모두 고른 것은?

> ㄱ. 보험수익자가 이 사실을 안 때에는 지체 없이 보험자에게 통지하여야 한다.
> ㄴ. 보험자가 보험계약자로부터 위험변경의 통지를 받은 때로부터 2월이 경과하면 계약을 해지할 수 없다.
> ㄷ. 보험수익자의 고의로 인하여 위험이 현저하게 변경된 때에는 보험자는 보험료의 증액을 청구할 수 있다.
> ㄹ. 피보험자의 중대한 과실로 인하여 위험이 현저하게 변경된 때에는 보험자는 계약을 해지할 수 없다.

① ㄱ, ㄴ　　　　　　　　　② ㄴ, ㄷ
③ ㄷ, ㄹ　　　　　　　　　④ ㄱ, ㄴ, ㄷ, ㄹ

정답 및 해설

[해설] ㄱ. 보험수익자는 고지의 의무가 없다.
ㄹ. 피보험자의 중대한 과실로 인하여 위험이 현저하게 변경된 때에는 보험자는 계약을 해지할 수 있다.

* 보험계약자 등의 고의나 중과실로 인한 위험증가와 계약해지(제653조)
  보험기간중에 보험계약자, 피보험자 또는 보험수익자의 고의 또는 중대한 과실로 인하여 사고발생의 위험이 현저하게 변경 또는 증가된 때에는 보험자는 그 사실을 안 날부터 1월내에 보험료의 증액을 청구하거나 계약을 해지할 수 있다.

[정답] ②

11. 보험계약의 해지에 관한 설명으로 옳지 않은 것은? (다툼이 있으면 판례에 따름)

① 보험자가 파산의 선고를 받은 때에는 보험계약자는 계약을 해지할 수 있다.
② 보험자가 보험기간 중에 사고발생의 위험이 현저하게 증가하여 보험계약을 해지한 경우 이미 지급한 보험금의 반환을 청구할 수 없다.
③ 보험자가 파산의 선고를 받은 경우 해지하지 아니한 보험계약은 파산선고 후 3월을 경과한 때에는 그 효력을 잃는다.
④ 보험자가 보험기간중 사고발생의 위험이 현저하게 변경되었음을 이유로 계약을 해지 하려는 경우 그 사실을 입증하여야 한다.

[해설] * 보험자의 파산선고와 계약해지(제654조)
① 보험자가 파산의 선고를 받은 때에는 보험계약자는 계약을 해지할 수 있다.
② 제1항의 규정에 의하여 해지하지 아니한 보험계약은 파산선고 후 3월을 경과한 때에는 그 효력을 잃는다.

* 계약해지와 보험금청구권(제655조)
① 보험사고가 발생한 후라도 보험자가 제650조(보험료의 지급과 지체의 효과), 제651조(고지의무위반으로 인한 계약해지), 제652조(위험변경증가의 통지와 계약해지), 제653조(보험계약자 등의 고의나 중과실로 인한 위험증가와 계약해지)에 따라 계약을 해지하였을 때에는 보험금을 지급할 책임이 없고 이미 지급한 보험금의 반환을 청구할 수 있다.
② 다만, 고지의무(告知義務)를 위반한 사실 또는 위험이 **현저**하게 변경되거나 증가된 사실이 보험사고 발생에 영향을 미치지 아니하였음이 증명된 경우에는 보험금을 지급할 책임이 있다.

[정답] ②

12. 상법상 보험사고의 발생에 따른 보험자의 책임에 관한 설명으로 옳은 것은?

① 보험수익자가 보험사고의 발생을 안 때에는 보험자에게 그 통지를 할 의무가 없다.
② 보험사고가 보험계약자의 고의로 인하여 생긴 때에는 보험자는 보험금액을 지급할 책임이 없다.
③ 보험자는 보험금액의 지급에 관하여 약정기간이 없는 경우 지급할 보험금액이 정하여진 날로부터 5일내에 지급하여야 한다.
④ 보험자의 책임은 당사자간에 다른 약정이 없으면 보험계약자가 보험계약의 체결을 청약한 때로부터 개시한다.

[해설] * 보험료의 지급과 보험자의 책임개시(제656조)
보험자의 책임은 당사자간에 다른 약정이 없으면 최초의 보험료의 지급을 받은 때로부터 개시한다.

* 보험사고발생의 통지의무(제657조)
① 보험계약자 또는 피보험자나 보험수익자는 보험사고의 발생을 안 때에는 지체 없이 보험자에게 그 통지를 발송하여야 한다.
② 보험계약자 또는 피보험자나 보험수익자가 제1항의 통지의무를 해태함으로 인하여 손해가 증가된 때에는 보험자는 그 증가된 손해를 보상할 책임이 없다.

[정답] ②

13. 상법 보험편에 관한 설명으로 옳지 않은 것은? (다툼이 있으면 판례에 따름)

① 재보험에서는 당사자간의 특약에 의하여 상법 보험편의 규정을 보험계약자의 불이익으로 변경할 수 있다.
② 보험계약자 등의 불이익변경 금지원칙은 보험계약자와 보험자가 서로 대등한 경제적 지위에서 계약조건을 정하는 기업보험에 있어서는 그 적용이 배제된다.
③ 상법 보험편의 규정은 그 성질에 반하지 아니하는 범위에서 공제에도 준용된다.
④ 상법 보험편의 규정은 약관에 의하여 피보험자나 보험수익자의 이익으로 변경할 수 없다.

정답 및 해설

[해설] ④ 상법 보험편의 규정은 약관에 의하여 피보험자나 보험수익자의 이익으로 변경할 수 있다.

* 보험계약자 등의 불이익변경금지(제663조)
이 편의 규정은 당사자간의 특약으로 보험계약자 또는 피보험자나 보험수익자의 불이익으로 변경하지 못한다. 그러나 재보험 및 해상보험 기타 이와 유사한 보험의 경우에는 그러하지 아니하다.

[정답] ④

14. 상법상 손해보험증권에 기재되어야 하는 사항으로 옳은 것은 모두 몇 개인가?

○보험수익자의 주소, 성명 또는 상호	○무효의 사유
○보험사고의 성질	○보험금액

① 1개　　　　② 2개　　　　③ 3개　　　　④ 4개

정답 및 해설

[해설] 보험수익자의 주소, 성명 또는 상호는 기재되어야 하는 사항이 아니다.

[정답] ③

15. 상법상 손해보험에 관한 설명으로 옳지 않은 것은?

① 당사자간에 보험가액을 정한 때에는 그 가액은 사고발생시의 가액으로 정한 것으로 본다.
② 당사자는 약정에 의하여 보험사고로 인하여 상실된 피보험자가 얻을 보수를 보험자가 보상할 손해액에 산입할 수 있다.
③ 화재보험의 보험자는 화재의 소방 또는 손해의 감소에 필요한 조치로 인하여 생긴 손해를 보상할 책임이 있다.
④ 보험계약은 금전으로 산정할 수 있는 이익에 한하여 보험계약의 목적으로 할 수 있다.

[해설] ① 당사자간에 보험가액을 정한 때에는 그 가액은 사고발생시의 가액으로 정한 것으로 추정한다.

[정답] ①

16. 손해보험에서의 보험가액에 관한 설명으로 옳은 것은?

① 초과보험에 있어서 보험계약의 목적의 가액은 사고 발생시의 가액에 의하여 정한다.
② 보험금액이 보험계약의 목적의 가액을 현저하게 초과한 때에는 보험계약자는 소급하여 보험료의 감액을 청구할 수 있다.
③ 보험가액이 보험계약 당시가 아닌 보험기간 중에 현저하게 감소된 때에는 보험자는 보험료와 보험금액의 감액을 청구할 수 없다.
④ 초과보험이 보험계약자의 사기로 인하여 체결된 때에는 그 계약은 무효이며 보험자는 그 사실을 안 때까지의 보험료를 청구할 수 있다.

[해설] 초과보험(제669조)
① 보험금액이 보험계약의 목적의 가액을 현저하게 초과한 때에는 보험자 또는 보험계약자는 보험료와 보험금액의 감액을 청구할 수 있다. 그러나 보험료의 감액은 장래에 대하여서만 그 효력이 있다.
② 제1항의 가액은 계약당시의 가액에 의하여 정한다.
③ 보험가액이 보험기간 중에 현저하게 감소된 때에도 제1항과 같다.
④ 제1항의 경우에 계약이 보험계약자의 사기로 인하여 체결된 때에는 그 계약은 무효로 한다. 그러나 보험자는 그 사실을 안 때까지의 보험료를 청구할 수 있다.

[정답] ④

17. 상법상 소멸시효에 관하여 (   )에 들어갈 내용으로 옳은 것은?

> 보험금청구권은 (ㄱ)년간, 보험료청구권은 (ㄴ)년간, 적립금의 반환청구권은 (ㄷ)년간 행사하지 아니하면 시효의 완성으로 소멸한다.

① ㄱ: 2, ㄴ: 3, ㄷ: 2
② ㄱ: 2, ㄴ: 3, ㄷ: 3
③ ㄱ: 3, ㄴ: 2, ㄷ: 3
④ ㄱ: 3, ㄴ: 3, ㄷ: 2

정답 및 해설

[해설] 보험금청구권은 2년간, 보험료청구권은 3년간, 적립금의 반환청구권은 3년간 행사하지 아니하면 시효의 완성으로 소멸한다.

[정답] ③

18. 상법상 중복보험에 관한 설명으로 옳지 않은 것은?

① 보험계약자가 중복보험의 체결사실을 보험자에게 통지하지 아니한 경우 보험자는 보험계약을 취소할 수 있다.
② 중복보험을 체결한 경우 보험계약자는 각 보험자에 대하여 각 보험계약의 내용을 통지하여야 한다.
③ 중복보험이라 함은 동일한 보험계약의 목적과 동일한 사고에 관하여 수개의 보험계약이 동시에 또는 순차로 체결된 경우를 말한다.
④ 중복보험은 하나의 보험계약을 수인의 보험자와 체결한 공동보험과 구별된다.

정답 및 해설

[해설] 중복보험(제672조)
① 동일한 보험계약의 목적과 동일한 사고에 관하여 수개의 보험계약이 동시에 또는 순차로 체결된 경우에 그 보험금액의 총액이 보험가액을 초과한 때에는 보험자는 각자의 보험금액의 한도에서 연대책임을 진다. 이 경우에는 각 보험자의 보상책임은 각자의 보험금액의 비율에 따른다.
② 동일한 보험계약의 목적과 동일한 사고에 관하여 수개의 보험계약을 체결하는 경우에는 보험계약자는 각 보험자에 대하여 각 보험계약의 내용을 통지하여야 한다.
③ 제669조제4항의 규정은 제1항의 보험계약에 준용한다.

[정답] ①

19. 다음 사례에 관한 설명으로 옳은 것은? (단, 다른 약정이 없고, 보험사고 당시 보험가액은 보험계약 당시와 동일한 것으로 전제함)

〈사례 1〉 甲은 보험가액이 3억원인 자신의 아파트를 보험목적으로 하여 A보험회사 및 B보험회사와 보험금액을 3억원으로 하는 화재보험계약을 각각 체결하였다.

〈사례 2〉 乙은 보험가액이 10억원인 자신의 건물을 보험목적으로 하여 C보험회사와 보험금액을 5억원으로 하는 화재보험계약을 체결하였다.

---

① 화재로 인하여 甲의 아파트가 전부 소실된 경우 甲은 A와 B로부터 각각 3억원의 보험금을 수령할 수 있다.

② 화재로 인하여 甲의 아파트가 전부 소실된 경우 甲이 A에 대한 보험금 청구를 포기 하였다면 甲에게 보험금 3억원을 지급한 B는 A에 대해 구상금을 청구할 수 없다.

③ 화재로 인하여 乙의 건물에 5억원의 손해가 발생한 경우 C는 乙에게 5억원을 보험금으로 지급하여야 한다.

④ 화재로 인하여 甲의 아파트가 전부 소실된 경우 A는 甲에 대하여 3억원의 한도에서 B와 연대책임을 부담한다.

정답 및 해설

[해설] 일부보험(제674조)
보험가액의 일부를 보험에 붙인 경우에는 보험자는 보험금액의 보험가액에 대한 비율에 따라 보상할 책임을 진다. 그러나 당사자간에 다른 약정이 있는 때에는 보험자는 보험금액의 한도내에서 그 손해를 보상할 책임을 진다.

[정답] ④

---

20. 화재보험에 있어서 보험자의 보상의무에 관한 설명으로 옳지 않은 것은? (다툼이 있으면 판례에 따름)

① 보험사고의 발생은 보험금 지급을 청구하는 보험계약자 등이 입증해야 한다.

② 보험자의 보험금지급의무는 보험기간 내에 보험사고가 발생하고 그 보험사고의 발생으로 인하여 피보험자의 피보험이익에 손해가 생기면 성립된다.

③ 손해란 피보험이익의 전부 또는 일부가 멸실됐거나 감손된 것을 말한다.

④ 보험의 목적에 관하여 보험자가 부담할 손해가 생긴 경우에는 그 후 그 목적이 보험자가 부담하지 아니하는 보험사고의 발생으로 인하여 멸실된 때에는 보험자는 이미 생긴 손해를 보상할 책임을 면한다.

[해설] 사고발생 후의 목적멸실과 보상책임(제675조)
보험의 목적에 관하여 보험자가 부담할 손해가 생긴 경우에는 그 후 그 목적이 보험자가 부담하지 아니하는 보험사고의 발생으로 인하여 멸실된 때에도 보험자는 이미 생긴 손해를 보상할 책임을 면하지 못한다.

[정답] ④

21. 상법상 손해보험에서 손해액의 산정기준 등에 관한 설명으로 옳지 않은 것은?

① 보험자가 보상할 손해액은 그 손해가 발생한 때와 곳의 가액에 의하여 산정하는 것이 원칙이다.
② 손해액의 산정에 관한 비용은 보험계약자의 부담으로 한다.
③ 보험자가 손해를 보상할 경우에 보험료의 지급을 받지 아니한 잔액이 있으면 그 지급 기일이 도래하지 아니한 때라도 보상할 금액에서 이를 공제할 수 있다.
④ 보험자는 약정에 따라 신품가액에 의하여 손해액을 산정할 수 있다.

[해설] 손해액의 산정기준(제676조)
① 보험자가 보상할 손해액은 그 손해가 발생한 때와 곳의 가액에 의하여 산정한다. 그러나 당사자간에 다른 약정이 있는 때에는 그 신품가액에 의하여 손해액을 산정할 수 있다.
② 제1항의 손해액의 산정에 관한 비용은 보험자의 부담으로 한다.

[정답] ②

22. 상법상 손해보험에 있어 보험자의 면책 사유로 옳은 것을 모두 고른 것은?

ㄱ. 보험의 목적의 성질로 인한 손해
ㄴ. 보험의 목적의 하자로 인한 손해
ㄷ. 보험의 목적의 자연소모로 인한 손해
ㄹ. 보험사고가 보험계약자의 고의 또는 중대한 과실로 인하여 생긴 경우

① ㄱ, ㄴ   ② ㄴ, ㄷ
③ ㄷ, ㄹ   ④ ㄱ, ㄴ, ㄷ, ㄹ

[해설] 보험자의 면책사유(제678조)
보험의 목적의 성질, 하자 또는 자연소모로 인한 손해는 보험자가 이를 보상할 책임이 없다.

[정답] ④

23. 상법상 손해보험에서 손해방지의무에 관한 설명으로 옳지 않은 것은? (다툼이 있으면 판례에 따름)

① 손해방지의무의 주체는 보험계약자와 피보험자이다.
② 손해방지를 위하여 필요 또는 유익하였던 비용은 보험자가 부담한다.
③ 손해방지를 위하여 필요 또는 유익하였던 비용과 보상액이 보험금액을 초과한 경우에는 보험금액의 한도에서만 보험자가 이를 부담한다.
④ 피보험자가 손해방지의무를 고의 또는 중과실로 위반한 경우 보험자는 손해방지의무 위반과 상당인과관계가 있는 손해에 대하여 배상을 청구할 수 있다.

[해설] 손해방지의무(제680조)
보험계약자와 피보험자는 손해의 방지와 경감을 위하여 노력하여야 한다. 그러나 이를 위하여 필요 또는 유익하였던 비용과 보상액이 보험금액을 초과한 경우라도 보험자가 이를 부담한다.

[정답] ③

24. 보험목적에 관한 보험대위에 관한 설명이다. (   )에 들어갈 내용으로 옳은 것은?

보험의 목적의 전부가 멸실한 경우에 (ㄱ)의 (ㄴ)를 지급한 보험자는 그 목적에 대한 (ㄷ)의 권리를 취득한다. 그러나 (ㄹ)의 일부를 보험에 붙인 경우에는 보험자가 취득할 권리는 보험금액의 보험가액에 대한 비율에 따라 이를 정한다.

① ㄱ: 보험금액, ㄴ: 전부, ㄷ: 피보험자, ㄹ: 보험가액
② ㄱ: 보험금액, ㄴ: 일부, ㄷ: 보험계약자, ㄹ: 보험금액
③ ㄱ: 보험가액, ㄴ: 일부, ㄷ: 피보험자, ㄹ: 보험가액
④ ㄱ: 보험가액, ㄴ: 전부, ㄷ: 피보험자, ㄹ: 보험가액

[해설] 보험목적에 관한 보험대위(제681조)
① 보험의 목적의 전부가 멸실한 경우에 보험금액의 전부를 지급한 보험자는 그 목적에 대한 피보험자의 권리를 취득한다.
② 그러나 보험가액의 일부를 보험에 붙인 경우에는 보험자가 취득할 권리는 보험금액의 보험가액에 대한 비율에 따라 이를 정한다.

[정답] ①

25. 제3자에 대한 보험대위에 관한 설명으로 옳지 않은 것은? (다툼이 있으면 판례에 따름)

① 제3자에 대한 보험대위의 취지는 이득금지 원칙의 실현과 부당한 면책의 방지에 있다.
② 보험자는 피보험자와 생계를 같이 하는 가족에 대한 피보험자의 권리는 취득하지 못하는 것이 원칙이다.
③ 보험금을 지급한 보험자는 그 지급한 금액의 한도에서 그 제3자에 대한 피보험자의 권리를 취득한다.
④ 보험약관상 보험자가 면책되는 사고임에도 불구하고 보험자가 보험금을 지급한 경우 피보험자의 제3자에 대한 권리를 대위취득할 수 있다.

[해설] 제3자에 대한 보험대위(제682조)
① 손해가 제3자의 행위로 인하여 발생한 경우에 보험금을 지급한 보험자는 그 지급한 금액의 한도에서 그 제3자에 대한 보험계약자 또는 피보험자의 권리를 취득한다. 다만, 보험자가 보상할 보험금의 일부를 지급한 경우에는 피보험자의 권리를 침해하지 아니하는 범위에서 그 권리를 행사할 수 있다.
② 보험계약자나 피보험자의 제1항에 따른 권리가 그와 생계를 같이 하는 가족에 대한 것인 경우 보험자는 그 권리를 취득하지 못한다. 다만, 손해가 그 가족의 고의로 인하여 발생한 경우에는 그러하지 아니다.

[정답] ④

제2과목 농어업재해보험법

26. 농어업재해보험법상 재해보험 발전 기본계획에 포함되어야 하는 사항으로 명시되지 않은 것은?

① 재해보험의 종류별 가입률 제고 방안에 관한 사항
② 손해평가인의 정기교육에 관한 사항
③ 재해보험사업에 대한 지원 및 평가에 관한 사항
④ 재해보험의 대상 품목 및 대상 지역에 관한 사항

정답 및 해설

[해설] 기본계획 및 시행계획의 수립·시행(법 제2조의 2)
기본계획에는 다음 각 호의 사항이 포함되어야 한다.

① 재해보험사업의 발전 방향 및 목표
② 재해보험의 종류별 가입률 제고 방안에 관한 사항
③ 재해보험의 대상 품목 및 대상 지역에 관한 사항
④ 재해보험사업에 대한 지원 및 평가에 관한 사항
⑤ 그 밖에 재해보험 활성화를 위하여 농림축산식품부장관 또는 해양수산부장관이 필요하다고 인정하는 사항

[정답] ②

27. 농어업재해보험법상 농업재해보험심의회의 심의 사항에 해당되는 것을 모두 고른 것은?

ㄱ. 재해보험에서 보상하는 재해의 범위에 관한 사항
ㄴ. 손해평가의 방법과 절차에 관한 사항
ㄷ. 농어업재해재보험사업에 대한 정부의 책임범위에 관한 사항
ㄹ. 농어업재해재보험사업 관련 자금의 수입과 지출의 적정성에 관한 사항

① ㄱ, ㄴ   ② ㄴ, ㄷ
③ ㄱ, ㄷ, ㄹ   ④ ㄱ, ㄴ, ㄷ, ㄹ

정답 및 해설

[해설] 재해보험 등의 심의(법 제2조의3)
재해보험 및 농어업재해재보험에 관한 다음 각 호의 사항은 제3조에 따른 농업재해보험심의회 또는 「수산업·어촌 발전 기본법」에 따른 중앙 수산업·어촌정책심의회의 심의를 거쳐야 한다.

① 재해보험에서 보상하는 **재해의 범위**에 관한 사항
② 재해보험사업에 대한 **재정지원**에 관한 사항
③ 손해평가의 **방법과 절차**에 관한 사항
④ 농어업재해재보험사업에 대한 정부의 **책임범위**에 관한 사항
⑤ 재보험사업 관련 자금의 **수입과 지출의 적정성**에 관한 사항
⑥ 그 밖에 제3조에 따른 농업재해보험심의회의 위원장 또는 「수산업·어촌 발전 기본법」 제8조제1항에 따른 중앙 수산업·어촌정책심의회의 위원장이 재해보험 및 재보험에 관하여 회의에 부치는 사항

[정답] ④

28. 농어업재해보험법상 재해보험을 모집할 수 있는 자에 해당하지 않는 것은?

① 산림조합중앙회의 임직원
② 「수산업협동조합법」에 따라 설립된 수협은행의 임직원
③ 「산림조합법」 제48조의 공제규정에 따른 공제모집인으로서 농림축산식품부장관이 인정하는 자
④ 「보험업법」 제83조제1항에 따라 보험을 모집할 수 있는 자

[해설] 보험모집(법 제10조)
재해보험을 모집할 수 있는 자

① 산림조합중앙회와 그 회원조합의 임직원, 수협중앙회와 그 회원조합 및 「수산업협동조합법」에 따라 설립된 수협은행의 임직원
② 「수산업협동조합법」의 공제규약에 따른 공제모집인으로서 수협중앙회장 또는 그 회원조합장이 인정하는 자
③ 「산림조합법」의 공제규정에 따른 공제모집인으로서 산림조합중앙회장이나 그 회원조합장이 인정하는 자
④ 「보험업법」 제83조제1항에 따라 보험을 모집할 수 있는 자

[정답] ③

29. 농어업재해보험법상 손해평가 등에 관한 설명으로 옳은 것은?

① 재해보험사업자는 동일 시·군·구 내에서 교차손해평가를 수행할 수 없다.
② 농림축산식품부장관은 손해평가인이 공정하고 객관적인 손해평가를 수행할 수 있도록 연 1회 이상 정기교육을 실시하여야 한다.

③ 농림축산식품부장관이 손해평가 요령을 정한 뒤 이를 고시하려면 미리 금융위원회의 인가를 거쳐야 한다.

④ 농림축산식품부장관은 손해평가인 간의 손해평가에 관한 기술·정보의 교환을 금지하여야 한다.

정답 및 해설

[해설] ① 재해보험사업자는 공정하고 객관적인 손해평가를 위하여 교차손해평가가 필요한 경우 재해보험 가입규모, 가입분포 등을 고려하여 교차손해평가 대상 시·군·구(자치구)를 선정하여야 한다.
③ 농림축산식품부장관 또는 해양수산부장관은 손해평가 요령을 고시하려면 미리 금융위원회와 협의하여야 한다.
④ 농림축산식품부장관 또는 해양수산부장관은 손해평가인 간의 손해평가에 관한 기술·정보의 교환을 지원할 수 있다.

[정답] ②

30. 농어업재해보험법령상 손해평가사의 자격 취소사유로 명시되지 않은 것은?

① 손해평가사의 자격을 거짓 또는 부정한 방법으로 취득한 경우

② 거짓으로 손해평가를 한 경우

③ 업무 수행과 관련하여 보험계약자로부터 향응을 제공받은 경우

④ 법 제11조의4제7항을 위반하여 손해평가사 명의의 사용이나 자격증의 대여를 알선한 경우

정답 및 해설

[해설] 손해평가사 자격 취소(법 제11조의 5)

① 손해평가사의 자격을 거짓 또는 부정한 방법으로 취득한 사람(반드시 **취소**)
② 거짓으로 손해평가를 한 사람
③ 다른 사람에게 손해평가사의 명의를 사용하게 하거나 그 자격증을 대여한 사람
④ 손해평가사 명의의 사용이나 자격증의 대여를 알선한 사람
⑤ 업무정지 기간 중에 손해평가 업무를 수행한 사람(반드시 **취소**)

[정답] ③

31. 농어업재해보험법령상 보험금의 압류 금지에 관한 조문의 일부이다. (   )에 들어 갈 내용은?

법 제12조제2항에서 "대통령령으로 정하는 액수"란 다음 각 호의 구분에 따른 보험금 액수를 말한다.

1. 농작물 · 임산물 · 가축 및 양식수산물의 재생산에 직접적으로 소요되는 비용의 보장을 목적으로 법 제11조의7제1항 본문에 따라 보험금수급전용계 좌로 입금된 보험금 : 입금된 (ㄱ)

2. 제1호 외의 목적으로 법 제11조의7제1항 본문에 따라 보험금수급전용계좌 로 입금된 보험금 : 입금된 (ㄴ)에 해당하는 액수

① ㄱ: 보험금의 2분의 1, ㄴ: 보험금의 3분의 1
② ㄱ: 보험금의 2분의 1, ㄴ: 보험금의 3분의 2
③ ㄱ: 보험금 전액,　　ㄴ: 보험금의 3분의 1
④ ㄱ: 보험금 전액,　　ㄴ: 보험금의 2분의 1

[해설] 보험금의 압류 금지(영 제12조의 12)

"대통령령으로 정하는 액수"란 다음 각 호의 구분에 따른 보험금 액수를 말한다.

1. 농작물 · 임산물 · 가축 및 양식수산물의 재생산에 직접적으로 소요되는 비용의 보장을 목적으로 법 제11조의7제1항 본문에 따라 보험금수급전용계좌로 입금된 보험금
　→ 입금된 보험금 전액

2. 제1호 외의 목적으로 법 제11조의7제1항 본문에 따라 보험금수급전용계좌로 입금된 보험금
　→ 입금된 보험금의 2분의 1에 해당하는 액수

[정답] ④

32. 농어업재해보험법령상 재해보험사업자가 보험모집 및 손해평가 등 재해보험 업무의 일부를 위탁할 수 있는 자에 해당하지 않는 것은?

① 「농업협동조합법」에 따라 설립된 지역농업협동조합
② 「수산업협동조합법」에 따라 설립된 지구별 수산업협동조합
③ 「보험업법」 제187조에 따라 손해사정을 업으로 하는 자
④ 농어업재해보험 관련 업무를 수행할 목적으로 「민법」에 따라 설립된 영리법인

[해설] 재해보험사업자는 재해보험사업을 원활히 수행하기 위하여 필요한 경우에는 보험모집 및 손해평가 등 재해보험 업무의 일부를 대통령령으로 정하는 자에게 위탁할 수 있다.

① 「농업협동조합법」에 따라 설립된 지역농업협동조합·지역축산업협동조합 및 품목별·업종별협동조합
② 「산림조합법」에 따라 설립된 지역산림조합 및 품목별·업종별산림조합
③ 「수산업협동조합법」에 따라 설립된 지구별 수산업협동조합, 업종별 수산업협동조합, 수산물가공 수산업협동조합 및 수협은행
④ 「보험업법」 제187조에 따라 손해사정을 업으로 하는 자
⑤ 농어업재해보험 관련 업무를 수행할 목적으로 「민법」에 따라 농림축산식품부장관 또는 해양수산부장관의 허가를 받아 설립된 비영리법인

[정답] ④

33. 농어업재해보험법상 재정지원에 관한 설명으로 옳지 않은 것은?

① 정부는 재해보험사업자의 재해보험의 운영 및 관리에 필요한 비용의 전부를 지원하여야 한다.
② 지방자치단체는 예산의 범위에서 재해보험가입자가 부담하는 보험료의 일부를 추가로 지원할 수 있다.
③ 「풍수해보험법」에 따른 풍수해보험에 가입한 자가 동일한 보험목적물을 대상으로 재해보험에 가입할 경우에는 정부가 재정지원을 하지 아니한다.
④ 법 제19조제1항에 따른 보험료와 운영비의 지원 방법 및 지원 절차 등에 필요한 사항은 대통령령으로 정한다.

[해설] 정부는 예산의 범위에서 재해보험가입자가 부담하는 보험료의 일부와 재해보험사업자의 재해보험의 운영 및 관리에 필요한 **비용(운영비)의 전부 또는 일부**를 지원할 수 있다. 이 경우 지방자치단체는 예산의 범위에서 재해보험가입자가 부담하는 보험료의 일부를 추가로 지원할 수 있다.

[정답] ①

34. 농어업재해보험법령상 손해평가인의 자격요건에 관한 내용의 일부이다. (   )에 들어갈 숫자는?

「학점인정 등에 관한 법률」 제8조에 따라 전문대학의 보험 관련학과 졸업자와 같은 수준 이상의 학력이 있다고 인정받은 사람이나 「고등교육법」 제2조에 따른 학교에서 (ㄱ)학점(보험 관련 과목 학점이 (ㄴ)학점 이상이어야 한다) 이상을 이수한 사람 등 제7호에 해당하는 사람과 같은 수준 이상의 학력이 있다고 인정되는 사람

① ㄱ: 60, ㄴ: 40   ② ㄱ: 60, ㄴ: 45

③ ㄱ: 80, ㄴ: 40   ④ ㄱ: 80, ㄴ: 45

[해설] 「학점인정 등에 관한 법률」 제8조에 따라 전문대학의 보험 관련 학과 졸업자(졸업예정자를 포함한다)와 같은 수준 이상의 학력이 있다고 인정받은 사람이나 「고등교육법」 제2조에 따른 학교에서 80학점(보험 관련 과목 학점이 45학점 이상이어야 한다) 이상을 이수한 사람 등 제7호에 해당하는 사람과 같은 수준 이상의 학력이 있다고 인정되는 사람

[정답] ④

35. 농어업재해보험법상 농어업재해재보험기금의 재원에 포함되는 것을 모두 고른 것은?

ㄱ. 재해보험가입자가 재해보험사업자에게 내야 할 보험료의 회수 자금
ㄴ. 정부, 정부 외의 자 및 다른 기금으로부터 받은 출연금
ㄷ. 농어업재해재보험기금의 운용수익금
ㄹ. 「농어촌구조개선 특별회계법」 제5조제2항제7호에 따라 농어촌구조개선 특별회계의 농어촌특별세사업계정으로부터 받은 전입금

① ㄱ, ㄴ, ㄷ   ② ㄱ, ㄴ, ㄹ

③ ㄱ, ㄷ, ㄹ   ④ ㄴ, ㄷ, ㄹ

[해설] 기금의 조성(법 제22조)
기금은 다음 각 호의 재원으로 조성한다.

㉠ 재보험료
㉡ 정부, 정부 외의 자 및 다른 기금으로부터 받은 출연금
㉢ 재보험금의 회수 자금

> ㉣ 기금의 운용수익금과 그 밖의 수입금
> ㉤ 제2항에 따른 차입금
> ㉥ 「농어촌구조개선 특별회계법」에 따라 농어촌구조개선 특별회계의 농어촌특별세사업계정으로부터 받은 전입금

[정답] ④

36. 농어업재해보험법령상 농어업재해재보험기금(이하 "기금"이라 한다)에 관한 설명으로 옳은 것은?

① 농림축산식품부장관은 행정안전부장관과 협의를 거쳐 기금의 관리 · 운용에 관한 사무의 일부를 농업정책보험금융원에 위탁할 수 있다.
② 농림축산식품부장관은 기금의 수입과 지출을 명확히 하기 위하여 농업정책보험금융원에 기금계정을 설치하여야 한다.
③ 기금의 관리 · 운용에 필요한 경비의 지출은 기금의 용도에 해당한다.
④ 기금은 농림축산식품부장관이 환경부장관과 협의하여 관리 · 운용한다.

정답 및 해설

[해설] ① 농림축산식품부장관은 해양수산부장관과 협의를 거쳐 기금의 관리 · 운용에 관한 사무의 일부를 농업정책보험금융원에 위탁할 수 있다.
② 농림축산식품부장관은 기금의 수입과 지출을 명확히 하기 위하여 한국은행에 기금계정을 설치하여야 한다.
④ 기금은 농림축산식품부장관이 해양수산부장관과 협의하여 관리 · 운용한다.

[정답] ③

37. 농어업재해보험법상 보험사업의 관리에 관한 설명으로 옳지 않은 것은?

① 농림축산식품부장관 또는 해양수산부장관은 재해보험사업을 효율적으로 추진하기 위하여 손해평가인력의 육성 업무를 수행한다.
② 농림축산식품부장관은 손해평가사의 업무 정지 처분을 하는 경우 청문을 하지 않아도 된다.
③ 농림축산식품부장관은 손해평가사 자격시험의 실시 및 관리에 관한 업무를 「한국산업인력공단법」에 따른 한국산업인력공단에 위탁할 수 있다.
④ 정부는 농어업인의 재해대비의식을 고양하고 재해보험의 가입을 촉진하기 위하여 교육 · 홍보 및 보험가입자에 대한 정책자금 지원, 신용보증 지원 등을 할 수 있다.

[해설] 청문(법 제29조의 2)
농림축산식품부장관은 다음의 어느 하나에 해당하는 처분을 하려면 청문을 하여야 한다.

① 손해평가사의 자격 취소
② 손해평가사의 업무 정지

[정답] ②

---

38. 농어업재해보험법상 손해평가사의 자격을 취득하지 아니하고 그 명의를 사용하거나 자격증을 대여받은 자에게 부과될 수 있는 벌칙은?

① 과태료 5백만원　　　　　② 벌금 2천만원
③ 징역 6월　　　　　④ 징역 2년

[해설] 1년 이하의 징역 또는 1천만 원 이하의 벌금

㉠ 보험모집 규정을 위반하여 모집을 한 자
㉡ 손해평가요령을 위반하여 고의로 진실을 숨기거나 거짓으로 손해평가를 한 자
㉢ 다른 사람에게 손해평가사의 명의를 사용하게 하거나 그 자격증을 대여한 자
㉣ 손해평가사의 명의를 사용하거나 그 자격증을 대여받은 자 또는 명의의 사용이나 자격증의 대여를 알선한 자

[정답] ③

---

39. 농업재해보험 손해평가요령상 용어의 정의에 관한 내용의 일부이다. (　　　)에 들어 갈 내용은?

"(　　　)"(이)라 함은 「농어업재해보험법」 제11조제1항과 「농어업재해보험법 시행령」 제12조제1항에서 정한 자 중에서 재해보험사업자가 위촉하여 손해평가업무를 담당하는 자를 말한다.

① 손해평가인　　　　　② 손해평가사
③ 손해사정사　　　　　④ 손해평가보조인

[해설] 용어의 정의(제2조)

손해평가	「농어업재해보험법」에 따른 피해가 발생한 경우 손해평가인, 손해평가사 또는 손해사 정사가 그 피해사실을 확인하고 평가하는 일련의 과정을 말한다.
손해평가인	「농어업재해보험법 시행령」에서 정한 자 중에서 재해보험사업자가 위촉하여 손해평가업무를 담당하는 자를 말한다.
손해평가사	「농어업재해보험법」에서 정한 자격시험에 합격한 자를 말한다.
손해평가보조인	손해평가 업무를 보조하는 자를 말한다.
농업재해보험	농작물재해보험, 임산물재해보험 및 가축재해보험을 말한다.

[정답] ①

---

40. 농업재해보험 손해평가요령상 손해평가인의 업무로 명시되지 않은 것은?

① 보험가액 평가   ② 보험료율 산정

③ 피해사실 확인   ④ 손해액 평가

[해설] 손해평가 업무(제3조) : 피해사실 확인, 보험가액 및 손해액 평가, 그 밖에 손해평가에 관하여 필요한 사항

[정답] ②

---

41. 농업재해보험 손해평가요령상 손해평가인의 위촉과 교육에 관한 설명으로 옳은 것은?

① 손해평가인 정기교육의 세부내용 중 농업재해보험 상품 주요내용은 농업재해보험에 관한 기초지식에 해당한다.

② 손해평가인 정기교육의 세부내용에 피해유형별 현지조사표 작성 실습은 포함되지 않는다.

③ 재해보험사업자 및 「농어업재해보험법」 제14조에 따라 손해평가 업무를 위탁받은 자 는 손해평가 업무를 원활히 수행하기 위하여 손해평가보조인을 운용할 수 있다.

④ 실무교육에 참여하는 손해평가인은 재해보험사업자에게 교육비를 납부하여야 한다.

[해설] ① 기초지식 → 농업재해보험의 종류별 약관
② 실습 포함
④ 재해보험사업자는 소정의 교육비를 지급할 수 있다.

[정답] ③

42. 농업재해보험 손해평가요령상 손해평가인 위촉의 취소에 관한 설명이다. (   )에 들어갈 내용은?

> 재해보험사업자는 손해평가인이 「농어업재해보험법」 제30조에 의하여 벌금이상의 형을 선고받고 그 집행이 종료(집행이 종료된 것으로 보는 경우를 포함한다)되거나 집행이 면제된 날로부터 (ㄱ)년이 경과되지 아니한 자, 또는 (ㄴ) 기간 중에 손해평가업무를 수행한 자인 경우 그 위촉을 취소하여야 한다.

① ㄱ: 1, ㄴ: 자격정지   ② ㄱ: 2, ㄴ: 업무정지

③ ㄱ: 1, ㄴ: 업무정지   ④ ㄱ: 3, ㄴ: 자격정지

정답 및 해설

[해설] 손해평가인 위촉의 취소 및 해지 등(제6조)

> ㉠ **피성년후견인**
> ㉡ 파산선고를 받은 자로서 **복권되지 아니한 자**
> ㉢ 벌금이상의 형을 선고받고 그 집행이 종료(집행이 종료된 것으로 보는 경우를 포함한다)되거나 집행이 면제된 날로부터 **2년이 경과되지 아니한 자**
> ㉣ 위촉이 취소된 후 **2년이 경과하지 아니한 자**
> ㉤ 거짓 그 밖의 **부정한** 방법으로 손해평가인으로 **위촉된 자**
> ㉥ **업무정지** 기간 중에 손해평가업무를 수행한 자

[정답] ②

43. 농업재해보험 손해평가요령상 손해평가반 구성에 관한 설명으로 옳은 것은?

① 자기가 실시한 손해평가에 대한 검증조사 및 재조사에 해당하는 손해평가의 경우 해당자를 손해평가반 구성에서 배제하여야 한다.

② 자기가 가입하였어도 자기가 모집하지 않은 보험계약에 관한 손해평가의 경우 해당자는 손해평가반 구성에 참여할 수 있다.

③ 손해평가인은 손해평가를 하는 경우에는 손해평가반을 구성하고 손해평가반별로 평가 일정계획을 수립하여야 한다.

④ 손해평가반은 손해평가인을 3인 이상 포함하여 7인 이내로 구성한다.

정답 및 해설

[해설] ② 자기가 가입하였어도 자기가 모집하지 않은 보험계약에 관한 손해평가의 경우 해당자는 손해평가반 구성에서 배제된다.

③ 재해보험사업자는 손해평가를 하는 경우에는 손해평가반을 구성하고 손해평가반별로 평가일정계획을 수립하여야 한다.
④ 손해평가반은 손해평가인을 1인 이상 포함하여 5인 이내로 구성 한다.

[정답] ①

44. 농업재해보험 손해평가요령상 손해평가준비 및 평가결과 제출에 관한 설명으로 옳은 것은?

① 손해평가반은 재해보험사업자가 실시한 손해평가결과를 기록할 수 있도록 현지조사서를 마련하여야 한다.
② 손해평가반은 손해평가를 실시하기 전에 현지조사서를 재해보험사업자에게 배부하고 손해평가에 임하여야 한다.
③ 손해평가반은 보험가입자가 7일 이내에 손해평가가 잘못되었음을 증빙하는 서류 등을 제출하는 경우 다른 손해평가반으로 하여금 재조사를 실시하게 할 수 있다.
④ 손해평가반은 보험가입자가 정당한 사유없이 손해평가를 거부하여 손해평가를 실시하지 못한 경우에는 그 피해를 인정할 수 없는 것으로 평가한다는 사실을 보험가입자에게 통지한 후 현지조사서를 재해보험사업자에게 제출하여야 한다.

정답 및 해설

[해설] ① 재해보험사업자는 손해평가반이 실시한 손해평가결과를 기록할 수 있도록 현지조사서를 마련하여야 한다.
② 재해보험사업자는 손해평가를 실시하기 전에 현지조사서를 손해평가반에 배부하고 손해평가시의 주의사항을 숙지시킨 후 손해평가에 임하도록 하여야 한다.
③ 재해보험사업자는 보험가입자가 손해평가반의 손해평가결과에 대하여 설명 또는 통지를 받은 날로부터 7일 이내에 손해평가가 잘못되었음을 증빙하는 서류 또는 사진 등을 제출하는 경우 재해보험사업자는 다른 손해평가반으로 하여금 재조사를 실시하게 할 수 있다.

[정답] ④

45. 농업재해보험 손해평가요령상 손해평가결과 검증에 관한 설명으로 옳은 것은?

① 재해보험사업자 및 재해보험사업의 재보험사업자는 손해평가반이 실시한 손해평가결과를 확인하기 위하여 손해평가를 실시한 보험목적물 중에서 일정수를 임의 추출하여 검증조사를 할 수 있다.

② 손해평가반은 농림축산식품부장관으로 하여금 검증조사를 하게 할 수 있다.

③ 손해평가결과와 임의 추출조사의 결과에 차이가 발생하면 해당 손해평가반이 조사한 전체 보험목적물에 대하여 재조사를 하여야 한다.

④ 보험가입자가 검증조사를 거부하는 경우 검증조사반은 손해평가 검증을 강제할 수 있다는 사실을 보험가입자에게 통지하여야 한다.

정답 및 해설

[해설] ② 농림축산식품부장관은 재해보험사업자로 하여금 검증조사를 하게 할 수 있으며, 재해보험사업자는 특별한 사유가 없는 한 이에 응하여야 하고, 그 결과를 농림축산식품부장관에게 제출하여야 한다.
③ 검증조사결과 현저한 차이가 발생되어 재조사가 불가피하다고 판단될 경우에는 해당 손해평가반이 조사한 전체 보험목적물에 대하여 재조사를 할 수 있다.
④ 보험가입자가 정당한 사유없이 검증조사를 거부하는 경우 검증조사반은 검증조사가 불가능하여 손해평가 결과를 확인할 수 없다는 사실을 보험가입자에게 통지한 후 검증조사결과를 작성하여 재해보험사업자에게 제출하여야 한다.

[정답] ①

46. 농업재해보험 손해평가요령상 특정위험방식 중 "인삼"의 경우, 다음의 조건으로 산정한 보험금은?

○ 보험가입금액: 1,000만원	○ 보험가액: 1,000만원
○ 피해율: 50 %	○ 자기부담비율: 20 %

① 200만원　　　　　② 300만원
③ 500만원　　　　　④ 700만원

정답 및 해설

[해설] 보험금 = 보험가입금액 × (피해율−자기부담비율)
　　　1,000만원 × (50%−20%) = 300만원

[정답] ②

47. 농업재해보험 손해평가요령상 종합위험방식 「이앙 · 직파불능보장」에서 "벼"의 경우, 보험가입금액이 1,000만원이고 보험가액이 1,500만원이라면 산정한 보험금은? (단, 다른 사정은 고려하지 않음)

① 100만원　　　　② 150만원　　　　③ 250만원　　　　④ 375만원

정답 및 해설

[해설] 이앙 · 직파불능보장 지급보험금 = 보험가입금액 × 15%
= 1,000만원 × 15% = 150만원

[정답] ②

48. 농업재해보험 손해평가요령상 종합위험방식 상품의 조사내용 중 "착과수조사"에 해당되는 품목은?

① 사과　　　　② 감귤　　　　③ 자두　　　　④ 단감

정답 및 해설

[해설]

생육시기	조사내용	조사시기	조사방법	비고
수확직전	착과수 조사	수확직전	해당 농지의 최초 품종 수확 직전 총 착과수를 조사 - 피해와 관계없이 전 과수원 조사 • 조사방법: 표본조사	포도, 복숭아, 자두, 감귤(만감류)만 해당

[정답] ③

49. 농업재해보험 손해평가요령상 농작물의 품목별 · 재해별 · 시기별 손해수량 조사방법 중 종합위험방식 상품에 관한 표의 일부이다. (　　)에 들어갈 내용은?

생육시기	재해	조사내용	조사시기	조사방법	비고
수확 시작 후 ~ 수확 종료	태풍(강풍) , 우박	(ㄱ)	사고접수 후 지체 없이	전체 열매수(전체 개화수) 및 수확 가능 열매수 조사 - 6월1일~6월20일 사고건에 한함 • 조사방법 : 표본조사	(ㄴ)만 해당

① ㄱ: 과실손해조사, ㄴ: 복분자　　　② ㄱ: 과실손해조사, ㄴ: 무화과

③ ㄱ: 수확량조사, ㄴ: 복분자　　　④ ㄱ: 수확량조사, ㄴ: 무화과

[해설] ㄱ: 과실손해조사,   ㄴ: 복분자

[정답] ①

---

50. 농업재해보험 손해평가요령상 농업시설물의 보험가액 및 손해액 산정에 관한 설명이다. (   )에 들어갈 내용은?

> ○ 농업시설물에 대한 보험가액은 보험사고가 발생한 때와 곳에서 평가한 피해목적물의 (ㄱ)에서 내용연수에 따른 감가상각률을 적용하여 계산한 감가상각액을 (ㄴ)하여 산정한다.
> ○ 농업시설물에 대한 손해액은 보험사고가 발생한 때와 곳에서 산정한 피해목적물의 (ㄷ)을 말한다.

① ㄱ: 시장가격, ㄴ: 곱, ㄷ: 시장가격   ② ㄱ: 시장가격, ㄴ: 차감, ㄷ: 원상복구비용
③ ㄱ: 재조달가액, ㄴ: 곱, ㄷ: 시장가격   ④ ㄱ: 재조달가액, ㄴ: 차감, ㄷ: 원상복구비용

[해설] 농업시설물의 보험가액 및 손해액 산정(제15조)
① 농업시설물에 대한 보험가액은 보험사고가 발생한 때와 곳에서 평가한 피해목적물의 재조달가액에서 내용연수에 따른 감가상각률을 적용하여 계산한 감가상각액을 차감하여 산정한다.
② 농업시설물에 대한 손해액은 보험사고가 발생한 때와 곳에서 산정한 피해목적물의 원상복구비용을 말한다.

[정답] ④

제3과목 재배학 및 원예작물학

51. 작물 분류학적으로 과명(family name)별 작물의 연결이 옳은 것은?

① 백합과 – 수선화 ② 가지과 – 감자
③ 국화과 – 들깨 ④ 장미과 – 블루베리

정답 및 해설

[해설] ① 수선화과 – 수선화 ③ 꿀풀과 – 들깨 ④ 진달래과 – 블루베리
② 가지과 – 감자, 가지, 담배, 고추, 토마토 등

[정답] ②

52. 토양침식이 우려될 때 재배법으로 옳지 않은 것은?

① 점토함량이 높은 식토 경지에서 재배한다.
② 토양의 입단화를 유지한다.
③ 경사지에서는 계단식 재배를 한다.
④ 녹비작물로 초생재배를 한다.

정답 및 해설

[해설] 점토함량이 높은(찰흙) 식토는 빗물을 흡수하는 능력이 작아서 토양이 침식되기 쉽다.

[정답] ①

53. 토양의 생화학적 환경에 관한 내용이다. (   )에 들어갈 내용으로 옳은 것은?

> 높은 강우 또는 관수량의 토양에서는 용탈작용으로 토양의 (ㄱ)가 촉진되고, 이 토양에서는 아연과 망간의 흡수율이 (ㄴ)진다. 반면, 탄질비가 높은 유기물 토양에서는 미생물 밀도가 높아져 부숙 시 토양 질소함량이 (ㄷ)하게 된다.

① ㄱ: 산성화, ㄴ: 높아, ㄷ: 감소 ② ㄱ: 염기화, ㄴ: 낮아, ㄷ: 증가
③ ㄱ: 염기화, ㄴ: 높아, ㄷ: 감소 ④ ㄱ: 산성화, ㄴ: 낮아, ㄷ: 증가

[해설] 토양의 산성화는 높은 강우 또는 토양의 양분 용탈로 인하여 발생하기도 한다. 토양이 산성화하게 되면 아연, 망간, 알루미늄, 철, 구리 등의 흡수율이 높아지고, 이러한 중금속으로 인하여 작물의 생육에 지장을 주게 된다.
* 탄질비(C/N)가 높은 유기물 토양에서는 미생물 밀도가 높아지고, 미생물은 토양으로부터 질소를 흡수하게 되어 토양의 질소함량은 감소하게 된다.

[정답] ①

54. 토양수분 스트레스를 줄이기 위한 재배방법으로 옳지 않은 것은?

① 요수량이 낮은 품종을 재배한다.
② 칼륨결핍이 발생하지 않도록 재배한다.
③ 질소과용이 발생하지 않도록 한다.
④ 밭재배 시 재식밀도를 높여 준다.

[해설] 밭재배 시 재식밀도를 높여 주면 토양수분 스트레스를 가속화 시킨다.

[정답] ④

55. 내건성 작물의 생육특성을 모두 고른 것은?

ㄱ. 기공 크기의 증가
ㄴ. 지상부보다 근권부 발달
ㄷ. 낮은 호흡에 따른 저장물질의 소실 감소

① ㄱ, ㄴ   ② ㄱ, ㄷ
③ ㄴ, ㄷ   ④ ㄱ, ㄴ, ㄷ

[해설] 내건성 작물의 특징 : 가뭄에 강한 작물(수수, 조, 기장)
① 표면적, 체적의 비가 작다.
② 기공이 작고 기공의 수가 적다.
③ 뿌리가 깊고, 지상부보다 근권부의 발달이 좋다.
④ 잎조직이 치밀하고 잎맥과 울타리 조직이 발달한다.

⑤ 원형질의 점성이 높고 세포액의 삼투압이 높아서 수분 보유력이 강하다.

[정답] ③

56. 다음 (   )에 들어갈 내용으로 옳은 것은?

저온에서 일정 기간 이상 경과하게 되면 식물체 내 화아분화가 유기되는 것을 (ㄱ)라 말하며, 이 후 25~30℃에 3~4주 정도 노출시켜 이미 받은 저온감응을 다시 상쇄시키는 것을 (ㄴ)라 한다.

① ㄱ: 춘화, ㄴ: 일비　　　　　　② ㄱ: 이춘화, ㄴ: 춘화
③ ㄱ: 춘화, ㄴ: 이춘화　　　　　④ ㄱ: 이춘화, ㄴ: 일비

정답 및 해설

[해설] 밀, 보리 겨울종은 겨울 저온을 거쳐야 다음해 봄에 꽃을 피우고 곡식을 생산할 수 있다. 이와 같이 저온을 거쳐야 다음 해에 적당한 환경에서 꽃을 피우는 생리적 현상을 춘화처리라고 한다.
* 이춘화 : 저온춘화 한 작물을 고온에 경과하면 춘화처리 효과가 상실되는 현상

[정답] ③

57. A손해평가사가 어떤 농가에게 다음과 같은 조언을 하고 있다. 다음 ( )에 들어갈 내용으로 옳은 것은?

o 농가: 저희 농가의 딸기가 최근 2℃ 이하에서 생육스트레스를 받았습니다.
o A: 딸기의 (ㄱ)를 잘 이해해야 합니다. 그리고 30℃를 넘지 않도록 관리해야 됩니다.
o 농가: 그럼, 30℃는 딸기 생육의 (ㄴ)라고 생각해도 되는군요.

① ㄱ: 생육가능온도, ㄴ: 최적적산온도
② ㄱ: 생육최적온도, ㄴ: 최적한계온도
③ ㄱ: 생육가능온도, ㄴ: 최고한계온도
④ ㄱ: 생육최적온도, ㄴ: 최고적산온도

[해설] 딸기가 2℃ 이하에서 생육스트레스를 받고(생육최저온도) 또는 30℃(생육최고온도)에서 생육에 지장을 받으므로 이 범위를 생육가능온도라고 할 수 있다.

[정답] ③

---

58. 광도가 증가함에 따라 작물의 광합성이 증가하는데 일정 수준 이상에 도달하게 되면 더 이상 증가하지 않는 지점은?

① 광순화점   ② 광보상점

③ 광반응점   ④ 광포화점

[해설] 광포화점 : 광합성량이 더 이상 증가하지 않을 때의 빛의 광도

② 광보상점(광합성량=호흡량) : 식물의 광합성에 사용되는 이산화탄소의 양과 호흡으로 배출되는 이산화탄소의 양이 같을 때의 빛의 광도

[정답] ④

---

59. 과수재배에 있어 생장조절물질에 관한 설명으로 옳지 않은 것은?

① 지베렐린 - 포도의 숙기촉진과 과실비대에 이용
② 루톤분제 - 대목용 삽목 번식 시 발근 촉진
③ 아브시스산 - 휴면 유도
④ 에틸렌 - 과실의 낙과 방지

[해설] 에틸렌발생억제제 – 과실의 낙과 방지

[정답] ④

60. 도복 피해를 입은 작물에 대한 피해 경감대책으로 옳지 않은 것은?

① 왜성품종 선택 ② 질소질 비료 시용

③ 맥류에서의 높은 복토 ④ 밀식재배 지양

정답 및 해설

[해설] 질소질 비료를 시용하는 것은 도복을 촉진한다.

[정답] ②

61. 정식기에 어린 묘를 외부환경에 미리 적응시켜 순화시키는 과정은?

① 경화 ② 왜화

③ 이화 ④ 동화

정답 및 해설

[해설] 정식기에 어린 묘를 외부환경에 미리 적응시켜 순화시키는 과정은 경화(硬化, harden)이다. 이는 묘가 성장하면서 외부환경에 노출되어 강건한 체질을 갖게 되는 과정을 의미한다.
③ 이화 : 고분자 유기물을 저분자 유기물로 분해하여 에너지를 얻는 반응
④ 동화 : 물질대사를 통해 생화학적으로 생물체 내에서 물질을 합성하는 능력

[정답] ①

62. 무성생식에 비해 종자번식이 갖는 상업적 장점이 아닌 것은?

① 대량생산 용이 ② 결실연령 단축

③ 원거리이동 용이 ④ 우량종 개발

정답 및 해설

[해설] 무성생식 또는 영양생식은 개화와 결실연령을 단축시킨다. 무성생식은 새로운 개체가 생식 세포로부터 생기는 것이 아니고 모체의 체세포에서 발생되는 현상이다.

[정답] ②

63. P손해평가사는 '가지'의 종자발아율이 낮아 고민하고 있는 육묘 농가를 방문하였다. 이 농가에서 잘못 적용한 영농법은?

① 보수성이 좋은 상토를 사용하였다.
② 통기성이 높은 상토를 사용하였다.
③ 광투과가 높도록 상토를 복토하였다.
④ pH가 교정된 육묘용 상토를 사용하였다.

[해설] 가지는 암발아성 종자이다. 암발아성 종자는 어두운 곳에 놓아 두어야 한다. 수분이 적합하고 투기성이 좋으며, 온도 25~30℃와 암조건에서 발아가 빠르다.

[정답] ③

64. 토양 표면을 피복해 주는 멀칭의 효과가 아닌 것은?

① 잡초 억제
② 로제트 발생
③ 토양수분 조절
④ 지온 조절

[해설] 로제트(rosette)는 식물(풀)의 줄기가 밑바닥에서 짧아져 짧은 줄기의 끝에서부터 땅에 붙어 사방으로 나는 잎을 말하며, 그러한 모양으로 잎이 나는 식물들을 로제트식물이라고 한다. 로제트(rosette) 현상은 저온으로 인하여 절간(마디) 사이가 짧아지고 생장점 부근에 꽃이 밀생하는 것을 말한다. 여름 고온 후 저온에 의해 유도된다.

[정답] ②

65. 경종적 방제차원의 병충해 방제가 아닌 것은?

① 내병성 품종선택
② 무병주 묘 이용
③ 콜히친 처리
④ 접목재배

[해설] 경종적 방제 : 병해충, 잡초의 생태적 특징을 이용하여 작물의 재배조건을 변경시키고 내충, 내병성 품종의 이용, 토양관리의 개선 등에 의하여 병충해, 잡초의 발생을 억제하여 피해를 경감시키는 방법
③ 콜히친(콜키신) : 백합과 식물인 콜키쿰의 씨앗이나 뿌리줄기에 포함되어 있는 성분으로 급성통풍 발작의 치료

및 예방에 사용되는 약물. 식물에서는 염색체 분리를 저해하기 때문에 씨 없는 수박을 만드는 데에도 사용된다.

[정답] ③

---

66. 농가에서 널리 이용하는 엽삽에 유리한 작물이 아닌 것은?

① 렉스베고니아　　　　　　　　② 글록시니아
③ 페페로미아　　　　　　　　　④ 메리골드

정답 및 해설

[해설] 엽삽(葉揷) : 잎을 묘상에 꽂아 뿌리를 내리게 하는 꺾꽂이 방법

[정답] ④

---

67. 화훼작물에 있어 진균에 의한 병이 아닌 것은?

① 잘록병　　　　　　　　　　　② 역병
③ 잿빛곰팡이병　　　　　　　　④ 무름병

정답 및 해설

[해설] 세균에 의한 병해 – 무름병, 검은썩음병, 상추 썩음병

[정답] ④

---

68. '잎들깨'를 생산하는 농가에서 생산량 증대를 위해 야간 인공조명을 설치하였다. 이 야간 조명으로 인하여 옆 농가에서 피해가 있을 법한 작물은?

① 장미　　　　　　　　　　　　② 칼랑코에
③ 페튜니아　　　　　　　　　　④ 금잔화

정답 및 해설

[해설] 칼랑코에 : 다육식물이어서 물을 자주 주지 않아도 되고 건조한 곳에서 잘 자라 초보자들도 키우기 쉬운 식물이다. 밤의 길이가 길어져야 꽃을 피우는 단일식물이기 때문에 꽃을 피우기 위해서는 밤시간에는 빛을 차단해주어야 한다.

[정답] ②

69. 오이의 암꽃 수를 증가시킬 수 있는 육묘 관리법은?

① 지베렐린 처리 ② 질산은 처리
③ 저온 단일 조건 ④ 고온 장일 조건

정답 및 해설

[해설] 오이의 암꽃 수를 증가시키기 위해서는 저온 단일 조건이 필요하다.

[정답] ③

70. 다음의 해충 방제법은?

친환경농산물을 생산하는 농가가 최근 엽채류에 해충이 발생하여 제충국에서 살충성분('피레트린')을 추출 및 살포하여 진딧물 해충을 방제하였다.

① 화학적 방제법 ② 물리적 방제법
③ 페로몬 방제법 ④ 생물적 방제법

정답 및 해설

[해설] 화학적 방제법 : 각종 살균제, 살충제, 유인제, 기피제, 화학불임제, 보조제 등

[정답] ①

71. 다음이 설명하는 과수의 병은?

○ 기공이나 상처 및 표피를 뚫고 작물 내 침입
○ 일정 기간 또는 일생을 기생하면서 병 유발
○ 시들음, 부패 등의 병징 발견

① 포도 근두암종병   ② 사과 탄저병
③ 감귤 궤양병   ④ 대추나무 빗자루병

정답 및 해설

[해설] 사과나무의 탄저병(炭疽病, Bitter rot)은 과실에 주로 발생하는 병으로 주로 성숙기인 8월부터 수확기까지 증상이 나타나며, 병원균은 자낭균으로 분생포자로 과실에 감염되어 균사가 발달하고 갈색의 작은 반점을 형성하고 1주일 후에 직경 2~3cm로 확대된다.

[정답] ②

---

72. 과수의 결실에 관한 설명으로 옳지 않은 것은?

① 타가수분을 위해 수분수는 20% 내외로 혼식한다.
② 탄질비(C/N ratio)가 높을수록 결실률이 높아진다.
③ 꽃가루관의 신장은 저온조건에서 빨라지므로 착과율이 높아진다.
④ 엽과비(leaf/fruit ratio)가 높을수록 과실의 크기가 커진다.

정답 및 해설

[해설] ③ 꽃가루관의 신장은 고온에서 더 빨라지고, 저온에서는 꽃가루관의 발아 및 성장 속도가 저하되므로, 착과율은 오히려 낮아질 수 있다.
④ 엽과비(leaf/fruit ratio)는 한 식물 개체에 달린 잎과 열매 수의 비율을 말한다. 열매 수에 대한 잎의 수의 비율로 표시하는데, 비율이 높을수록 열매가 커지는 경향이 있다.

[정답] ③

---

73. 종자춘화형에 속하는 작물은?

① 양파, 당근   ② 당근, 배추
③ 양파, 무   ④ 배추, 무

정답 및 해설

[해설] 종자춘화형 : 무, 배추, 완두, 추파맥류 등
* 녹식물 춘화형 : 양파, 양배추, 국화, 당근, 우엉 등

[정답] ④

74. A농가가 선택한 피복재는?

A농가는 재배시설의 피복재에 물방울이 맺혀 광투과율의 저하와 병해 발생이 증가하였다. 그래서 계면활성제가 처리된 필름을 선택하여 필름의 표면장력을 낮춤으로써 물방울의 맺힘 문제를 해결하였다.

① 광파장변환 필름   ② 폴리에틸렌 필름
③ 해충기피 필름   ④ 무적 필름

정답 및 해설

[해설] 무적(霧滴) 필름이란 물방울이 떨어져 피해를 주지 않게 하기 위하여 필름 생산시 첨가하여 물방울 맺힘 현상을 줄이고 물방울이 필름표면을 타고 흘러내리게 하는 성질을 지닌 필름을 말한다.

[정답] ④

75. 다음이 설명하는 재배법은?

○ 양액재배 베드를 허리높이까지 설치
○ 딸기 '설향' 재배에 널리 활용
○ 재배 농가의 노동환경 개선 및 청정재배사 관리

① 고설 재배   ② 토경 재배
③ 고랭지 재배   ④ NFT 재배

정답 및 해설

[해설] 고설(高設) 재배 : 땅에서 1m 높이 베드에 딸기를 재배하며, 정해진 영양액을 일정한 간격으로 공급해주는 현대화방식

[정답] ①

[손해평가사 1차 제2회 기출모의고사]

제1과목 상법

1. 상법상 보험자가 보험계약자로부터 손해보험계약의 청약과 함께 보험료 상당액의 전부 또는 일부를 받은 경우 이 보험계약에 관한 설명으로 옳지 않은 것은?

① 보험계약은 낙성계약이므로 보험자가 승낙하면 성립한다.

② 다른 약정이 없으면 보험자는 30일내에 보험계약자에 대하여 낙부의 통지를 발송하여야 한다.

③ 보험자가 상법이 정하는 낙부의 통지기간 내에 그 통지를 해태한 때에는 승낙한 것으로 본다.

④ 승낙하기 전에 발생한 보험사고에 대해서 청약을 거절할 사유가 있더라도 보험자는 보험계약상의 책임을 진다.

정답 및 해설

[해설] ④ 보험자가 보험계약자로부터 보험계약의 청약과 함께 보험료 상당액의 전부 또는 일부를 받은 경우에 그 청약을 승낙하기 전에 보험계약에서 정한 보험사고가 생긴 때에는 그 청약을 거절할 사유가 없는 한 보험자는 보험계약상의 책임을 진다. (상법 제638조의2)

[정답] ④

2. 상법상 타인을 위한 보험에 관한 설명으로 옳지 않은 것은?

① 보험계약자는 보험자에 대하여 보험료를 지급할 의무가 있다.

② 보험계약자는 위임을 받지 아니하고 타인을 위하여 보험계약을 체결할 수 있다.

③ 타인은 계약 성립 시 특정되어야 한다.

④ 보험계약자가 파산선고를 받은 때에는 그 타인이 그 권리를 포기하지 아니하는 한 그 타인도 보험료를 지급할 의무가 있다.

정답 및 해설

[해설] ③ 타인은 계약 성립 시 불특정되어야 한다.

[정답] ③

3. 상법상 보험증권에 관한 설명으로 옳은 것은?

① 기존의 보험계약을 변경한 경우 보험자는 그 보험증권에 그 사실을 기재함으로써 보험증권의 교부에 갈음할 수 있다.

② 보험자는 보험계약자의 청약이 있는 경우 보험료의 지급 여부와 상관없이 지체 없이 보험증권을 작성하여 보험계약자에게 교부하여야 한다.

③ 보험계약의 당사자는 보험증권의 교부가 있은 날부터 14일내에 한하여 그 증권내용의 정부(正否)에 관한 이의를 할 수 있음을 약정할 수 있다.

④ 보험계약자가 보험증권을 멸실한 경우 보험계약자는 보험자에게 증권의 재교부를 청구할 수 있으며, 그 증권작성의 비용은 보험자의 부담으로 한다.

정답 및 해설

[해설] ② 청약이 아니라 승낙
③ 14일내 → 1월이내
④ 그 증권작성의 비용은 보험계약자의 부담으로 한다.

[정답] ①

4. 상법상 보험사고 등에 관한 설명으로 옳지 않은 것은?

① 보험계약은 그 계약전의 어느 시기를 보험기간의 시기(始期)로 할 수 있다.

② 보험계약 당시에 보험사고가 발생할 수 없음이 객관적으로 확정된 경우 당사자 쌍방과 피보험자가 이를 알았는지 여부에 관계없이 그 계약은 무효로 한다.

③ 자기를 위한 보험계약에서 보험사고가 발생하기 전에는 언제든지 보험계약자는 계약의 전부 또는 일부를 해지할 수 있다.

④ 피보험자는 보험사고의 발생을 안 때에는 지체 없이 보험자에게 그 통지를 발송하여야 한다.

정답 및 해설

[해설] 보험사고의 객관적 확정의 효과(상법 제644조)
보험계약당시에 보험사고가 이미 발생하였거나 또는 발생할 수 없는 것인 때에는 그 계약은 무효로 한다. 그러나 당사자 쌍방과 피보험자가 이를 알지 못한 때에는 그러하지 아니하다.

[정답] ②

5. 甲은 보험대리상이 아니면서 특정한 보험자 乙을 위하여 계속적으로 보험계약의 체결을 중개하는 자로서 丙이 乙과 보험계약을 체결하도록 중개하였다. 甲의 권한에 관한 설명으로 옳지 않은 것은?

① 甲은 자신이 작성한 영수증을 丙에게 교부하는 경우 丙으로부터 보험료를 수령할 권한이 있다.
② 甲은 乙이 작성한 보험증권을 丙에게 교부할 수 있는 권한이 있다.
③ 甲은 丙으로부터 청약, 고지, 통지, 해지, 취소 등 보험계약에 관한 의사표시를 수령할 수 있는 권한이 없다.
④ 甲은 丙에게 보험계약의 체결, 변경, 해지 등 보험계약에 관한 의사표시를 할 수 있는 권한이 없다.

> **정답 및 해설**
>
> [해설] 丙 – 계약당사자, 甲 – 보험설계사
> ① 甲은 보험자(보험회사) 발행 영수증을 丙에게 교부하는 경우 丙으로부터 보험료를 수령할 권한이 있다.
>
> [정답] ①

6. 상법상 보험료의 지급 및 반환 등에 관한 설명으로 옳은 것은?

① 보험사고가 발생하기 전에 보험계약자가 계약을 해지한 경우 당사자간에 약정을 한 경우에 한해 보험계약자는 미경과보험료의 반환을 청구할 수 있다.
② 보험계약자가 계약체결후 제1회 보험료를 지급하지 아니하는 경우 다른 약정이 없는 한 보험자가 계약성립후 2월이내에 그 계약을 해제하지 않으면 그 계약은 존속한다.
③ 계속보험료가 약정한 시기에 지급되지 아니한 때에는 보험자는 보험계약자에 대하여 최고 없이 그 계약을 해지할 수 있다.
④ 특정한 타인을 위한 보험의 경우에 보험계약자가 보험료의 지급을 지체한 때에는 보험자는 그 타인에게 상당한 기간을 정하여 보험료의 지급을 최고한 후가 아니면 그 계약을 해제 또는 해지하지 못한다.

> **정답 및 해설**
>
> [해설] ① 보험계약자는 당사자간에 다른 약정이 없으면 미경과보험료의 반환을 청구할 수 있다.
> ② 보험계약자는 계약체결후 지체 없이 보험료의 전부 또는 제1회 보험료를 지급하여야 하며, 보험계약자가 이를 지급하지 아니하는 경우에는 다른 약정이 없는 한 계약 성립후 2월이 경과하면 그 계약은 해제된 것으로 본다.
> ③ 계속보험료가 약정한 시기에 지급되지 아니한 때에는 보험자는 상당한 기간을 정하여 보험계약자에게 최고하고 그 기간 내에 지급되지 아니한 때에는 그 계약을 해지할 수 있다.
>
> [정답] ④

7. 상법상 보험계약자가 부활을 청구할 수 있는 경우는 모두 몇 개인가? (단, 어느 경우든 해지환급금은 지급되지 않음)

> ○ 보험계약자가 계속보험료를 지급하지 않아 보험자가 계약을 해지한 경우
> ○ 피보험자의 고지의무 위반을 이유로 보험자가 계약을 해지한 경우
> ○ 위험이 현저하게 변경되어 보험자가 계약을 해지한 경우
> ○ 위험이 현저하게 증가하여 보험자가 계약을 해지한 경우

① 1개   ② 2개   ③ 3개   ④ 4개

정답 및 해설

[해설] 상법 제650조2항(계속보험료 연체)에 따라 보험계약이 해지되고 해지환급금이 지급되지 아니한 경우에 보험계약자는 일정한 기간 내에 연체보험료에 약정이자를 붙여 보험자에게 지급하고 그 계약의 부활을 청구할 수 있다.

[정답] ①

8. 상법상 고지의무에 관한 설명으로 옳은 것은?

① 보험수익자는 고지의무를 부담한다.
② 보험계약당시에 고지의무와 관련 보험자가 서면으로 질문한 사항은 중요한 사항으로 의제한다.
③ 고지의무자의 고지의무 위반을 이유로 보험자가 계약을 해지한 경우 보험자는 이미 받은 보험료의 전부를 반환하여야 한다.
④ 고지의무자가 고지의무를 위반한 사실이 보험사고 발생에 영향을 미치지 아니하였음이 증명된 경우 보험자는 보험금을 지급할 책임이 있다.

정답 및 해설

[해설] ① 고지의무 : 보험계약자, 피보험자
② 의제한다 → 추정한다
③ 반환의무가 없다.
④ 고지의무(告知義務)를 위반한 사실 또는 위험이 현저하게 변경되거나 증가된 사실이 보험사고 발생에 영향을 미치지 아니하였음이 증명된 경우에는 보험금을 지급할 책임이 있다.

[정답] ④

9. 상법상 보험계약 관련 소멸시효의 기간으로 옳은 것은?

① 보험금청구권: 2년　　　　　　② 보험료청구권: 3년
③ 보험료의 반환청구권: 2년　　　④ 적립금의 반환청구권: 3년

정답 및 해설

[해설] 소멸시효(상법 제662조)
보험금청구권은 3년간, 보험료 또는 적립금의 반환청구권은 3년간, 보험료청구권은 2년간 행사하지 아니하면 시효의 완성으로 소멸한다.

[정답] ④

10. 상법상 손해보험증권에 관한 설명으로 옳지 않은 것은?

① 보험사고의 성질을 기재하여야 한다.
② 보험증권의 작성지를 기재하여야 한다.
③ 보험계약자가 기명날인하여야 한다.
④ 무효와 실권의 사유를 기재하여야 한다.

정답 및 해설

[해설] ③ 보험자가 기명날인 또는 서명하여야 한다.

[정답] ③

11. 상법상 초과보험에 관한 설명으로 옳은 것은?

① 보험자 또는 보험계약자는 보험료와 보험금액의 감액을 청구할 수 있다.
② 보험계약자가 청구한 보험료의 감액은 계약체결일부터 소급하여 그 효력이 있다.
③ 보험가액이 보험기간 중에 현저하게 감소된 때에도 보험계약자는 보험료의 감액을 청구할 수 없다.
④ 보험계약자의 사기로 인하여 체결된 초과보험의 경우 보험자는 그 계약을 체결한 날부터 1월내에 계약을 해지할 수 있다.

[해설] 초과보험(상법 제669조)
① 보험금액이 보험계약의 목적의 가액을 현저하게 초과한 때에는 보험자 또는 보험계약자는 보험료와 보험금액의 감액을 청구할 수 있다. 그러나 보험료의 감액은 장래에 대하여서만 그 효력이 있다.
② 제1항의 가액은 계약당시의 가액에 의하여 정한다.
③ 보험가액이 보험기간 중에 현저하게 감소된 때에도 제1항과 같다.
④ 제1항의 경우에 계약이 보험계약자의 사기로 인하여 체결된 때에는 그 계약은 무효로 한다. 그러나 보험자는 그 사실을 안 때까지의 보험료를 청구할 수 있다.

[정답] ①

---

12. 상법상 보험가액에 관한 설명으로 옳지 않은 것은?

① 보험가액이란 피보험이익을 금전적으로 산정 또는 평가한 액수이다.
② 당사자간에 보험가액을 정한 때에는 그 가액은 사고발생시의 가액으로 정한 것으로 본다.
③ 당사자간에 보험가액을 정하지 아니한 때에는 사고발생시의 가액을 보험가액으로 한다.
④ 기평가보험에서 당사자간에 정한 보험가액이 사고발생시의 가액을 현저하게 초과할 때에는 사고발생시의 가액을 보험가액으로 한다.

[해설] 미평가보험(상법 제671조)
당사자간에 보험가액을 정하지 아니한 때에는 사고발생시의 가액을 보험가액으로 한다.

[정답] ②

---

13. 상법상 손해보험계약에서 보험금액의 지급에 관한 설명으로 옳지 않은 것은?

① 보험자는 보험금액의 지급에 관하여 약정기간이 있는 경우에는 그 기간 내에 지급할 보험금액을 정하여야 한다.
② 보험사고가 전쟁으로 인하여 생긴 때에도 당사자간에 다른 약정이 없으면 보험자는 보험금액을 지급할 책임이 있다.
③ 보험사고가 피보험자의 중대한 과실로 인하여 생긴 때에는 보험자는 보험금액을 지급 할 책임이 없다.
④ 보험자는 보험금액의 지급에 관하여 약정기간이 없는 경우에는 보험사고 발생의 통지를 받은 후 지체 없이 지급할 보험금액을 정하고 그 정하여진 날부터 10일내에 피보험자에게 보험금액을 지급하여야 한다.

[해설] 전쟁위험 등으로 인한 면책(상법 제660조)
보험사고가 전쟁 기타의 변란으로 인하여 생긴 때에는 당사자간에 다른 약정이 없으면 보험자는 보험금액을 지급할 책임이 없다.

[정답] ②

14. 상법 제663조(보험계약자 등의 불이익변경금지) 규정이다. (   )에 들어갈 내용은?

이 편의 규정은 당사자간의 특약으로 보험계약자 또는 피보험자나 보험수익자의 불이익으로 변경하지 못한다. 그러나 (ㄱ) 및 (ㄴ) 기타 이와 유사한 보험의 경우에는 그러하지 아니하다.

① ㄱ: 책임보험, ㄴ: 해상보험
② ㄱ: 책임보험, ㄴ: 화재보험
③ ㄱ: 재보험, ㄴ: 해상보험
④ ㄱ: 재보험, ㄴ: 화재보험

[해설] 보험계약자 등의 불이익변경금지(상법 제663조)
이 편의 규정은 당사자간의 특약으로 보험계약자 또는 피보험자나 보험수익자의 불이익으로 변경하지 못한다. 그러나 재보험 및 해상보험 기타 이와 유사한 보험의 경우에는 그러하지 아니하다.

[정답] ③

15. 상법상 보험기간 중에 사고발생의 위험이 현저하게 변경 또는 증가된 경우에 관한 설명으로 옳은 것은?

① 보험수익자가 사고발생의 위험이 현저하게 변경된 사실을 안 때에는 지체 없이 보험자에게 통지하여야 한다.
② 통지의무자가 사고발생의 위험이 현저하게 증가된 사실의 통지를 해태한 때에는 보험자는 그 사실을 안 날부터 3월내에 한하여 계약을 해지할 수 있다.
③ 보험수익자의 중대한 과실로 인하여 사고발생의 위험이 현저하게 증가된 때에는 보험자는 그 사실을 안 날부터 2월내에 계약을 해지할 수 있다.
④ 보험자가 사고발생의 위험변경증가의 통지를 받은 때에는 1월내에 보험료의 증액을 청구할 수 있다.

[해설] 상법 제652조(위험변경증가의 통지와 계약해지)
① 보험기간 중에 보험계약자 또는 피보험자가 사고발생의 위험이 현저하게 변경 또는 증가된 사실을 안 때에는 지체 없이 보험자에게 통지하여야 한다. 이를 해태한 때에는 보험자는 그 사실을 안 날로부터 1월내에 한하여 계약을 해지할 수 있다.
② 보험자가 보험기간 중에 위험변경증가의 통지를 받은 때에는 1월내에 보험료의 증액을 청구하거나 계약을 해지할 수 있다.

[정답] ④

16. 상법상 보험계약해지 및 보험사고발생에 관한 설명으로 옳지 않은 것은?

① 보험자가 파산의 선고를 받은 때에는 보험계약자는 계약을 해지할 수 있다.
② 보험수익자는 보험사고의 발생을 안 때에는 지체 없이 보험계약자에게 그 통지를 발송하여야 한다.
③ 보험계약자가 사고발생의 통지의무를 해태함으로 인하여 손해가 증가된 때에는 보험자는 그 증가된 손해를 보상할 책임이 없다.
④ 보험자의 파산선고에도 불구하고 보험계약자가 해지하지 아니한 보험계약은 파산선고 후 3월을 경과한 때에는 그 효력을 잃는다.

[해설] 상법 제657조(보험사고발생의 통지의무)
보험계약자 또는 피보험자나 보험수익자는 보험사고의 발생을 안 때에는 지체 없이 보험자에게 그 통지를 발송하여야 한다.

[정답] ②

17. 상법상 손해보험에 관한 설명으로 옳은 것은?

① 보험자는 보험사고로 인하여 생길 보험수익자의 재산상의 손해를 보상할 책임이 있다.
② 보험사고로 인하여 상실된 피보험자가 얻을 이익이나 보수는 보험자가 보상할 손해액에 산입한다.
③ 대리인에 의하여 손해보험계약을 체결한 경우에 대리인이 안 사유는 그 본인이 안 것과 동일한 것으로 할 수 없다.
④ 보험계약은 금전으로 산정할 수 있는 이익에 한하여 보험계약의 목적으로 할 수 있다.

[해설] ① 보험자는 보험사고로 인하여 생길 피보험자의 재산상의 손해를 보상할 책임이 있다.
② 보험사고로 인하여 상실된 피보험자가 얻을 이익이나 보수는 당사자간에 다른 약정이 없으면 보험자가 보상할 손해액에 산입하지 아니한다.
③ 대리인에 의하여 보험계약을 체결한 경우에 대리인이 안 사유는 그 본인이 안 것과 동일한 것으로 한다.

[정답] ④

18. 상법상 손해보험에서 중복보험에 관한 설명으로 옳지 않은 것은?

① 중복보험은 동일한 보험계약의 목적과 동일한 사고에 관하여 수개의 보험계약이 동시에 또는 순차로 체결되는 방식으로 성립할 수 있다.
② 중복보험에서 그 보험금액의 총액이 보험가액을 초과한 때에는 보험자는 각자의 보험 금액의 한도에서 연대책임을 지며 이 경우 각 보험자의 보상책임은 각자의 보험금액의 비율에 따른다.
③ 보험계약자의 사기로 인하여 중복보험 계약이 체결된 경우 보험자는 그 사실을 안 때 까지의 보험료를 청구할 수 없다.
④ 보험자 1인에 대한 권리의 포기는 다른 보험자의 권리의무에 영향을 미치지 아니한다.

[해설] ③ 보험계약자의 사기로 인하여 체결된 때에는 그 계약은 무효로 한다. 그러나 보험자는 그 사실을 안 때까지의 보험료를 청구할 수 있다.

[정답] ③

19. 상법상 손해보험에서 일부보험에 관한 설명으로 옳은 것은?

① 일부보험이란 보험가액이 보험금액에 미달되는 경우를 말한다.
② 당사자간에 다른 약정이 없는 한 보험자는 보험가액의 보험금액에 대한 비율에 따라 보상할 책임을 진다.
③ 보험자는 보험금액의 한도내에서 그 손해를 전부 보상할 책임을 지는 내용의 약정을 할 수 있다.
④ 전부보험계약 체결후 물가등귀로 인하여 보험가액이 현저히 인상되더라도 일부보험은 발생하지 아니한다.

[해설] 일부보험(상법 제674조)
보험가액의 일부를 보험에 붙인 경우에는 보험자는 보험금액의 보험가액에 대한 비율에 따라 보상할 책임을 진다.
그러나 당사자간에 다른 약정이 있는 때에는 보험자는 보험금액의 한도내에서 그 손해를 보상할 책임을 진다.
① 일부보험(보험가액〉보험가입금액)이란 보험가입금액이 보험가액에 미달한 경우의 보험을 말한다.
④ 일부보험은 보험계약자가 보험료의 절감을 위하여 의식적으로 하는 경우도 있고, 물가가 상승한 결과 자연적으로
발생하는 경우도 있다.

[정답] ③

20. 상법상 손해보험에서 손해액의 산정기준 등에 관한 설명으로 옳지 않은 것은?

① 보험자가 보상할 손해액의 산정에 관한 비용은 보험자의 부담으로 한다.
② 당사자간에 다른 약정이 없는 경우 보험자가 보상할 손해액은 그 손해가 발생한 때의 보
험계약 체결지의 가액에 의하여 산정한다.
③ 당사자간의 약정에 의하여 보험의 목적의 신품가액에 의하여 손해액을 산정할 수 있다.
④ 보험의 목적의 성질, 하자 또는 자연소모로 인한 손해는 보험자가 이를 보상할 책임이
없다.

[해설] 손해액의 산정기준(상법 제676조)
① 보험자가 보상할 손해액은 그 손해가 발생한 때와 곳의 가액에 의하여 산정한다. 그러나 당사자간에 다른 약정이
있는 때에는 그 신품가액에 의하여 손해액을 산정할 수 있다.
② 제1항의 손해액의 산정에 관한 비용은 보험자의 부담으로 한다.

[정답] ②

21. 甲이 자기 소유 건물에 대하여 A보험회사와 화재보험을 체결한 경우에 관한 설명으로
옳지 않은 것은?

① A보험회사가 甲으로부터 보험료의 지급을 받지 아니한 잔액이 있더라도 그 지급기일이
아직 도래하지 아니한 때에는, A보험회사는 甲에게 손해를 보상할 경우에 보상할 금액
에서 그 잔액을 공제하여서는 아니 된다.
② A보험회사는 보험사고로 인하여 부담할 책임에 대하여 다른 보험자와 재보험계약을 체결
할 수 있다.

③ 甲이 보험의 목적인 건물을 乙에게 양도한 때에는 乙은 보험계약상의 권리와 의무를 승계한 것으로 추정한다.

④ 甲이 보험의 목적인 건물을 乙에게 양도한 경우 甲 또는 乙은 A보험회사에 대하여 지체없이 그 사실을 통지하여야 한다.

정답 및 해설

[해설] 보험료체납과 보상액의 공제(상법 제677조)
보험자가 손해를 보상할 경우에 보험료의 지급을 받지 아니한 잔액이 있으면 그 지급기일이 도래하지 아니한 때라도 보상할 금액에서 이를 공제할 수 있다.

[정답] ①

---

22. 다음 사례와 관련하여 손해방지의무 등에 관한 설명으로 옳지 않은 것은?

> 甲은 乙이 소유한 창고(시가 1억원)에 대하여 A보험회사와 화재보험계약(보험 금액 1억원)을 체결하였다. 이후 보험기간 중 해당 창고에 화재가 발생하였는데 화재사고 당시 甲은 창고의 연소로 인한 손해방지를 위한 비용을 1천만원 지출 하였고, 乙은 창고의 연소로 인한 손해의 경감을 위하여 비용을 3천만원 지출 하였다.

① 甲과 乙 모두 손해의 방지와 경감을 위하여 노력하여야 한다.

② 甲이 지출한 1천만원이 손해방지를 위하여 필요하였던 비용일 경우 A보험회사는 甲이 지출한 1천만원의 비용을 부담한다.

③ 乙이 지출한 3천만원이 손해경감을 위하여 유익하였던 비용일 경우 A보험회사는 乙이 지출한 3천만원의 비용을 부담한다.

④ 위 사고로 인하여 乙에 대한 보상액이 8천만원으로 책정될 경우 A보험회사는 甲 및 乙이 지출한 비용과 보상액을 합쳐서 1억원의 한도에서 부담한다.

정답 및 해설

[해설] 소방 등의 조치로 인한 손해의 보상(상법 제684조)
보험자는 화재의 소방 또는 손해의 감소에 필요한 조치로 인하여 생긴 손해를 보상할 책임이 있다.
④ 위 사고로 인하여 乙에 대한 보상액이 8천만원으로 책정될 경우 A보험회사는 甲 및 乙이 지출한 비용과 보상액을 합쳐서 <u>1억 2천만원</u>의 한도에서 부담한다.

* 손해방지를 위한 비용을 1천만원 + 손해의 경감을 위하여 비용을 3천만원 지출

[정답] ④

23. 다음 사례와 관련하여 보험자대위에 관한 설명으로 옳은 것은?

> 보리 농사를 대규모로 영위하는 甲은 금년에 수확하여 팔고남은 보리를 자신의 창고에 보관하면서, 해당 보리 재고를 보험목적으로 하고 자신을 피보험자로 하는 화재보험계약을 A보험회사와 체결하였다. 그런데 甲의 창고를 방문한 乙 이 화재를 일으켰고 그 결과 위 보리 재고가 전소되었다. 이에 A보험회사는 甲 에게 보험금을 전액 지급하였다.

① 중과실로 화재를 일으킨 乙이 甲의 이웃집 친구일 경우, A보험회사는 乙에게 보험금 지급 사실의 통지를 발송하는 시점에 乙에 대한 甲의 권리를 취득한다.

② 경과실로 화재를 일으킨 乙이 甲의 거래처 지인일 경우, A보험회사는 그 지급한 금액의 한도에서 乙에 대한 甲의 권리를 취득한다.

③ 중과실로 화재를 일으킨 乙이 甲과 생계를 달리 하는 자녀일 경우, A보험회사는 乙에 대한 甲의 권리를 취득하지 못한다.

④ 고의로 방화한 乙이 甲과 생계를 같이 하는 배우자일 경우, A보험회사는 乙에 대한 甲의 권리를 취득하지 못한다.

[해설] 제3자에 대한 보험대위(상법 제682조)
① 손해가 제3자의 행위로 인하여 발생한 경우에 보험금을 지급한 보험자는 그 지급한 금액의 한도에서 그 제3자에 대한 보험계약자 또는 피보험자의 권리를 취득한다. 다만, 보험자가 보상할 보험금의 일부를 지급한 경우에는 피보험자의 권리를 침해하지 아니하는 범위에서 그 권리를 행사할 수 있다.
② 보험계약자나 피보험자의 제1항에 따른 권리가 그와 생계를 같이 하는 가족에 대한 것인 경우 보험자는 그 권리를 취득하지 못한다. 다만, 손해가 그 가족의 고의로 인하여 발생한 경우에는 그러하지 아니하다.

[정답] ②

24. 상법상 화재보험계약에 관한 설명으로 옳지 않은 것은?

① 보험자는 화재와 상당인과관계에 있는 손해를 보상하여야 한다.

② 보험자는 화재의 소방 또는 손해의 감소에 필요한 조치로 인하여 생긴 손해를 보상할 책임이 있다.

③ 동일한 건물에 관한 화재보험계약일 경우 그 소유자와 담보권자가 갖는 피보험이익은 같다.

④ 연소 작용이 아닌 열의 작용으로 발생한 손해는 보험자가 보상하지 아니한다.

[해설] ① 화재로 인하여 생긴 손해를 보상할 목적으로 하는 손해보험계약이다.(상법 제683조)

② 보험자는 화재의 소방 또는 손해의 감소에 필요한 조치로 인하여 생긴 손해를 보상할 책임이 있다.(상법 제684조)
③ 피보험이익 : 보험사고와 관련하여 피보험자가 가지는 경제적인 이익을 말한다.
　예 동일건물에 대한 화재보험계약 시 소유주의 피보험이익(건물손실), 임차인의 피보험이익(점포휴업), 목적물 담보권자의 피보험이익(채권보전)
④ 화재보험계약에서 화재라 함은 화력의 독립연소를 뜻한다. 보험자는 연소를 수반하지 아니한 화력으로 인한 손해에 대하여는 보상할 책임이 없다.

[정답] ③

25. 상법상 집합된 물건을 일괄하여 화재보험의 목적으로 한 경우 해당 화재보험에 관한 설명으로 옳은 것을 모두 고른 것은?

ㄱ. 집합된 물건에 피보험자의 가족의 물건이 있는 경우 해당 물건도 보험의 목적에 포함된 것으로 한다.
ㄴ. 집합된 물건에 피보험자의 사용인의 물건이 있는 경우 그 보험은 그 사용인을 위하여서도 체결한 것으로 본다.
ㄷ. 보험의 목적에 속한 물건이 보험기간 중에 수시로 교체된 경우 보험계약의 체결 시에 현존한 물건은 그 보험의 목적에 포함된 것으로 한다.

① ㄱ, ㄴ
② ㄱ, ㄷ
③ ㄴ, ㄷ
④ ㄱ, ㄴ, ㄷ

정답 및 해설

[해설] 집합보험의 목적(상법 제686조)
집합된 물건을 일괄하여 보험의 목적으로 한 때에는 피보험자의 가족과 사용인의 물건도 보험의 목적에 포함된 것으로 한다. 이 경우에는 그 보험은 그 가족 또는 사용인을 위하여서도 체결한 것으로 본다.

* 동전(상법 제687조)
집합된 물건을 일괄하여 보험의 목적으로 한 때에는 그 목적에 속한 물건이 보험기간중에 수시로 교체된 경우에도 보험사고의 발생 시에 현존한 물건은 보험의 목적에 포함된 것으로 한다.

[정답] ①

26. 농어업재해보험법상 용어의 정의로 옳지 않은 것은?

① "농업재해"란 농작물·임산물·가축 및 농업용 시설물에 발생하는 자연재해·병충해·조수해(鳥獸害)·질병 또는 화재를 말한다.

② "농어업재해보험"이란 농어업재해로 발생하는 재산 피해에 따른 손해를 보상하기 위한 보험을 말한다.

③ "보험금"이란 보험가입자와 보험사업자 간의 약정에 따라 보험가입자가 보험사업자에게 내야 하는 금액을 말한다.

④ "보험가입금액"이란 보험가입자의 재산 피해에 따른 손해가 발생한 경우 보험에서 최대로 보상할 수 있는 한도액으로서 보험가입자와 보험사업자 간에 약정한 금액을 말한다.

정답 및 해설

[해설] "보험금"이란 보험가입자에게 재해로 인한 재산 피해에 따른 손해가 발생한 경우 보험 가입자와 보험사업자 간의 약정에 따라 보험사업자가 보험가입자에게 지급하는 금액을 말한다.

[정답] ③

27. 농어업재해보험법령상 농업재해보험심의회에 관한 설명으로 옳지 않은 것은?

① 심의회는 위원장 및 부위원장 각 1명을 포함한 21명 이내의 위원으로 구성한다.

② 심의회의 위원장은 농림축산식품부장관이 위촉한다.

③ 심의회는 그 심의 사항을 검토·조정하고, 심의회의 심의를 보조하게 하기 위하여 심의회에 분과위원회를 둘 수 있다.

④ 심의회의 회의는 재적위원 과반수의 출석으로 개의(開議)하고, 출석위원 과반수의 찬성으로 의결한다.

정답 및 해설

[해설] 심의회의 위원장은 농림축산식품부차관으로 하고, 부위원장은 위원 중에서 호선(互選)한다.

[정답] ②

28. 농어업재해보험법상 재해보험에 관한 설명으로 옳지 않은 것은?

① 재해보험에서 보상하는 재해의 범위는 해당 재해의 발생 빈도, 피해 정도 및 객관적인 손해평가방법 등을 고려하여 재해보험의 종류별로 대통령령으로 정한다.

② 양식수산업에 종사하는 법인은 재해보험에 가입할 수 없다.

③ 「수산업협동조합법」에 따른 수산업협동조합중앙회는 재해보험사업을 할 수 있다.

④ 정부는 재해보험에서 보상하는 재해의 범위를 확대하기 위하여 노력하여야 한다.

정답 및 해설

[해설] 재해보험에 가입할 수 있는 자는 농림업, 축산업, 양식수산업에 종사하는 개인 또는 법인으로 하고, 구체적인 보험가입자의 기준은 대통령령으로 정한다.

[정답] ②

29. 농어업재해보험법상 보험료율의 산정에 관한 내용이다. (   )에 들어갈 용어는?

농림축산식품부장관 또는 해양수산부장관과 재해보험사업의 약정을 체결한 자는 재해보험의 보험료율을 객관적이고 합리적인 통계자료를 기초로 하여 (ㄱ) 또는 (ㄴ)로 산정하되, 행정구역과 권역의 구분에 따른 단위로 산정하여야 한다.

① ㄱ: 보험목적물별, ㄴ: 보상방식별   ② ㄱ: 보상방식별, ㄴ: 보험종류별

③ ㄱ: 보험종류별, ㄴ: 보험가입금액별   ④ ㄱ: 보험가입금액별, ㄴ: 보험료율별

정답 및 해설

[해설] 농림축산식품부장관 또는 해양수산부장관과 재해보험사업의 약정을 체결한 자(재해보험사업자)는 재해보험의 보험료율을 객관적이고 합리적인 통계자료를 기초로 하여 보험목적물별 또는 보상방식별로 산정하되, 행정구역 단위와 권역 단위로 산정하여야 한다.

[정답] ①

30. 농어업재해보험법령상 농작물재해보험 손해평가인의 자격요건에 관한 내용의 일부이다. ( )에 들어갈 숫자는?

「보험업법」에 따른 보험회사의 임직원이나 「농업협동조합법」에 따른 중앙회와 조합의 임직원으로 영농 지원 또는 보험·공제 관련 업무를 (ㄱ)년 이상 담당하였거나 손해평가 업무를 (ㄴ)년 이상 담당한 경력이 있는 사람

① ㄱ: 2, ㄴ: 1
② ㄱ: 1, ㄴ: 2
③ ㄱ: 3, ㄴ: 2
④ ㄱ: 2, ㄴ: 3

[해설] 「보험업법」에 따른 보험회사의 임직원이나 「농업협동조합법」에 따른 중앙회와 조합의 임직원으로 영농 지원 또는 보험·공제 관련 업무를 3년 이상 담당하였거나 손해평가 업무를 2년 이상 담당한 경력이 있는 사람

[정답] ③

31. 농어업재해보험법령상 손해평가사의 시험 등에 관한 설명으로 옳은 것은?

① 금융감독원에서 손해사정 관련 업무에 2년 종사한 경력이 있는 사람에게는 손해평가사 자격시험 과목의 일부를 면제할 수 있다.
② 농림축산식품부장관은 부정한 방법으로 시험에 응시한 사람에 대하여는 그 시험을 정지시키고 그 처분 사실을 14일 이내에 알려야 한다.
③ 농림축산식품부장관은 시험에서 부정한 행위를 한 사람에 대하여는 그 시험을 취소하고 그 처분 사실을 7일 이내에 알려야 한다.
④ 손해평가사는 다른 사람에게 그 명의를 사용하게 하거나 다른 사람에게 그 자격증을 대여해서는 아니 된다.

[해설] ① 금융감독원에서 손해사정 관련 업무에 3년 종사한 경력이 있는 사람에게는 손해평가사 자격시험 과목의 일부를 면제할 수 있다.
② 농림축산식품부장관은 부정한 방법으로 시험에 응시한 사람에 대하여는 그 시험을 정지시키거나 무효로 하고 그 처분 사실을 지체 없이 알려야 한다.
③ 농림축산식품부장관은 시험에서 부정한 행위를 한 사람에 대하여는 그 시험을 정지시키거나 무효로 하고 그 처분 사실을 지체 없이 알려야 한다.

[정답] ④

32. 농어업재해보험법령상 손해평가사의 자격취소 사유에 해당하지 않은 것은?

① 심신장애로 인하여 직무를 수행할 수 없게 된 경우
② 거짓으로 손해평가를 한 경우
③ 업무정지 기간 중에 손해평가 업무를 수행한 경우
④ 손해평가사의 자격을 거짓 또는 부정한 방법으로 취득한 경우

정답 및 해설

[해설] 손해평가사 자격 취소(법 제11조의 5)

① 손해평가사의 자격을 거짓 또는 부정한 방법으로 취득한 사람(반드시 취소)
② 거짓으로 손해평가를 한 사람
③ 다른 사람에게 손해평가사의 명의를 사용하게 하거나 그 자격증을 대여한 사람
④ 손해평가사 명의의 사용이나 자격증의 대여를 알선한 사람
⑤ 업무정지 기간 중에 손해평가 업무를 수행한 사람(반드시 취소)

[정답] ①

33. 농어업재해보험법상 재해보험사업에 관한 설명으로 옳은 것은?

① 농림축산식품부장관은 손해평가사가 그 직무를 수행하면서 부적절한 행위를 하였다고 인정하면 1년 이상의 기간을 정하여 업무의 정지를 명할 수 있다.
② 재해보험사업자는 정보통신장애나 그 밖에 대통령령으로 정하는 불가피한 사유로 보험금을 보험금수급계좌로 이체할 수 없을 때에는 현금으로 보험금을 지급할 수 있다.
③ 보험목적물이 담보로 제공된 경우에는 이를 압류할 수 없다.
④ 재해보험가입자가 재해보험에 가입된 보험목적물을 양도하는 경우 재해보험계약에 관한 양도인의 의무는 그 양수인에게 승계되지 않는다.

정답 및 해설

[해설] ① 농림축산식품부장관은 손해평가사가 그 직무를 게을리하거나 직무를 수행하면서 부적절한 행위를 하였다고 인정하면 1년 이상의 기간을 정하여 업무의 정지를 명할 수 있다.
③ 재해보험의 보험금을 지급받을 권리는 압류할 수 없다. 다만, 보험목적물이 담보로 제공된 경우에는 그러하지 아니하다.
④ 재해보험가입자가 재해보험에 가입된 보험목적물을 양도하는 경우 그 양수인은 재해보험 계약에 관한 양도인의 권리 및 의무를 승계한 것으로 추정한다.

[정답] ②

34. 농어업재해보험법령상 재보험 약정에 포함되는 사항을 모두 고른 것은?

> ㄱ. 재보험 약정의 변경·해지 등에 관한 사항
>
> ㄴ. 재보험 책임범위에 관한 사항
>
> ㄷ. 재보험금 지급 및 분쟁에 관한 사항

① ㄱ, ㄴ
② ㄱ, ㄷ
③ ㄴ, ㄷ
④ ㄱ, ㄴ, ㄷ

[해설] 재보험 약정서(영 제16조)

> ① 재보험 **수수료**에 관한 사항
> ② 재보험 **약정기간**에 관한 사항
> ③ 재보험 **책임범위**에 관한 사항
> ④ 재보험 **약정의 변경·해지** 등에 관한 사항
> ⑤ 재보험금 **지급 및 분쟁**에 관한 사항
> ⑥ 그 밖에 재보험의 **운영·관리**에 관한 사항

[정답] ④

35. 농어업재해보험법상 과태료 부과대상인 것은?

① 거짓으로 손해평가를 한 손해평가사
② 재해보험을 모집할 수 없는 자로서 모집을 한 자
③ 다른 사람에게 손해평가사 자격증을 대여한 손해평가사
④ 농림축산식품부장관이 재해보험사업에 관한 업무처리 상황을 보고하게 하였으나 보고하지 아니한 재해보험사업자

[해설] 1년 이하의 징역 또는 1천만 원 이하의 벌금

> ① 보험모집 규정을 위반하여 모집을 한 자
> ② 손해평가요령을 위반하여 고의로 진실을 숨기거나 거짓으로 손해평가를 한 자
> ③ 다른 사람에게 손해평가사의 명의를 사용하게 하거나 그 자격증을 대여한 자
> ④ 손해평가사의 명의를 사용하거나 그 자격증을 대여받은 자 또는 명의의 사용이나 자격증의 대여를 알선한 자

[정답] ④

36. 농어업재해보험법령상 농어업재해재보험기금의 용도가 아닌 것은?

① 재보험금의 지급
② 차입금의 원리금 상환
③ 재보험료 및 출연금
③ 기금의 관리·운용에 필요한 경비(위탁경비를 포함한다)의 지출

정답 및 해설

[해설] 기금의 용도(법 제23조)

① 재보험금의 지급
② 차입금의 원리금 상환
③ 기금의 관리·운용에 필요한 경비(위탁경비를 포함한다)의 지출
④ 그 밖에 농림축산식품부장관이 해양수산부장관과 협의하여 재보험사업을 유지·개선하는 데에 필요하다고
   인정하는 경비의 지출

[정답] ③

37. 농어업재해보험법령상 농어업재해보험기금을 조성하기 위한 재원으로 옳지 않은 것은?

① 재해보험사업자가 정부에 낸 보험료
② 재보험금의 회수 자금
③ 기금의 운용수익금과 그 밖의 수입금
④ 재해보험가입자가 약정에 따라 재해보험사업자에게 내야 하는 금액

정답 및 해설

[해설] 기금의 조성(법 제22조)

① 재보험료
② 정부, 정부 외의 자 및 다른 기금으로부터 받은 출연금
③ 재보험금의 회수 자금
④ 기금의 운용수익금과 그 밖의 수입금
⑤ 제2항에 따른 차입금
⑥ 「농어촌구조개선 특별회계법」에 따라 농어촌구조개선 특별회계의 농어촌특별세사업계정으로부터 받은 전입금

[정답] ④

38. 농업재해보험 손해평가요령상 손해평가반의 구성에 관한 설명으로 옳지 않은 것은?

① 손해평가반은 재해보험사업자가 구성한다.

② 「보험업법」 제186조에 따른 손해사정사는 손해평가반에 포함될 수 있다.

③ 손해평가인 2인과 손해평가보조인 3인으로는 손해평가반을 구성할 수 없다.

④ 자기 또는 이해관계자가 모집한 보험계약에 관한 손해평가에 대하여는 해당자를 손해평가반 구성에서 배제하여야 한다.

[해설] 손해평가반은 "손해평가인, 손해평가사, 손해사정사" 중 어느 하나에 해당하는 자를 1인 이상 포함하여 5인 이내로 구성 한다.

[정답] ③

39. 농업재해보험 손해평가요령상 손해평가인에 관한 설명으로 옳지 않은 것은?

① 손해평가인은 농업재해보험이 실시되는 시·군·자치구별 보험가입자의 수 등을 고려하여 적정 규모로 위촉하여야 한다.

② 손해평가인증은 농림축산식품부장관 또는 해양수산부장관이 발급한다.

③ 재해보험사업자는 손해평가 업무를 원활히 수행하기 위하여 손해평가보조인을 운용할 수 있다.

④ 재해보험사업자는 실무교육을 받는 손해평가인에 대하여 소정의 교육비를 지급할 수 있다.

[해설] ② 손해평가인증은 재해보험사업자(NH, 손보)가 발급한다.

[정답] ②

40. 농업재해보험 손해평가요령상 농업재해보험의 종류에 해당하지 않는 것은?

① 농작물재해보험　　　　② 양식수산물재해보험

③ 가축재해보험　　　　　④ 임산물재해보험

[해설] 양식수산물재해보험은 해당되지 않는다.

[정답] ②

41. 농업재해보험 손해평가요령상 손해평가인의 업무에 해당하는 것은?

① 피해사실 확인 　　　　② 재해보험사업의 약정 체결

③ 보험료율의 산정 　　　　④ 재해보험상품의 연구와 보급

[해설] 손해평가 업무(법 제3조)

손해평가 시 손해평가인, 손해평가사, 손해사정사는 다음 각 호의 업무를 수행한다.

> ① 피해사실 확인
> ② 보험가액 및 손해액 평가
> ③ 그 밖에 손해평가에 관하여 필요한 사항

[정답] ①

---

42. 농업재해보험 손해평가요령상 손해평가인 위촉의 취소 사유에 해당하는 것은?

① 업무수행과 관련하여 「개인정보보호법」을 위반한 경우

② 업무수행과 관련하여 보험사업자로부터 금품 또는 향응을 제공받은 경우

③ 손해평가인이 피성년후견인이 된 경우

④ 손해평가인 위촉이 취소된 후 3년이 경과한 때에 다시 손해평가인으로 위촉된 경우

[해설] ① 해지

② 3년 이하의 징역 또는 3천만원 이하의 벌금

④ 위촉이 취소된 후 2년이 경과하지 아니한 때

* 손해평가인 위촉의 취소 및 해지 등(법 제6조)

재해보험사업자는 손해평가인이 다음의 어느 하나에 해당하게 되거나 위촉 당시에 해당하는 자이었음이 판명된 때에는 그 위촉을 취소하여야 한다.

> ① 피성년후견인
> ② 파산선고를 받은 자로서 복권되지 아니한 자
> ③ 벌금이상의 형을 선고받고 그 집행이 종료(집행이 종료된 것으로 보는 경우를 포함한다)되거나 집행이 면제된
> 　　날로부터 2년이 경과되지 아니한 자
> ④ 위촉이 취소된 후 2년이 경과하지 아니한 자
> ⑤ 거짓 그 밖의 부정한 방법으로 손해평가인으로 위촉된 자
> ⑥ 업무정지 기간 중에 손해평가업무를 수행한 자

[정답] ③

43. 농업재해보험 손해평가요령상 교차손해평가에 관한 설명으로 옳지 않은 것은?

① 평가인력 부족 등으로 신속한 손해평가가 불가피하다고 판단되는 경우 손해평가반의 구성에 지역손해평가인을 포함시키지 않을 수 있다.

② 교차손해평가를 위해 손해평가반을 구성할 경우 농업재해보험 손해평가요령에 따라 선발된 지역손해평가인 2인 이상이 포함되어야 한다.

③ 재해보험사업자가 교차손해평가를 담당할 지역손해평가인을 선발할 때 타지역 조사가능 여부는 고려사항이다.

④ 재해보험사업자는 교차손해평가가 필요한 경우 재해보험 가입규모, 가입분포 등을 고려하여 교차손해평가 대상 시·군·구를 선정하여야 한다.

[해설] 교차손해평가를 위해 손해평가반을 구성할 경우에는 제2항에 따라 선발된 지역손해평가인 1인 이상이 포함되어야 한다. 다만, 거대재해 발생, 평가인력 부족 등으로 신속한 손해평가가 불가피하다고 판단되는 경우 그러하지 아니할 수 있다.

[정답] ②

44. 농업재해보험 손해평가요령상 손해평가결과 검증에 관한 설명으로 옳지 않은 것은?

① 농림축산식품부장관은 재해보험사업자로 하여금 검증조사를 하게 할 수 있으며, 재해보험사업자는 특별한 사유가 없는 한 이에 응하여야 한다.

② 보험가입자가 정당한 사유없이 검증조사를 거부하는 경우 검증조사반은 검증조사가 불가능하여 손해평가 결과를 확인할 수 없다는 사실을 지체 없이 농림축산식품부장관에게 보고하여야 한다.

③ 검증조사결과 현저한 차이가 발생되어 재조사가 불가피하다고 판단될 경우에는 해당 손해평가반이 조사한 전체 보험목적물에 대하여 재조사를 할 수 있다.

④ 재해보험사업자 및 재해보험사업의 재보험사업자는 손해평가반이 실시한 손해평가결과를 확인하기 위하여 손해평가를 실시한 보험목적물 중에서 일정수를 임의 추출하여 검증조사를 할 수 있다.

[해설] 보험가입자가 정당한 사유없이 검증조사를 거부하는 경우 검증조사반은 검증조사가 불가능하여 손해평가 결과를 확인할 수 없다는 사실을 보험가입자에게 통지한 후 검증조사결과를 작성하여 재해보험사업자에게 제출하여야 한다.

[정답] ②

45. 농업재해보험 손해평가요령상 보험목적물별 손해평가 단위로 옳은 것을 모두 고른 것은?

> ㄱ. 농작물 : 농지별(농지라 함은 하나의 보험가입금액에 해당하는 토지로 필지에 따라 구획된 경작지를 말함)
> ㄴ. 가축 : 개별가축별(단, 벌은 벌통 단위)
> ㄷ. 농업시설물 : 보험가입 목적물별

① ㄱ, ㄴ   ② ㄱ, ㄷ
③ ㄴ, ㄷ   ④ ㄱ, ㄴ, ㄷ

정답 및 해설

[해설] "농지"라 함은 하나의 보험가입금액에 해당하는 토지로 필지(지번) 등과 관계없이 농작물을 재배하는 하나의 경작지를 말하며, 방풍림, 돌담, 도로(농로 제외) 등에 의해 구획된 것 또는 동일한 울타리, 시설 등에 의해 구획된 것을 하나의 농지로 한다. 다만, 경사지에서 보이는 돌담 등으로 구획되어 있는 면적이 극히 작은 것은 동일 작업 단위 등으로 정리하여 하나의 농지에 포함할 수 있다.

[정답] ③

46. 농업재해보험 손해평가요령상 '농작물의 품목별·재해별·시기별 손해수량 조사방법' 중 '특정위험방식 상품(인삼)'에 관한 것으로 (　　)에 들어갈 내용은?

생육시기	재해	조사내용	조사시기
보험기간	태풍(강풍)	수확량 조사	(　　)

① 수확 직전   ② 사고접수 후 지체 없이
③ 수확완료 후 보험 종기 전   ④ 피해 확인이 가능한 시기

정답 및 해설

[해설] 특정위험방식 상품(인삼)

생육시기	재해	조사내용	조사시기	조사방법
보험기간	태풍(강풍)·폭설·집중호우·침수·화재·우박·냉해·폭염	수확량 조사	피해 확인이 가능한 시기	보상하는 재해로 인하여 감소된 수확량 조사 • 조사방법: 전수조사 또는 표본조사

[정답] ④

47. 농업재해보험 손해평가요령상 종합위험방식의 과실손해보장 보험금 산정시 피해율로 옳지 않은 것은?

① 감귤 : (등급내 피해과실수 + 등급외 피해과실수 × 70%) ÷ 기준과실수
② 복분자 : 고사결과모지수 ÷ 평년결과모지수
③ 오디 : (평년결실수 - 조사결실수 - 미보상감수결실수) ÷ 평년결실수
④ 7월 31일 이전에 사고가 발생한 무화과 : (1-수확전사고 피해율) × 경과비율 × 결과지 피해율

[해설] ※ 피해율(7월 31일 이전에 사고가 발생한 경우)
　　　　(평년수확량 - 수확량 - 미보상감수량) ÷ 평년수확량
※ 피해율(8월 1일 이후에 사고가 발생한 경우)
　(1 - 수확전사고 피해율) × 경과비율 × 결과지 피해율

[정답] ④

48. 농업재해보험 손해평가요령상 가축의 보험가액 및 손해액 산정 등에 관한 설명으로 옳은 것은?

① 가축에 대한 보험가액은 보험사고가 발생한 때와 곳에서 평가한 보험목적물의 수량에 시장가격을 곱하여 산정한다.
② 가축에 대한 손해액 산정시 보험가입당시 보험가입자와 재해보험사업자가 별도로 정한 방법은 고려하지 않는다.
③ 가축에 대한 보험가액 산정시 보험목적물에 대한 감가상각액을 고려해야 한다.
④ 가축에 대한 손해액은 보험사고가 발생한 때와 곳에서 폐사 등 피해를 입은 보험목적물의 수량에 적용가격을 곱하여 산정한다.

[해설] 가축의 보험가액 및 손해액 산정(제14조)
① 가축에 대한 보험가액은 보험사고가 발생한 때와 곳에서 평가한 보험목적물의 수량에 적용가격을 곱하여 산정한다.
② 가축에 대한 손해액은 보험사고가 발생한 때와 곳에서 폐사 등 피해를 입은 보험목적물의 수량에 적용가격을 곱하여 산정한다.
③ 제1항 및 제2항의 적용가격은 보험사고가 발생한 때와 곳에서의 시장가격 등을 감안하여 보험약관에서 정한 방법에 따라 산정한다. 다만, 보험가입당시 보험가입자와 재해보험사업자가 보험가액 및 손해액 산정 방식을 별도로 정한 경우에는 그 방법에 따른다.

[정답] ④

49. 농업재해보험 손해평가요령상 농작물의 보험가액 산정에 관한 설명이다. (   )에 들어갈 내용은?

> 적과전종합위험방식의 보험가액은 적과후착과수조사를 통해 산정한 (ㄱ)에 보험가입 당시의 단위당 (ㄴ)을 곱하여 산정한다.

① ㄱ: 기준수확량, ㄴ: 가입가격   ② ㄱ: 보장수확량, ㄴ: 가입가격

③ ㄱ: 기준수확량, ㄴ: 시장가격   ④ ㄱ: 보장수확량, ㄴ: 시장가격

정답 및 해설

[해설] 적과전종합위험방식의 보험가액 : 적과후착과수(달린 열매 수)조사를 통해 산정한 <u>기준수확량</u>에 보험가입 당시의 단위당 <u>가입가격</u>을 곱하여 산정한다.

[정답] ①

50. 농업재해보험 손해평가요령에 관한 설명으로 옳은 것은?

① 농림축산식품부장관은 요령에 대하여 매년 그 타당성을 검토하여 개선 등의 조치를 하여야 한다.
② 농업시설물에 대한 손해액은 보험사고가 발생한 때와 곳에서 산정한 피해목적물의 원상복구비용을 말한다.
③ 농업시설물에 대한 보험가액은 보험사고가 발생한 때와 곳에서 평가한 피해목적물의 재조달가액으로 한다.
④ 농림축산식품부장관은 요령의 효율적인 운용 및 시행을 위하여 필요한 세부적인 사항을 규정한 손해평가업무방법서를 작성하여야 한다.

정답 및 해설

[해설] ① 매년 → 3년마다
③ 농업시설물에 대한 보험가액은 보험사고가 발생한 때와 곳에서 평가한 피해목적물의 재조달가액에서 내용연수에 따른 감가상각률을 적용하여 계산한 감가상각액을 차감하여 산정한다.
④ 농림축산식품부장관 → 재해보험사업자

[정답] ②

51. 작물 분류학적으로 가지과에 해당하는 것을 모두 고른 것은?

> ㄱ. 고추   ㄴ. 토마토   ㄷ. 감자   ㄹ. 딸기

① ㄱ, ㄹ
② ㄱ, ㄴ, ㄷ
③ ㄴ, ㄷ, ㄹ
④ ㄱ, ㄴ, ㄷ, ㄹ

정답 및 해설

[해설] 가지과 : 고추, 토마토, 감자, 담배, 피튜니아 등
　　　 장미과 : 딸기

[정답] ②

52. 콩과작물의 작황부족으로 어려움을 겪고 있는 농가를 찾은 A손해평가사의 재배지에 대한 판단으로 옳은 것은?

> ○ 작물의 칼슘 부족증상이 발생했다.
> ○ 근류균 활력이 떨어졌다.
> ○ 작물의 망간 장해가 발생했다.

① 재배지의 온도가 높다.
② 재배지에 질소가 부족하다.
③ 재배지의 일조량이 부족하다.
④ 재배지가 산성화되고 있다.

정답 및 해설

[해설] 토양 산성화 증상
① 산성토양은 산성 그 자체가 작물의 생육을 저해하는 것은 아니다. 붕소와 망간은 산성화에 의해 가용성으로 된다.
② 산성화가 진행되면 토양 중의 알루미늄이 활성화되어 작물에 알루미늄의 해를 일으키거나 철이 활성화되면서 시용 인산이 알루미늄, 철과 결합하여 작물이 흡수 이용하기 어려운 형태로 되어 인산결핍을 일으키거나 인산의 비효를 저하시킨다.
③ 미량요소인 몰리브덴 등도 불용성으로 되어 결핍증이 발생하기 쉽다.
④ 붕소는 토양에 흡착하기 어려우므로 유실되어 결핍되기 쉬우며, 망간은 과잉으로 되기 쉽다.
⑤ PH가 낮으면 수소이온의 농도가 증가하여 뿌리의 양분흡수력이 낮아진다.

[정답] ④

53. 작물의 질소에 관한 내용이다. (   )에 들어갈 내용을 순서대로 옳게 나열한 것은?

> 작물재배에서 (   )작물에 비해 (   )작물은 질소 시비량을 늘려 주는 것이 좋으며, 잎의 질소 결핍 증상은 (   )보다 (   )에서 먼저 나타난다.

① 콩과, 벼과, 유엽, 성엽   ② 벼과, 콩과, 유엽, 성엽
③ 콩과, 벼과, 성엽, 유엽   ④ 벼과, 콩과, 성엽, 유엽

정답 및 해설

[해설] 작물재배에서 콩과작물에 비해 벼과작물은 질소 시비량을 늘려 주는 것이 좋으며, 잎의 질소 결핍 증상은 유엽보다 성엽에서 먼저 나타난다.

[정답] ①

54. 한해피해 조사를 마친 A손해평가사가 농가에 설명한 작물 내 물의 역할로 옳은 것은 몇 개인가?

> ○ 물질 합성과정의 매개   ○ 양분 흡수의 용매
> ○ 세포의 팽압 유지   ○ 체내의 항상성 유지

① 1개   ② 2개   ③ 3개   ④ 4개

정답 및 해설

[해설] 작물 내에서 물의 역할
① 식물의 성장에 중요한 구성요소로, 탄수화물, 핵산, 단백질 등의 세포구성물질
② 광합성, 질소동화, 증산작용 등의 대사작용에 중추적인 역할
③ 식물이 필요한 영양분을 흡수하는 데 용매 역할
④ 식물의 잎과 줄기를 지탱
⑤ 살아 있는 식물세포 원형질의 생활 상태를 유지
⑥ 세포의 긴장상태를 유지하여 식물의 체제 유지를 가능
⑦ 햇빛을 받으면 온도가 상승하지만, 잎으로 물을 증산시켜 온도의 지나친 상승을 방지

[정답] ④

55. 과수작물의 서리피해에 관한 내용이다. 밑줄 친 부분이 옳은 것을 모두 고른 것은?

> 최근 지구온난화에 따른 기상이변으로 개화기가 빠른 (ㄱ)핵과류에서 피해가 빈번하게 발생
> 한다. 특히, 과수원이 (ㄴ)강이나 저수지 옆에 있을 때 발생률이 높다. 따라서 일부 농가에서
> 는 상층의 더운 공기를 아래로 불어내려 과수원의 기온 저하를 막아주는 (ㄷ)송풍법을 사용하
> 고 있다.

① ㄱ   ② ㄱ, ㄴ
③ ㄴ, ㄷ   ④ ㄱ, ㄴ, ㄷ

[해설] 핵과류 : 살구, 복숭아, 매실, 자두, 체리 등

[정답] ④

---

56. 작물의 생장에 영향을 주는 광질에 관한 내용이다. ( )에 들어갈 내용을 순서대로 옳게
나열한 것은?

> 가시광선 중에서 (   )은 광합성·광주기성·광발아성 종자의 발아를 주도하는 중요한 광선이
> 다. 근적외선은 식물의 신장을 촉진하여 적색광과 근적외선의 비가 (   ) 절간신장이 촉진되어
> 초장이 커진다.

① 청색광, 작으면   ② 적색광, 크면
③ 적색광, 작으면   ④ 청색광, 크면

[해설] 가시광선 중에서 적색광은 광합성·광주기성·광발아성 종자의 발아를 주도하는 중요한 광선이다. 근적외선은
식물의 신장을 촉진하여 적색광과 근적외선의 비가 작으면 절간신장이 촉진되어 초장이 커진다.

[정답] ③

---

57. 생육적온이 달라 동일 재배사에서 함께 재배할 경우 재배효율이 떨어지는 조합은?

① 상추, 고추   ② 당근, 시금치
③ 가지, 호박   ④ 오이, 토마토

[해설] 상추 : 호냉성 채소, 고추 : 고온성 식물
시금치 : 15~20℃, 가지 : 23~28℃, 호박 : 20~25℃, 토마토 : 25~27℃, 오이 : 24~26℃

[정답] ①

58. 소비자의 기호 변화로 씨가 없는 샤인머스캣 포도가 인기를 모으고 있다. 샤인머스캣을 무핵화하고 과립 비대를 위해 처리하는 생장조절물질은?

① 아브시스산 　　　　　② 지베렐린
③ 옥신 　　　　　　　　④ 에틸렌

[해설] 샤인머스캣은 유핵종이지만, 지베렐린을 처리하면 무핵화 효과가 나타난다. 이는 지베렐린이 암술의 발달을 억제하여 씨앗을 형성하는 것을 방해하기 때문이다.
② 지베렐린
- 주된 생리기능으로 줄기의 생장촉진을 들 수 있음
- 단위 결과를 유도하고 개화 및 화아분화와 휴면타파를 촉진하는 등 착과를 촉진함

① 아브시스산은 식물의 생장과 발달을 억제하는 작용을 하는 생장조절물질
③ 옥신은 식물의 생장과 발달을 촉진하는 작용을 하는 생장조절물질
④ 에틸렌은 식물의 숙성, 낙엽, 낙과 등을 유도하는 생장조절물질

[정답] ②

59. 저온자극을 통해 화아분화가 촉진되는 작물이 아닌 것은?

① 양파 　　　　　　　　② 상추
③ 배추 　　　　　　　　④ 무

[해설] 상추는 고온에서 화아분화가 촉진

[정답] ②

60. 식물의 생육과정에서 강풍의 외부환경에 따른 영향으로 옳지 않은 것은?

① 화분매개곤충의 활동을 억제한다.
② 상처를 유발하여 호흡량을 증가시킨다.
③ 증산작용은 억제되나 광합성은 촉진된다.
④ 상처를 통한 병해충의 발생을 촉진한다.

[해설] 증산작용은 촉진되고 광합성이 감퇴한다.
증산작용 : 잎의 기공을 통해 물이 기체상태로 식물체 밖으로 빠져나가는 작용

[정답] ③

61. 식물의 종자 또는 눈이 휴면에 들어가면서 증가하는 것은?

① 호흡량　　　　　　　　② 옥신
③ 지베렐린　　　　　　　④ 아브시스산

[해설] * 아브시스산의 작용
① 잎의 노화 및 낙엽 촉진한다.
② 휴면을 유도한다.
③ 종자의 휴면을 연장하여 발아를 억제한다.
④ 단일식물을 장일조건에서 화성을 유도하는 효과가 있다.
⑤ ABA 증가로 기공이 닫혀 위조저항성이 증진된다.
⑥ 목본식물의 경우 내한성이 증진된다.

[정답] ④

62. 시설재배 농가를 찾은 A손해평가사의 육묘에 관한 조언으로 옳지 않은 것은?

① 출하기 조절이 가능하다.
② 유기질 육묘상토로 피트모스를 추천하였다.
③ 단위면적당 생산량을 증가시킬 수 있다.
④ 공간활용도를 높이기 위해 이동식 벤치보다 고정식 벤치를 추천하였다.

[해설] 공간활용도를 높이기 위해 고정식 벤치보다 이동식 벤치를 추천하였다.

[정답] ④

---

63. 수박재배 농가에서 대목을 사용하는 접목재배로 방제할 수 있는 것은?

① 덩굴쪼김병

② 애꽃노린재

③ 진딧물

④ 잎오갈병

[해설] 수박 재배에서 접목재배는 병해 방제를 위해 많이 사용된다. 특히, 덩굴쪼김병은 수박의 주요 병해 중 하나로, 접목재배를 통해 병에 강한 대목을 사용하는 것이 효과적인 방제 방법이다.

* 덩굴쪼김병 : 시들음병이라고도 하며 뿌리나 땅가 줄기가 썩거나 줄기의 물관부가 침해되어 물의 통로가 막히므로 결과적으로 포기 전체가 시드는 증상이다.

[정답] ①

---

64. 최종 적과 후 우박피해를 입은 사과농가의 대처로 옳은 것을 모두 고른 것은?

A농가 - 피해 정도가 심한 가지에는 도포제를 발라준다.
B농가 - 수세가 강한 피해 나무에 질소 엽면시비를 한다.
C농가 - 90% 이상의 과실이 피해를 입은 나무의 과실은 모두 제거한다.
D농가 - 병해충 방제를 위해 살균제를 살포한다.

① A, C

② A, D

③ B, C

④ B, D

[해설] B농가 – 수세가 강한 나무에 질소를 추가로 공급하면 도리어 과도한 생장이 촉진될 수 있어, 피해 회복에 부정적인 영향을 미칠 수 있다.
C농가 – 90% 이상의 과실이 피해를 입은 나무의 과실은 모두 제거하는 것은 부적절하다.

[정답] ②

65. 다음은 벼의 수발아에 관한 내용이다. (   )에 들어갈 내용을 순서대로 옳게 나열한 것은?

> 수발아는 (   )에 종실이 이삭에 달린 채로 싹이 트는 것을 말하며, 벼가 우기에 도복이 되었을 때 자주 발생한다. 또한 (   )이 (   )보다 수발아가 잘 발생한다.

① 수잉기, 조생종, 만생종 ② 결실기, 조생종, 만생종
③ 수잉기, 만생종, 조생종 ④ 결실기, 만생종, 조생종

정답 및 해설

[해설] 수발아는 결실기에 종실이 이삭에 달린 채로 싹이 트는 것을 말하며, 벼가 우기에 도복이 되었을 때 자주 발생한다. 또한 조생종(더울 때)이 만생종(쌀쌀할 때)보다 수발아가 잘 발생한다.

* 수발아 : 식물체에 붙어 있는 이삭이 연속되는 강우로 인하여 수확기전에 발아를 하는 현상
* 벼의 수발아(穗發芽) : 벼 이삭이 줄기에 붙어 있는 상태의 벼알에서 싹이 트는 현상

[정답] ②

66. 전염성 병해가 아닌 것은?

① 토마토 배꼽썩음병 ② 벼 깨씨무늬병
③ 배추 무름병 ④ 사과나무 화상병

정답 및 해설

[해설] 토마토 배꼽썩음병은 "칼슘(석회) 부족"으로 인해 발생

[정답] ①

67. 0℃에서 저장할 경우 저온장해가 발생하는 채소만을 나열한 것은?

① 배추, 무 ② 마늘, 양파
③ 당근, 시금치 ④ 가지, 토마토

정답 및 해설

[해설] 저온장해가 발생하는 채소 : 가지, 토마토, 수박, 멜론, 바나나, 파인애플, 호박 등

[정답] ④

68. 다음 (   )에 들어갈 필수원소에 관한 내용을 순서대로 옳게 나열한 것은?

> (   )원소인 (   )은 엽록소의 구성성분으로 부족 시 잎이 황화된다.

① 다량, 마그네슘   ② 다량, 몰리브덴

③ 미량, 마그네슘   ④ 미량, 몰리브덴

정답 및 해설

[해설] 다량원소인 마그네슘(Mg)은 엽록소의 구성성분으로 부족 시 잎이 황화된다. 마그네슘이 부족하면 엽맥과 엽
끝이 노란색이 되며, 잎 성장이 정체되고 떨어진다. 마그네슘 전용 비료 또는 엽송염을 물주기 전에 흙 위에
뿌려주면 좋다.

[정답] ①

---

69. 자가수분으로 수분수가 필요 없는 과수는?

① 신고 배   ② 후지 사과

③ 캠벨얼리 포도   ④ 미백도 복숭아

정답 및 해설

[해설] 캠벨얼리 포도는 자가수분이 가능하여 수분수가 필요하지 않다.

* 수분수 : 과수에서 결실을 위하여 꽃가루를 주는 나무를 말하며, 대부분 과수는 자가불화합성으로 수분수가 필요한
데, 유일하게 포도는 자기화합성으로 수분수가 필요없다.

[정답] ③

---

70. 다음 설명에 해당하는 해충은?

> ○ 흡즙성 해충이다.
> ○ 포도나무 가지와 잎을 주로 가해한다.
> ○ 약충이 하얀 솜과 같은 왁스 물질로 덮여 있다.

① 꽃매미   ② 미국선녀벌레

③ 포도유리나방   ④ 포도호랑하늘소

[해설] 미국선녀벌레는 년간 1세대 발생하며 기주의 나뭇가지 틈에서 알로 월동한다. 월동한 알은 5월 중하순에 부화하며, 1-5령 약충을 거쳐 60~70일 후에 성충이 된다. 미국선녀벌레는 포도나무, 감귤나무, 살구나무 등의 과일나무를 포함해 단풍나무나 버드나무, 느릅나무와 같은 활엽수에도 서식한다. 미국선녀벌레 약충도 선녀벌레 처럼 흰색의 물질을 분비해 잎과 가지, 열매 등에 달라붙는다.

[정답] ②

71. 장미의 블라인드 현상의 직접적인 원인은?

① 수분 부족 ② 칼슘 부족
③ 일조량 부족 ④ 근권부 산소 부족

[해설] 블라인드 현상이란 장미가 광도, 야간 온도, 잎 수 따위가 부족하여 분화된 꽃눈이 꽃으로 발육하지 못하고 퇴화하는 현상을 말한다.

[정답] ③

72. 근경으로 영양번식을 하는 화훼작물은?

① 칸나, 독일붓꽃 ② 시클라멘, 다알리아
③ 튤립, 글라디올러스 ④ 백합, 라넌큘러스

[해설] 근경(땅속줄기)은 땅속에 있는 줄기로, 화훼작물이 영양번식을 할 때 사용하는 주요 기관 중 하나이다. 칸나와 독일붓꽃은 근경을 통해 번식한다.
② 시클라멘, 다알리아 : 알뿌리와 덩이뿌리로 번식
③ 튤립, 글라디올러스 : 구근(알뿌리)으로 번식
④ 백합, 라넌큘러스 : 백합은 비늘줄기, 라넌큘러스는 덩이뿌리를 통해 번식

[정답] ①

73. 유리온실 내 지면으로부터 용마루까지의 길이를 나타내는 용어는?

① 간고
② 동고
③ 측고
④ 헌고

정답 및 해설

[해설] 동고는 지면에서 용마루(온실의 가장 높은 지점)까지의 길이를 말한다.
① 간고 : 인접한 기둥 간의 거리(온실 폭 방향)
③ 측고 : 온실 측벽의 높이를 의미하며, 지면에서 처마 끝까지의 높이
④ 헌고 : 처마 끝에서 용마루까지의 높이(지붕의 경사 부분)

[정답] ②

74. 베드의 바닥에 일정한 크기의 기울기로 얇은 막상의 양액이 흘러 순환하도록 하고 그 위에 작물의 뿌리 일부가 닿게 하여 재배하는 방식은?

① 매트재배
② 심지재배
③ NFT재배
④ 담액재배

정답 및 해설

[해설] NFT(Nutrient Film Technique) 재배는 베드 바닥에 얇은 막 형태의 양액이 일정한 기울기로 흐르도록 하고, 작물의 뿌리가 그 양액에 접촉하게 하여 재배하는 방식이다.
① 매트재배 : 매트를 이용하여 뿌리에 양액을 공급하는 방식
② 심지재배 : 심지를 통해 양액을 흡수하여 공급하는 방식
④ 담액재배 : 뿌리를 양액에 담가 재배하는 방식으로, 연속적인 물 공급이 특징

[정답] ③

75. 다음 중 외피복용 피복자재로만 짝지어진 것은?

① 유리, 반사필름
② FRA판, 한랭사
③ FRA판, PVC필름
④ PE필름, 반사필름

정답 및 해설

[해설] 반사필름은 주로 반사 및 보광에, 한랭사는 차광에 이용된다.

[정답] ③

[손해평가사 1차 제3회 기출모의고사]

1. 상법상 보험계약관계자에 관한 설명으로 옳지 않은 것은?

① 손해보험의 보험자는 보험사고가 발생한 경우 보험금 지급의무를 지는 자이다.

② 손해보험의 보험계약자는 자기명의로 보험계약을 체결하고 보험료 지급의무를 지는 자이다.

③ 손해보험의 피보험자는 피보험이익의 주체로서 보험사고가 발생한 때에 보험금을 받을 자이다.

④ 손해보험의 보험수익자는 보험사고가 발생한 때에 보험금을 지급받을 자로 지정된 자이다.

정답 및 해설

[해설] 보험금을 지급하기로 약정한 보험사고가 발생한 경우, 실제 보험금을 수령하는 대상을 말한다. 계약자, 피보험자와 동일하게 계약할 수도 있고, 보험계약 체결 시나 유지 중에 계약자가 보험수익자를 지정할 수도 있다.

[정답] ④

2. 상법상 보험계약의 체결에 관한 설명으로 옳은 것은?

① 보험계약은 청약과 승낙에 의한 합의와 보험증권의 교부로 성립한다.

② 기존의 보험계약을 연장하거나 변경한 경우에는 보험자는 그 보험증권에 그 사실을 기재함으로써 보험증권의 교부에 갈음할 수 있다.

③ 보험자는 보험계약이 성립된 후 보험계약자에게 보험약관을 교부하고 그 약관의 중요한 내용을 설명하여야 한다.

④ 보험자가 보험계약자로부터 보험계약의 청약과 함께 보험료 상당액의 전부 또는 일부의 지급을 받은 때에는 계약이 성립한 것으로 본다.

정답 및 해설

[해설] 보험계약의 성립(상법 638조의2)
① 보험자가 보험계약자로부터 보험계약의 청약과 함께 보험료 상당액의 전부 또는 일부의 지급을 받은 때에는 다른 약정이 없으면 30일 내에 그 상대방에 대하여 낙부의 통지를 발송하여야 한다. 그러나 인보험계약의 피보험자가 신체검사를 받아야 하는 경우에는 그 기간은 신체검사를 받은 날부터 기산한다.

② 보험자가 제1항의 규정에 의한 기간 내에 낙부의 통지를 해태한 때에는 승낙한 것으로 본다.
③ 보험자가 보험계약자로부터 보험계약의 청약과 함께 보험료 상당액의 전부 또는 일부를 받은 경우에 그 청약을 승낙하기 전에 보험계약에서 정한 보험사고가 생긴 때에는 그 청약을 거절할 사유가 없는 한 보험자는 보험계약 상의 책임을 진다. 그러나 인보험계약의 피보험자가 신체검사를 받아야 하는 경우에 그 검사를 받지 아니한 때에는 그러하지 아니하다.

[정답] ②

3. 상법상 보험증권에 관한 설명으로 옳지 않은 것은?

① 타인을 위한 보험계약이 성립된 경우에는 보험자는 그 타인에게 보험증권을 교부해야 한다.
② 보험계약의 당사자는 보험증권의 교부가 있은 날로부터 일정한 기간 내에 한하여 그 증권 내용의 정부(正否)에 관한 이의를 할 수 있음을 약정할 수 있다. 이 기간은 1월을 내리지 못한다.
③ 보험증권을 멸실 또는 현저하게 훼손한 때에는 보험계약자는 보험자에 대하여 증권의 재교부를 청구할 수 있고, 그 증권작성의 비용은 보험계약자의 부담으로 한다.
④ 보험자는 보험계약이 성립한 때에는 지체 없이 보험증권을 작성하여 보험계약자에게 교부하여야 한다.

[해설] ① 타인을 위한 보험계약이 성립된 경우에는 보험자는 계약자에게 보험증권을 교부해야 한다.

※ 보험증권의 교부(상법 제640조)
보험자는 보험계약이 성립한 때에는 지체 없이 보험증권을 작성하여 보험계약자에게 교부하여야 한다. 그러나 보험계약자가 보험료의 전부 또는 최초의 보험료를 지급하지 아니한 때에는 그러하지 아니하다.

※ 증권에 관한 이의약관의 효력(제641조)
보험계약의 당사자는 보험증권의 교부가 있은 날로부터 일정한 기간 내에 한하여 그 증권내용의 정부에 관한 이의를 할 수 있음을 약정할 수 있다. 이 기간은 1월을 내리지 못한다.

[정답] ①

4. 보험설계사가 가진 상법상 권한으로 옳은 것은?

① 보험계약자로부터 고지에 관한 의사표시를 수령할 수 있는 권한
② 보험계약자에게 영수증을 교부하지 않고 보험료를 수령할 수 있는 권한
③ 보험자가 작성한 보험증권을 보험계약자에게 교부할 수 있는 권한
④ 보험계약자로부터 통지에 관한 의사표시를 수령할 수 있는 권한

[해설] 보험설계사의 상법상 권한
• 보험대리상이 아니면서 특정한 보험자를 위하여 계속적으로 보험계약의 체결을 중개하는 자의 권한
• 보험자가 작성한 영수증을 보험계약자에게 교부하는 경우 보험료 수령권
• 보험자가 작성한 보험증권 교부권

[정답] ③

5. 상법상 보험료에 관한 설명으로 옳은 것을 모두 고른 것은?

ㄱ. 보험계약의 당사자가 특별한 위험을 예기하여 보험료의 액을 정한 경우에 보험기간중 그 예기한 위험이 소멸한 때에는 보험계약자는 그 후의 보험료의 감액을 청구할 수 있다.
ㄴ. 보험계약의 전부 또는 일부가 무효인 경우에 보험계약자와 피보험자가 선의이며 중대한 과실이 없는 때에는 보험자에 대하여 보험료의 전부 또는 일부의 반환을 청구할 수 있다.
ㄷ. 보험계약자는 계약체결후 지체 없이 보험료의 전부 또는 제1회 보험료를 지급하여야 하며, 이를 지급하지 아니하는 경우에는 보험자는 다른 약정이 없는 한 계약성립후 2월이 경과하면 그 계약을 해제할 수 있다.
ㄹ. 계속보험료가 약정한 시기에 지급되지 아니한 때에는 보험자는 상당한 기간을 정하여 보험계약자에게 최고하고 그 기간 내에 지급되지 아니한 때에는 그 계약은 해지된 것으로 본다.

① ㄱ, ㄴ   ② ㄱ, ㄷ
③ ㄴ, ㄹ   ④ ㄷ, ㄹ

[해설] 보험료의 지급과 지체의 효과(상법 제650조)
① 보험계약자는 계약체결후 지체 없이 보험료의 전부 또는 제1회 보험료를 지급하여야 하며, 보험계약자가 이를 지급하지 아니하는 경우에는 다른 약정이 없는 한 계약성립후 2월이 경과하면 그 계약은 해제된 것으로 본다.
② 계속보험료가 약정한 시기에 지급되지 아니한 때에는 보험자는 상당한 기간을 정하여 보험계약자에게 최고하고 그 기간 내에 지급되지 아니한 때에는 그 계약을 해지할 수 있다.

[정답] ①

6. 甲이 乙 소유의 농장에 대해 乙의 허락 없이 乙을 피보험자로 하여 A보험회사와 화재보험계약을 체결한 경우, 그 법률관계에 관한 설명으로 옳지 않은 것은?

① 보험계약 체결시 A보험회사가 서면으로 질문한 사항은 중요한 사항으로 추정한다.

② 보험사고가 발생하기 전에는 甲은 언제든지 계약의 전부 또는 일부를 해지할 수 있다.

③ 甲이 乙의 위임이 없음을 A보험회사에게 고지하지 않은 때에는 乙이 그 보험계약이 체결된 사실을 알지 못하였다는 사유로 A보험회사에게 대항하지 못한다.

④ 보험계약당시에 甲 또는 乙이 고의 또는 중대한 과실로 인하여 중요한 사항을 고지 하지 아니하거나 부실의 고지를 한 때에는 A보험회사는 그 사실을 안 날로부터 1월내에, 계약을 체결한 날로부터 3년내에 한하여 계약을 해지할 수 있다.

[해설] 사고발생전의 임의해지(제649조)
① 보험사고가 발생하기 전에는 보험계약자는 언제든지 계약의 전부 또는 일부를 해지할 수 있다. 그러나 제639조의 보험계약의 경우에는 보험계약자는 그 타인의 동의를 얻지 아니하거나 보험증권을 소지하지 아니하면 그 계약을 해지하지 못한다.
② 보험사고의 발생으로 보험자가 보험금액을 지급한 때에도 보험금액이 감액되지 아니하는 보험의 경우에는 보험계약자는 그 사고발생후에도 보험계약을 해지할 수 있다.

[정답] ②

7. 상법상 보험사고에 관한 설명으로 옳지 않은 것은?

① 보험계약당시에 보험사고가 이미 발생하였거나 또는 발생할 수 없는 것인 때에는 그 계약은 무효로 한다.

② 보험계약당시에 보험사고가 발생할 수 없는 것이었지만 당사자 쌍방과 피보험자가 이를 알지 못한 때에는 그 계약은 유효하다.

③ 보험사고의 발생으로 보험자가 보험금액을 지급한 때에도 보험금액이 감액되지 아니 하는 보험의 경우에는 보험계약자는 그 사고발생후에도 보험계약을 해지할 수 있다.

④ 보험사고가 발생하기 전에 보험계약을 해지한 보험계약자는 미경과보험료의 반환을 청구할 수 없다.

[해설] ④ 보험계약자는 당사자간에 다른 약정이 없으면 미경과보험료의 반환을 청구할 수 있다.

[정답] ④

8. 상법상 보험대리상의 권한을 모두 고른 것은?

ㄱ. 보험료수령권한	ㄴ. 고지수령권한
ㄷ. 보험계약의 해지권한	ㄹ. 보험금수령권한

① ㄱ, ㄴ, ㄷ   ② ㄱ, ㄴ, ㄹ

③ ㄱ, ㄷ, ㄹ   ④ ㄴ, ㄷ, ㄹ

정답 및 해설

[해설] 보험대리상 등의 권한(상법 제646조의2)
- 보험계약자로부터 보험료를 수령할 수 있는 권한
- 보험자가 작성한 보험증권을 보험계약자에게 교부할 수 있는 권한
- 보험계약자로부터 청약, 고지, 통지, 해지, 취소 등 보험계약에 관한 의사표시를 수령할 수 있는 권한
- 보험계약자에게 보험계약의 체결, 변경, 해지 등 보험계약에 관한 의사표시를 할 수 있는 권한

[정답] ①

9. 보험기간 중에 보험사고의 발생 위험이 현저하게 변경 또는 증가된 경우의 법률 관계에 관한 설명으로 옳은 것은?

① 보험수익자의 고의로 인하여 사고 발생의 위험이 현저하게 증가된 때에는 보험자는 그 사실을 안 날로부터 1월내에 보험계약을 해지할 수 있을 뿐이고, 보험료의 증액을 청구할 수는 없다.

② 보험계약자가 지체 없이 위험변경증가의 통지를 한 때에는 보험자는 1월내에 보험료 증액을 청구할 수 있을 뿐이고 보험계약을 해지할 수는 없다.

③ 보험계약자가 위험변경증가의 통지를 해태한 때에는 보험자는 그 사실을 안 날로부터 1월내에 한하여 계약을 해지할 수 있다.

④ 타인을 위한 손해보험의 타인이 사고발생 위험이 현저하게 변경 또는 증가된 사실을 알게 된 경우 이를 보험자에게 통지할 의무는 없다.

정답 및 해설

[해설] 위험변경증가의 통지와 계약해지(상법 제652조)
① 보험기간 중에 보험계약자 또는 피보험자가 사고발생의 위험이 현저하게 변경 또는 증가된 사실을 안 때에는 지체 없이 보험자에게 통지하여야 한다. 이를 해태한 때에는 보험자는 그 사실을 안 날로부터 1월내에 한하여 계약을 해지할 수 있다.
② 보험자가 제1항의 위험변경증가의 통지를 받은 때에는 1월내에 보험료의 증액을 청구하거나 계약을 해지할 수 있다.

[정답] ③

10. 보험사고가 발생한 경우 그 법률관계에 관한 설명으로 옳지 않은 것은?

① 보험수익자가 보험사고의 발생을 안 때에는 지체 없이 보험자에게 그 통지를 발송하여야
한다.

② 보험계약자가 보험사고의 발생을 알았음에도 지체 없이 보험자에게 그 통지를 발송하지
않은 경우 보험자는 계약을 해지할 수 있다.

③ 보험계약 당사자간에 다른 약정이 없으면 최초보험료를 보험자가 지급받은 때로부터 보
험자의 책임이 개시된다.

④ 위험이 현저하게 변경 또는 증가된 사실이 보험사고 발생에 영향을 미친 경우, 보험자가
위험변경증가의 통지를 못 받았음을 이유로 유효하게 계약을 해지하면 보험금을 지급할
책임이 없다.

정답 및 해설

[해설] 보험사고발생의 통지의무(상법 제657조)
① 보험계약자 또는 피보험자나 보험수익자는 보험사고의 발생을 안 때에는 지체 없이 보험자에게 그 통지를 발송하
여야 한다.
② 보험계약자 또는 피보험자나 보험수익자가 제1항의 통지의무를 해태함으로 인하여 손해가 증가된 때에는 보험자
는 그 증가된 손해를 보상할 책임이 없다.

[정답] ②

11. 보험자의 보험금액의 지급에 관한 설명으로 옳지 않은 것은?

① 보험수익자의 중과실로 인하여 보험사고가 생긴 때에는 보험자는 보험금액을 지급할 책
임이 없다.

② 보험계약자의 고의로 보험사고가 생긴 때에는 보험자는 보험금액을 지급할 책임이 없다.

③ 보험금액의 지급에 관하여 약정기간이 없는 경우에는 보험자는 보험사고 발생의 통지를
받은 후 지체 없이 지급할 보험금액을 정해야 한다.

④ 보험자가 파산선고를 받았으나 보험계약자가 계약을 해지하지 않은 채 3월이 경과한 후에
보험사고가 발생하여도 보험자는 보험금액 지급 책임이 있다.

정답 및 해설

[해설] 보험자의 면책사유(상법 제659조)
보험사고가 보험계약자 또는 피보험자나 보험수익자의 고의 또는 중대한 과실로 인하여 생긴 때에는 보험자는 보험
금액을 지급할 책임이 없다.

[정답] ④

12. 甲은 자기 소유의 건물에 대해 A보험회사와 화재보험계약을 체결하였고, A보험 회사는 이 화재보험계약으로 인하여 부담할 책임에 대하여 B보험회사와 재보험계약을 체결한 경우 그 법률관계에 관한 설명으로 옳은 것은?

① 화재보험계약의 보험기간 개시 전에 화재가 발생한 경우 B보험회사는 A보험회사에게 보험금 지급의무가 없다.
② 甲의 고의로 화재보험계약의 보험기간 중에 화재가 발생한 경우 B보험회사는 A보험 회사에게 보험금 지급의무가 있다.
③ A보험회사의 B보험회사에 대한 보험금청구권은 1년간 행사하지 아니하면 시효의 완성으로 소멸한다.
④ B보험회사의 A보험회사에 대한 보험료청구권은 6개월간 행사하지 아니하면 시효의 완성으로 소멸한다.

[해설] 소멸시효(상법 제662조)
보험금청구권은 3년간, 보험료 또는 적립금의 반환청구권은 3년간, 보험료청구권은 2년간 행사하지 아니하면 시효의 완성으로 소멸한다.

[정답] ①

13. 가계보험의 약관조항 중 상법상 불이익변경금지원칙에 위반되지 않는 것은?

① 보험계약자가 계약 체결시 과실없이 중요한 사항을 불고지한 경우에도 보험자의 해지권을 인정한 약관조항
② 보험료청구권의 소멸시효기간을 단축하는 약관조항
③ 보험수익자가 보험계약 체결시 고지의무를 부담하도록 하는 약관조항
④ 보험사고 발생 전이지만 일정한 기간 동안 보험계약자의 계약 해지를 금지하는 약관조항

[해설] 보험계약자 등의 불이익변경금지(상법 제663조)
이 편의 규정은 당사자간의 특약으로 보험계약자 또는 피보험자나 보험수익자의 불이익으로 변경하지 못한다. 그러나 재보험 및 해상보험 기타 이와 유사한 보험의 경우에는 그러하지 아니하다.

[정답] ②

14. 상법상 손해보험증권에 기재해야 할 사항으로 옳지 않은 것은?

① 피보험자의 주민등록번호 ② 보험기간을 정한 경우 그 시기와 종기

③ 보험료와 그 지급방법 ④ 무효와 실권의 사유

정답 및 해설

[해설] 손해보험증권 기재사항(상법 제666조)

1. 보험의 목적 2. 보험사고의 성질
3. 보험금액 4. 보험료와 그 지급방법
5. 보험기간을 정한 때에는 그 시기와 종기 6. 무효와 실권의 사유
7. 보험계약자의 주소와 성명 또는 상호 7의2. 피보험자의 주소, 성명 또는 상호
8. 보험계약의 연월일 9. 보험증권의 작성지와 그 작성년월일

[정답] ①

15. 상법상 물건보험의 보험가액에 관한 설명으로 옳지 않은 것은?

① 보험가액과 보험금액은 일치하지 않을 수 있다.

② 보험계약 당사자간에 보험가액을 정하지 아니한 때에는 사고발생시의 가액을 보험가액으로 한다.

③ 보험계약의 당사자간에 보험가액을 정한 경우 그 가액이 사고발생시의 가액을 현저하게 초과할 경우 보험계약은 무효이다.

④ 보험계약의 당사자간에 보험가액을 정한 경우 그 가액은 사고발생시의 가액으로 정한 것으로 추정한다.

정답 및 해설

[해설] 기평가보험(상법 제670조)
당사자간에 보험가액을 정한 때에는 그 가액은 사고발생시의 가액으로 정한 것으로 추정한다. 그러나 그 가액이 사고발생시의 가액을 현저하게 초과할 때에는 사고발생시의 가액을 보험가액으로 한다.

[정답] ③

16. 상법상 초과보험에 관한 설명으로 옳은 것을 모두 고른 것은?

> ㄱ. 보험계약자의 사기에 의하여 보험금액이 보험가액을 현저하게 초과하는 보험계약이 체결된 경우 보험기간 중에 보험사고가 발생하면 보험자는 보험가액의 한도 내에서 보험금 지급의무가 있다.
> ㄴ. 보험계약 체결 이후 보험기간 중에 보험가액이 보험금액에 비해 현저하게 감소된 때에는 보험자 또는 보험계약자는 보험료와 보험금액의 감액을 청구할 수 있다.
> ㄷ. 보험계약 체결 이후 보험기간 중에 보험가액이 보험금액에 비해 현저하게 감소된 때에는 보험자 또는 보험계약자는 보험계약을 취소할 수 있다.
> ㄹ. 보험계약자의 사기에 의하여 보험금액이 보험가액을 현저하게 초과하는 계약이 체결된 경우 보험자는 그 사실을 안 때까지의 보험료를 청구할 수 있다.

① ㄱ, ㄷ   ② ㄱ, ㄹ
③ ㄴ, ㄷ   ④ ㄴ, ㄹ

[해설] 초과보험(상법 제669조)
① 보험금액이 보험계약의 목적의 가액을 현저하게 초과한 때에는 보험자 또는 보험계약자는 보험료와 보험금액의 감액을 청구할 수 있다. 그러나 보험료의 감액은 장래에 대하여서만 그 효력이 있다.
② 제1항의 가액은 계약당시의 가액에 의하여 정한다.
③ 보험가액이 보험기간 중에 현저하게 감소된 때에도 제1항과 같다.
④ 제1항의 경우에 계약이 보험계약자의 사기로 인하여 체결된 때에는 그 계약은 무효로 한다. 그러나 보험자는 그 사실을 안 때까지의 보험료를 청구할 수 있다.

[정답] ④

17. 甲이 가액이 10억원인 자기 소유의 재산에 대해 A, B보험회사와 보험기간이 동일하고, 보험금액 10억원인 화재보험계약을 순차적으로 각각 체결한 경우 그 법률관계에 관한 설명으로 옳지 않은 것은? (甲의 사기는 없었음)

① 만약 甲이 사기에 의하여 두 개의 화재보험계약을 체결하였다면 보험계약은 무효이다.
② 보험기간 중 화재가 발생하여 甲의 재산이 전소되어 10억원의 손해를 입은 경우 甲은 A, B보험회사에게 각각 5억원까지 보험금청구권을 행사할 수 있다.
③ 甲은 B보험회사와 화재보험계약을 체결할 때 A보험회사와의 화재보험계약의 내용을 통지할 의무가 있다.
④ 甲이 A보험회사에 대한 권리를 포기하더라도 B보험회사의 권리의무에 영향을 미치지 않는다.

[해설] 중복보험(상법 제672조, 제673조)
① 동일한 보험계약의 목적과 동일한 사고에 관하여 수개의 보험계약이 동시에 또는 순차로 체결된 경우에 그 보험금액의 총액이 보험가액을 초과한 때에는 보험자는 각자의 보험금액의 한도에서 연대책임을 진다. 이 경우에는 각 보험자의 보상책임은 각자의 보험금액의 비율에 따른다.
② 동일한 보험계약의 목적과 동일한 사고에 관하여 수개의 보험계약을 체결하는 경우에는 보험계약자는 각 보험자에 대하여 각 보험계약의 내용을 통지하여야 한다.
③ 수개의 보험계약을 체결한 경우에 보험자 1인에 대한 권리의 포기는 다른 보험자의 권리의무에 영향을 미치지 아니한다.

[정답] ②

18. 손해보험의 목적에 관한 설명으로 옳은 것은?

① 피보험자가 보험의 목적을 양도한 때에는 양수인은 보험계약상의 권리와 의무를 승계한 것으로 본다.
② 금전으로 산정할 수 있는 이익에 한하여 보험의 목적으로 할 수 있다.
③ 보험의 목적에 관하여 보험자가 부담할 손해가 생긴 경우에는 그 후 그 목적이 보험자가 부담하지 아니하는 보험사고의 발생으로 인하여 멸실된 때에도 보험자는 이미 생긴 손해를 보상할 책임을 면하지 못한다.
④ 보험의 목적의 성질, 하자 또는 자연소모로 인한 손해는 보험자가 이를 보상할 책임이 있다.

[해설] ① 피보험자가 보험의 목적을 양도한 때에는 양수인은 보험계약상의 권리와 의무를 승계한 것으로 추정한다.
② 보험계약은 금전으로 산정할 수 있는 이익에 한하여 보험계약의 목적으로 할 수 있다.
④ 보험의 목적의 성질, 하자 또는 자연소모로 인한 손해는 보험자가 이를 보상할 책임이 없다.

[정답] ③

19. 손해보험에서 손해액의 산정에 관한 설명으로 옳은 것은?

① 보험자가 보상할 손해액은 보험계약을 체결한 때와 곳의 가액에 의하여 산정한다.
② 보험사고로 인하여 상실된 피보험자가 얻을 이익이나 보수는 보험자가 보상할 손해액에 산입하여야 한다.

③ 손해액의 산정에 관한 비용은 보험계약자의 부담으로 한다.

④ 당사자간에 다른 약정이 있는 때에는 그 신품가액에 의하여 손해액을 산정할 수 있다.

[해설] 손해액의 산정기준(상법 제676조)
① 보험자가 보상할 손해액은 그 손해가 발생한 때와 곳의 가액에 의하여 산정한다. 그러나 당사자간에 다른 약정이 있는 때에는 그 신품가액에 의하여 손해액을 산정할 수 있다.
② 제1항의 손해액의 산정에 관한 비용은 보험자의 부담으로 한다.

[정답] ④

20. 보험자가 손해를 보상할 때에 보험료의 지급을 받지 아니한 잔액이 있는 경우에 관한 설명으로 옳은 것은?

① 보험자는 보험료의 지급을 받지 아니한 잔액이 있으면 보험계약을 즉시 해지할 수 있다.

② 보험자는 지급기일이 도래하였으나 지급받지 않은 보험료 잔액을 보상할 금액에서 공제하여야 한다.

③ 보험자는 지급받지 않은 보험료 잔액이 있으면 그 지급기일이 도래하지 아니한 때라도 보상할 금액에서 이를 공제할 수 있다.

④ 보험자는 지급기일이 도래한 보험료 잔액의 지급이 있을 때까지 그 손해보상을 전부 거절할 수 있다.

[해설] 보험료체납과 보상액의 공제(상법 제677조)
보험자가 손해를 보상할 경우에 보험료의 지급을 받지 아니한 잔액이 있으면 그 지급기일이 도래하지 아니한 때라도 보상할 금액에서 이를 공제할 수 있다.

* 보험료의 지급과 지체의 효과(상법 제650조)
① 보험계약자는 계약체결후 지체 없이 보험료의 전부 또는 제1회 보험료를 지급하여야 하며, 보험계약자가 이를 지급하지 아니하는 경우에는 다른 약정이 없는 한 계약성립후 2월이 경과하면 그 계약은 해제된 것으로 본다.
② 계속보험료가 약정한 시기에 지급되지 아니한 때에는 보험자는 상당한 기간을 정하여 보험계약자에게 최고하고 그 기간 내에 지급되지 아니한 때에는 그 계약을 해지할 수 있다.

[정답] ③

21. 상법상 손해방지의무에 관한 설명으로 옳은 것은? (다툼이 있으면 판례에 따름)

① 손해방지의무는 보험계약자는 부담하지 않고 피보험자만 부담하는 의무이다.

② 손해방지의무의 이행을 위하여 필요 또는 유익하였던 비용과 보상액이 보험금액을 초과한 경우라도 보험자가 이를 부담한다.

③ 손해방지의무는 보험사고가 발생하기 이전에 부담하는 의무이다.

④ 손해방지의무의 이행을 위하여 필요 또는 유익하였던 비용은 실제로 손해의 방지와 경감에 유효하게 영향을 준 경우에만 보험자가 이를 부담한다.

> **정답 및 해설**
>
> [해설] 손해방지의무(상법 제680조)
> 보험계약자와 피보험자는 손해의 방지와 경감을 위하여 노력하여야 한다. 그러나 이를 위하여 필요 또는 유익하였던 비용과 보상액이 보험금액을 초과한 경우라도 보험자가 이를 부담한다.
> ① 의무자 : 보험계약자와 피보험자
> ③ 보험사고의 발생을 전제로 하므로 선급 청구는 안된다.
> ④ 보험자가 책임지는 손해에 대해서만 부담하고, 직접적·간접적 행위 및 행위의 효과를 묻지 않는다.
>
> [정답] ②

22. 보험목적에 관한 보험대위(잔존물대위)의 설명으로 옳지 않은 것은?

① 보험의 목적의 전부가 멸실한 경우에 보험대위가 인정된다.

② 피보험자가 보험자로부터 보험금액의 전부를 지급받은 후에는 잔존물을 임의로 처분할 수 없다.

③ 일부보험의 경우에는 잔존물대위가 인정되지 않는다.

④ 보험자가 보험금액의 전부를 지급한 때 잔존물에 대한 권리는 물권변동절차 없이 보험자에게 이전된다.

> **정답 및 해설**
>
> [해설] 보험목적에 관한 보험대위(상법 제681조)
> • 보험의 목적이 전부 멸실, 보험금 전부 지급
> • 보험금 지급 시 법률상 당연한 권리
> • 지급한 보험금의 한도 내에서 보험자에게 귀속
> • 물건보험 전반에 적용
>
> [정답] ③

23. 화재보험자가 보상할 손해에 관한 설명으로 옳은 것을 모두 고른 것은?

> ㄱ. 화재가 발생한 건물의 철거비와 폐기물처리비
> ㄴ. 화재의 소방 또는 손해의 감소에 필요한 조치로 인하여 생긴 손해
> ㄷ. 화재로 인하여 다른 곳에 옮겨놓은 물건의 도난으로 인한 손해

① ㄱ, ㄴ   ② ㄱ, ㄷ
③ ㄴ, ㄷ   ④ ㄱ, ㄴ, ㄷ

[해설] 화재보험자의 책임(상법 제683조, 제684조)
① 화재로 인하여 생긴 손해를 보상할 목적으로 하는 손해보험계약이다.
② 보험자는 화재의 소방 또는 손해의 감소에 필요한 조치로 인하여 생긴 손해를 보상할 책임이 있다.

[정답] ①

24. 화재보험에 관한 설명으로 옳지 않은 것은?

① 건물을 보험의 목적으로 한 때에는 그 소재지, 구조와 용도를 화재보험증권에 기재 하여야 한다.
② 동산을 보험의 목적으로 한 때에는 그 존치한 장소의 상태와 용도를 화재보험증권에 기재 하여야 한다.
③ 동일한 건물에 대하여 소유권자와 저당권자는 각각 다른 피보험이익을 가지므로, 각자는 독립한 화재보험계약을 체결할 수 있다.
④ 건물을 보험의 목적으로 한 때 그 보험가액의 일부를 보험에 붙인 경우, 당사자간에 다른 약정이 없다면 보험자는 보험금액의 한도내에서 그 손해를 보상할 책임을 진다.

[해설] 일부보험(상법 제674조)
보험가액의 일부를 보험에 붙인 경우에는 보험자는 보험금액의 보험가액에 대한 비율에 따라 보상할 책임을 진다. 그러나 당사자간에 다른 약정이 있는 때에는 보험자는 보험금액의 한도내에서 그 손해를 보상할 책임을 진다.

[정답] ④

25. 집합보험에 관한 설명으로 옳지 않은 것은?

① 집합보험은 집합된 물건을 일괄하여 보험의 목적으로 한다.

② 보험의 목적에 속한 물건이 보험기간중에 수시로 교체된 경우에도 보험계약의 체결 시에 현존한 물건은 보험의 목적에 포함된 것으로 한다.

③ 피보험자의 가족과 사용인의 물건도 보험의 목적에 포함된 것으로 한다.

④ 보험의 목적에 피보험자의 가족의 물건이 포함된 경우, 그 보험은 피보험자의 가족을 위하여서도 체결한 것으로 본다.

정답 및 해설

[해설] 집합보험의 목적(상법 제686조)
집합보험이란 경제적으로 독립한 여러 물건이 집합물을 보험의 목적으로 한 보험을 말한다. 집합된 물건을 일괄하여 보험의 목적으로 한 때에는 피보험자의 가족과 사용인의 물건도 보험의 목적에 포함된 것으로 한다. 이 경우에는 그 보험은 그 가족 또는 사용인을 위하여서도 체결한 것으로 본다.

[정답] ②

26. 농어업재해보험법령상 농업재해보험심의회(이하 '심의회')에 관한 설명으로 옳지 않은 것은?

① 심의회의 위원장은 농림축산식품부차관으로 하고, 부위원장은 위원 중에서 농림축산식품부차관이 지명한다.

② 심의회의 회의는 재적위원 과반수의 출석으로 개의(開議)하고, 출석위원 과반수의 찬성으로 의결한다.

③ 심의회는 위원장 및 부위원장 각 1명을 포함한 21명 이내의 위원으로 구성한다.

④ 심의회의 회의는 재적위원 3분의 1 이상의 요구가 있을 때 또는 위원장이 필요하다고 인정할 때에 소집한다.

정답 및 해설

[**해설**] 심의회의 위원장은 농림축산식품부차관으로 하고, 부위원장은 위원 중에서 호선(互選)한다.

[정답] ①

27. 농어업재해보험법령상 재해보험의 종류 등에 관한 설명으로 옳지 않은 것은?

① 재해보험의 종류는 농작물재해보험, 임산물재해보험, 가축재해보험 및 양식수산물재해보험으로 한다.

② 가축재해보험의 보험목적물은 가축 및 축산시설물이다.

③ 양식수산물재해보험과 관련된 사항은 농림축산식품부장관이 관장한다.

④ 정부는 보험목적물의 범위를 확대하기 위하여 노력하여야 한다.

정답 및 해설

[**해설**] 양식수산물재해보험과 관련된 사항은 해양수산부장관이 관장한다.

[정답] ③

28. 농어업재해보험법령상 재해보험사업을 할 수 있는 자를 모두 고른 것은?

> ㄱ. 「수산업협동조합법」에 따른 수산업협동조합중앙회
> ㄴ. 「산림조합법」에 따른 산림조합중앙회
> ㄷ. 「보험업법」에 따른 보험회사
> ㄹ. 「새마을금고법」에 따른 새마을금고중앙회

① ㄱ, ㄹ
② ㄱ, ㄴ, ㄷ
③ ㄴ, ㄷ, ㄹ
④ ㄱ, ㄴ, ㄷ, ㄹ

정답 및 해설

[해설] 보험사업자(법 제8조)
㉠ 「수산업협동조합법」에 따른 수산업협동조합중앙회(이하 "수협중앙회"라 한다)
㉡ 「산림조합법」에 따른 산림조합중앙회
㉢ 「보험업법」에 따른 보험회사

[정답] ②

29. 농어업재해보험법령상 손해평가사의 정기교육에 관한 설명이다. (   )에 들어갈 숫자로 옳은 것은?

> ○ 농림축산식품부장관 또는 해양수산부장관은 손해평가인이 공정하고 객관적인 손해평가를 수행할 수 있도록 연 (ㄱ)회 이상 정기교육을 실시하여야 한다.
> ○ 정기교육의 교육시간은 (ㄴ)시간 이상으로 한다.

① ㄱ: 1, ㄴ: 4
② ㄱ: 1, ㄴ: 5
③ ㄱ: 2, ㄴ: 4
④ ㄱ: 2, ㄴ: 6

정답 및 해설

[해설] 농림축산식품부장관 또는 해양수산부장관은 손해평가인이 공정하고 객관적인 손해평가를 수행할 수 있도록 연 1회 이상 정기교육을 실시하여야 한다. 정기교육의 교육시간은 4시간 이상으로 한다.

[정답] ①

30. 농어업재해보험법령상 손해평가사의 자격 취소 사유에 해당하는 위반 행위를 한 경우, 1회 위반 시에는 자격 취소를 하지 않고 시정명령을 하는 경우는?

① 손해평가사의 자격을 거짓 또는 부정한 방법으로 취득한 경우
② 거짓으로 손해평가를 한 경우
③ 다른 사람에게 손해평가사의 명의를 사용하게 하거나 그 자격증을 대여한 경우
④ 업무정지 기간 중에 손해평가 업무를 수행한 경우

[해설]

위반행위	근거 법조문	처분기준	
		1회 위반	2회 이상 위반
거짓으로 손해평가를 한 경우	법 제11조의5 제1항제2호	시정명령	자격 취소

[정답] ②

31. 농어업재해보험법령상 보험금 수급권 등에 관한 설명으로 옳지 않은 것은?

① 재해보험의 보험목적물이 담보로 제공된 경우 보험금을 지급받을 권리는 압류할 수 없다.
② 재해보험사업자는 정보통신장애로 보험금을 보험금수급계좌로 이체할 수 없을 때에는 현금 지급 등 대통령령으로 정하는 바에 따라 보험금을 지급할 수 있다.
③ 보험금수급전용계좌의 해당 금융기관은 「농어업재해보험법」에 따른 보험금만이 보험금수급전용계좌에 입금되도록 관리하여야 한다.
④ 재해보험가입자가 재해보험에 가입된 보험목적물을 양도하는 경우 그 양수인은 재해보험계약에 관한 양도인의 권리 및 의무를 승계한 것으로 추정한다.

[해설] 재해보험의 보험금을 지급받을 권리는 압류할 수 없다. 다만, 보험목적물이 담보로 제공된 경우에는 그러하지 아니하다.

[정답] ①

32. 농어업재해보험법령상 재해보험사업자가 재해보험 업무의 일부를 위탁할 수 있는 자에 해당하지 않는 자는?

① 「수산업협동조합법」에 따라 설립된 수산물가공 수산업협동조합
② 「농업협동조합법」에 따라 설립된 품목별 · 업종별협동조합
③ 「산림조합법」에 따라 설립된 지역산림조합
④ 「보험업법」제83조제1항에 따라 보험을 모집할 수 있는 자

정답 및 해설

[해설] 재해보험사업자는 재해보험사업을 원활히 수행하기 위하여 필요한 경우에는 보험모집 및 손해평가 등 재해보험 업무의 일부를 대통령령으로 정하는 자에게 위탁할 수 있다.

① 「농업협동조합법」에 따라 설립된 지역농업협동조합 · 지역축산업협동조합 및 품목별 · 업종별협동조합
② 「산림조합법」에 따라 설립된 지역산림조합 및 품목별 · 업종별산림조합
③ 「수산업협동조합법」에 따라 설립된 지구별 수산업협동조합, 업종별 수산업협동조합, 수산물가공 수산업협동조합 및 수협은행
④ 「보험업법」 제187조에 따라 <u>손해사정을 업으로 하는 자</u>
⑤ 농어업재해보험 관련 업무를 수행할 목적으로 「민법」에 따라 농림축산식품부장관 또는 해양수산부장관의 허가를 받아 설립된 비영리법인

[정답] ④

33. 농어업재해보험법령상 재정지원에 관한 설명으로 옳은 것은?

① 정부는 예산의 범위에서 재해보험가입자가 부담하는 보험료의 전부를 지원할 수 있다.
② 지방자치단체는 정부의 재정지원 외에 예산의 범위에서 재해보험사업자의 재해보험의 운영 및 관리에 필요한 비용 일부를 추가로 지원할 수 있다.
③ 지방자치단체의 장은 정부의 재정지원 외에 보험료의 일부를 추가 지원하려는 경우 재해보험 가입현황서와 보험가입자의 기준 등을 확인하여 보험료의 지원금액을 결정 · 지급한다.
④ 「풍수해 · 지진재해보험법」에 따른 풍수해 · 지진재해보험에 가입한 자가 동일한 보험목적물을 대상으로 재해보험에 가입할 경우에는 정부가 재정지원을 할 수 있다.

정답 및 해설

[해설] 재정지원(법 제19조)
① 정부는 예산의 범위에서 재해보험가입자가 부담하는 보험료의 일부와 재해보험사업자의 재해보험의 운영 및 관리에 필요한 비용(운영비)의 전부 또는 일부를 지원할 수 있다. 이 경우 지방자치단체는 예산의 범위에서 재해보험가입자가 부담하는 보험료의 일부를 추가로 지원할 수 있다.

② 농림축산식품부장관·해양수산부장관 및 지방자치단체의 장은 제1항에 따른 지원 금액을 재해보험사업자에게 지급하여야 한다.

③ 「풍수해·지진재해보험법」에 따른 풍수해·지진재해보험에 가입한 자가 동일한 보험목적물을 대상으로 재해보험에 가입할 경우에는 제1항에도 불구하고 정부가 재정지원을 하지 아니한다.

④ 제1항에 따른 보험료와 운영비의 지원 방법 및 지원 절차 등에 필요한 사항은 대통령령으로 정한다.

[정답] ③

---

34. 농어업재해보험법령상 농림축산식품부장관이 농어업재해재보험기금(이하 '기금')의 관리·운용에 관한 사무를 농업정책보험금융원에 위탁한 경우 기금의 관리·운용에 관한 설명으로 옳지 않은 것은?

① 농림축산식품부장관은 해양수산부장관과 협의하여 농업정책보험금융원의 임원 중에서 기금수입담당임원과 기금지출원인행위담당임원을 임명하여야 한다.

② 기금수입담당임원은 기금수입징수관의 업무를, 기금지출원인행위담당임원은 기금지출관의 업무를 담당한다.

③ 농림축산식품부장관은 해양수산부장관과 협의하여 농업정책보험금융원의 직원 중에서 기금지출원과 기금출납원을 임명하여야 한다.

④ 기금출납원은 기금출납공무원의 업무를 수행한다.

정답 및 해설

[해설] 기금의 회계기관(법 제25조)
농림축산식품부장관은 해양수산부장관과 협의하여 기금의 수입과 지출에 관한 사무를 수행하게 하기 위하여 소속 공무원 중에서 기금수입징수관, 기금재무관, 기금지출관 및 기금출납공무원을 임명한다.

임원과 직원	업무
기금수입담당임원	기금수입징수관
기금지출원인행위담당임원	기금재무관
기금지출원(직원)	기금지출관
기금출납원(직원)	기금출납공무원

[정답] ②

35. 농어업재해보험법령상 농어업재해보험사업의 관리에 관한 설명으로 옳지 않은 것은?

① 농림축산식품부장관 또는 해양수산부장관은 보험상품의 운영 및 개발에 필요한 통계자료를 수집·관리하여야 한다.

② 농림축산식품부장관 및 해양수산부장관은 보험상품의 운영 및 개발에 필요한 통계의 수집·관리, 조사·연구 등에 관한 업무를 대통령령으로 정하는 자에게 위탁할 수 있다.

③ 재해보험사업자는 농어업재해보험 가입 촉진을 위하여 보험가입촉진계획을 3년 단위로 수립하여 농림축산식품부장관 또는 해양수산부장관에게 제출하여야 한다.

④ 농림축산식품부장관이 손해평가사의 자격 취소를 하려면 청문을 하여야 한다.

> **정답 및 해설**
>
> **[해설]** 재해보험사업자는 농어업재해보험 가입 촉진을 위하여 보험가입촉진계획을 매년 수립 하여 농림축산식품부장관 또는 해양수산부장관에게 제출하여야 한다.
>
> **[정답]** ③

36. 농어업재해보험법령상 재보험사업 및 농어업재해재보험기금(이하 '기금')에 관한 설명으로 옳지 않은 것은?

① 정부는 재해보험에 관한 재보험사업을 할 수 있다.

② 농림축산식품부장관은 해양수산부장관과 협의를 거쳐 재보험사업에 관한 업무의 일부를 농업정책보험금융원에 위탁할 수 있다.

③ 농림축산식품부장관은 해양수산부장관과 협의하여 공동으로 재보험사업에 필요한 재원에 충당하기 위하여 기금을 설치한다.

④ 농림축산식품부장관은 해양수산부장관과 협의하여 기금의 수입과 지출을 명확하게 하기 위하여 대통령령으로 정하는 시중 은행에 기금계정을 설치하여야 한다.

> **정답 및 해설**
>
> **[해설]** 농림축산식품부장관은 해양수산부장관과 협의하여 기금의 수입과 지출을 명확히 하기 위하여 <u>한국은행</u>에 기금계정을 설치하여야 한다.
>
> **[정답]** ④

37. 농어업재해보험법령상 "재해보험사업자는 재해보험사업의 회계를 다른 회계와 구분하여
회계처리함으로써 손익관계를 명확히 하여야 한다."라는 규정을 위반하여 회계를 처리한
자에 대한 벌칙은?

① 500만원 이하의 과태료　　　　② 500만원 이하의 벌금
③ 1,000만원 이하의 벌금　　　　④ 1년 이하의 징역

[해설] 500만 원 이하의 벌금
재해보험사업자는 재해보험사업의 회계를 다른 회계와 구분하여 회계처리함으로써 손익관계를 명확히 하여야 한다.
이 규정을 위반하여 회계를 처리한 자

[정답] ②

38. 농어업재해보험법령상 과태료 부과권자가 금융위원회인 경우는?

① 「보험업법」제133조에 따른 검사를 거부·방해 또는 기피한 재해보험사업자의 임원에게
　 과태료를 부과하는 경우
② 「보험업법」제95조를 위반하여 보험안내를 한 자로서 재해보험사업자가 아닌 자에게 과태
　 료를 부과하는 경우
③ 「보험업법」제97조제1항을 위반하여 보험계약의 체결 또는 모집에 관한 금지행위를 한 자
　 에게 과태료를 부과하는 경우
④ 재해보험사업에 관한 업무 처리 상황의 보고 또는 관계 서류 제출을 하지 아니하거나 보
　 고 또는 관계 서류 제출을 거짓으로 한 자에게 과태료를 부과하는 경우

[해설] 「보험업법」에 따른 명령을 위반한 경우 ▶ **금융위원회가 부과·징수**
「보험업법」에 따른 검사를 거부·방해 또는 기피한 경우 ▶ **금융위원회가 부과·징수**

위반행위	해당 법 조문	과태료
재해보험사업자의 발기인, 설립위원, 임원, 집행간부, 일반간부직원, 파산관재인 및 청산인이 법 제18조제1항에서 적용하는 「보험업법」 제133조에 따른 검사를 거부·방해 또는 기피한 경우	법 제32조 제2항제3호	200만원

[정답] ①

39. 농어업재해보험법령상 용어의 정의에 따를 때 "보험가입자와 보험사업자 간의 약정에 따라 보험가입자가 보험사업자에게 내야 하는 금액"은?

① 보험금
② 보험료
③ 보험가액
④ 보험가입금액

[해설] ① 보험가입자에게 재해로 인한 재산 피해에 따른 손해가 발생한 경우 보험 가입자와 보험사업자 간의 약정에 따라 보험사업자가 보험가입자에게 지급하는 금액을 말한다.
③ 손해보험에서 피보험이익의 가액으로 보험자가 지급하여할 법률상 최고한도액을 말한다.
④ 보험가입자의 재산 피해에 따른 손해가 발생한 경우 보험에서 최대로 보상할 수 있는 한도액으로서 보험가입자와 보험사업자 간에 약정한 금액을 말한다.

[정답] ②

40. 농업재해보험 손해평가요령상 손해평가인의 손해평가 업무에 관한 설명으로 옳지 않은 것은?

① 손해평가인은 피해사실 확인, 보험료율의 산정 등의 업무를 수행한다.
② 재해보험사업자가 손해평가인을 위촉한 경우에는 그 자격을 표시할 수 있는 손해평가인 증을 발급하여야 한다.
③ 재해보험사업자는 손해평가인을 대상으로 농업재해보험에 관한 기초지식, 보험상품 및 약관 등 손해평가에 필요한 실무교육을 실시하여야 한다.
④ 재해보험사업자는 실무교육을 받는 손해평가인에 대하여 소정의 교육비를 지급할 수 있다.

[해설] 손해평가사의 업무 : 피해사실의 확인, 보험가액 및 손해액의 평가, 그 밖의 손해평가에 필요한 사항

[정답] ①

41. 농업재해보험 손해평가요령상 손해평가인 위촉 취소에 관한 설명이다. (   )에 들어갈 내용으로 옳은 것은?

> 재해보험사업자는 손해평가인이 「농어업재해보험법」 제30조에 의하여 벌금이상의 형을 선고
> 받고 그 집행이 종료되거나 집행이 면제된 날로부터 (ㄱ)이 경과되지 아니한 자, 위촉이
> 취소된 후 (ㄴ)이 경과되지 아니한 자 또는 (ㄷ) 기간 중 에 손해평가업무를 수행한 자에
> 해당되거나 위촉 당시에 해당하는 자이었음이 판명된 때에는 그 위촉을 취소하여야 한다.

① ㄱ: 2년, ㄴ: 2년, ㄷ: 업무정지   ② ㄱ: 2년, ㄴ: 3년, ㄷ: 업무정지
③ ㄱ: 3년, ㄴ: 2년, ㄷ: 자격정지   ④ ㄱ: 3년, ㄴ: 3년, ㄷ: 자격정지

정답 및 해설

[해설] 재해보험사업자는 손해평가인이 「농어업재해보험법」 제30조에 의하여 벌금이상의 형을 선고받고 그 집행이 종료되거나 집행이 면제된 날로부터 2년이 경과되지 아니한 자, 위촉이 취소된 후 2년이 경과되지 아니한 자 또는 업무정지 기간 중 에 손해평가업무를 수행한 자에 해당되거나 위촉 당시에 해당하는 자이었음이 판명된 때에는 그 위촉을 취소하여야 한다.

[정답] ①

42. 농업재해보험 손해평가요령상 손해평가반에 관한 설명으로 옳지 않은 것은?

① 재해보험사업자는 손해평가를 하는 경우 손해평가반을 구성하고 손해평가반별로 평가일정계획을 수립하여야 한다.
② 손해평가반은 손해평가인, 손해평가사, 손해사정사, 손해평가보조인 중 어느 하나에 해당하는 자로 구성한다.
③ 손해평가반은 5인 이내로 구성한다.
④ 손해평가반이 손해평가를 실시할 때에는 재해보험사업자가 해당 보험가입자의 보험계약사항 중 손해평가와 관련된 사항을 손해평가반에게 통보하여야 한다.

정답 및 해설

[해설] 손해평가반은 "손해평가인, 손해평가사, 손해사정사" 중 어느 하나에 해당하는 자를 1인 이상 포함하여 5인 이내로 구성 한다.

[정답] ②

43. 농어업재해보험법 및 농업재해보험 손해평가요령상 교차손해평가에 관한 설명으로 옳지 않은 것을 모두 고른 것은?

> ㄱ. 교차손해평가란 공정하고 객관적인 손해평가를 위하여 재해보험사업자 상호간에 농어업 재해로 인한 손해를 교차하여 평가하는 것을 말한다.
>
> ㄴ. 동일 시·군·구(자치구를 말한다) 내에서는 교차손해평가를 수행할 수 없다.
>
> ㄷ. 교차손해평가를 위해 손해평가반을 구성할 때, 거대재해 발생으로 신속한 손해평가가 불가피하다고 판단되는 경우에는 지역손해평가인을 포함하지 않을 수 있다.

① ㄱ, ㄴ   ② ㄱ, ㄷ

③ ㄴ, ㄷ   ④ ㄱ, ㄴ, ㄷ

정답 및 해설

[해설] ㄱ : 교차손해평가란 손해평가인 상호간에 담당지역을 교차하여 평가하는 것이다.

ㄴ : 재해보험사업자는 공정하고 객관적인 손해평가를 위하여 동일 시·군·구(자치구) 내에서 교차손해평가를 수행할 수 있다.

[정답] ①

---

44. 농업재해보험 손해평가요령상 손해평가결과 검증에 관한 설명으로 옳은 것은?

① 재해보험사업자 이외의 자는 검증조사를 할 수 없다.

② 손해평가반이 실시한 손해평가결과를 확인하기 위하여 검증조사를 할 때 손해평가를 실시한 보험목적물 중에서 일정수를 임의 추출하여 검증조사를 하여서는 아니 된다.

③ 검증조사결과 현저한 차이가 발생되어 재조사가 불가피하다고 판단될 경우에는 해당 손해평가반이 조사한 전체 보험목적물에 대하여 재조사를 할 수 있다.

④ 보험가입자가 정당한 사유없이 검증조사를 거부하는 경우 검증조사반은 검증조사가 불가능하여 손해평가 결과를 확인할 수 없다는 사실을 재해보험사업자에게 통지한 후 검증조사결과를 작성하여 농림축산식품부장관에게 제출하여야 한다.

정답 및 해설

[해설] 손해평가결과 검증(제11조)

① 재해보험사업자 및 법 제25조의2에 따라 농어업재해보험사업의 관리를 위탁받은 기관(사업 관리 위탁 기관)은 손해평가반이 실시한 손해평가결과를 확인하기 위하여 손해평가를 실시한 보험목적물 중에서 일정수를 임의 추출하여 검증조사를 할 수 있다.

② 농림축산식품부장관은 재해보험사업자로 하여금 제1항의 검증조사를 하게 할 수 있으며, 재해보험사업자는 특별한 사유가 없는 한 이에 응하여야 하고, 그 결과를 농림축산식품부장관에게 제출하여야 한다.

③ 제1항 및 제2항에 따른 검증조사결과 현저한 차이가 발생되어 재조사가 불가피하다고 판단될 경우에는 해당 손해평가반이 조사한 전체 보험목적물에 대하여 재조사를 할 수 있다.

④ 보험가입자가 정당한 사유없이 검증조사를 거부하는 경우 검증조사반은 검증조사가 불가능하여 손해평가 결과를 확인할 수 없다는 사실을 보험가입자에게 통지한 후 검증조사결과를 작성하여 재해보험사업자에게 제출하여야 한다.

⑤ 사업 관리 위탁 기관이 검증조사를 실시한 경우 그 결과를 재해보험사업자에게 통보하고 필요에 따라 결과에 대한 조치를 요구할 수 있으며, 재해보험사업자는 특별한 사유가 없는 한 그에 따른 조치를 실시해야 한다.

[정답] ③

---

45. 농업재해보험 손해평가요령상 보험목적물별 손해평가 단위가 농지인 경우에 관한 설명으로 옳은 것은? (단, 농지는 하나의 보험가입금액에 해당하는 토지임)

① 농작물을 재배하는 하나의 경작지의 필지가 2개 이상인 경우에는 하나의 농지가 될 수 없다.

② 농작물을 재배하는 하나의 경작지가 농로에 의해 구획된 경우 구획된 토지는 각각 하나의 농지로 한다.

③ 농작물을 재배하는 하나의 경작지의 지번이 2개 이상인 경우에는 하나의 농지가 될 수 없다.

④ 경사지에서 보이는 돌담 등으로 구획되어 있는 면적이 극히 작은 것은 동일 작업 단위 등으로 정리하여 하나의 농지에 포함할 수 있다.

[해설] "농지"라 함은 하나의 보험가입금액에 해당하는 토지로 필지(지번) 등과 관계없이 농작물을 재배하는 하나의 경작지를 말하며, 방풍림, 돌담, 도로(농로 제외) 등에 의해 구획된 것 또는 동일한 울타리, 시설 등에 의해 구획된 것을 하나의 농지로 한다. 다만, 경사지에서 보이는 돌담 등으로 구획되어 있는 면적이 극히 작은 것은 동일 작업 단위 등으로 정리하여 하나의 농지에 포함할 수 있다.

[정답] ④

46. 농업재해보험 손해평가요령상 농작물의 보험가액 산정에 관한 조문의 일부이다. (   )에 들어갈 내용으로 옳은 것은?

> 적과전종합위험방식의 보험가액은 적과후착과수(달린 열매 수)조사를 통해 산정한 (   )수확량에 보험가입 당시의 단위당 가입가격을 곱하여 산정한다.

① 평년 　　　　　　　　　　② 기준
③ 피해 　　　　　　　　　　④ 적용

정답 및 해설

[해설] 적과전종합위험방식의 보험가액 : 적과후착과수(달린 열매 수)조사를 통해 산정한 <u>기준수확량</u>에 보험가입 당시의 단위당 가입가격을 곱하여 산정한다.

[정답] ②

47. 농업재해보험 손해평가요령상 종합위험방식의 과실손해보장 보험금 산정을 위한 피해율 계산식이 "고사결과모지수 ÷ 평년결과모지수"인 농작물은?

① 오디 　　　　　　　　　　② 감귤
③ 무화과 　　　　　　　　　④ 복분자

정답 및 해설

[해설] 보험가입금액 × (피해율 − 자기부담비율)
※ 피해율 = 고사결과모지수 ÷ 평년결과모지수

[정답] ④

48. 농업재해보험 손해평가요령상 농작물의 품목별 · 재해별 · 시기별 손해수량 조사방법 중 종합위험방식 상품에 관한 표의 일부이다. (   )에 들어갈 농작물에 해당하지 않는 것은?

② 수확감소보장 · 과실손해보장 및 농업수입보장

생육시기	재해	조사내용	조사시기	조사방법	비고
수확전	보상하는 재해 전부	경작불능 조사	사고접수 후 지체 없이	해당 농지의 피해면적비율 또는 보험목적인 식물체	( )만 해당

① 벼

② 밀

③ 차(茶)

④ 복분자

[해설] 경작불능 : 과수 - 복분자, 밭작물- 차(茶)

[정답] ③

49. 농업재해보험 손해평가요령상 가축의 보험가액 및 손해액 산정에 관한 설명이다. ( )에 들어갈 내용으로 옳은 것은?

ㅇ 가축에 대한 보험가액은 보험사고가 발생한 때와 곳에서 평가한 보험목적물의 수량에 (ㄱ)을 곱하여 산정한다.

ㅇ 가축에 대한 손해액은 보험사고가 발생한 때와 곳에서 폐사 등 피해를 입은 보험목적물의 수량에 (ㄴ)을 곱하여 산정한다.

① ㄱ: 시장가격, ㄴ: 시장가격

② ㄱ: 시장가격, ㄴ: 적용가격

③ ㄱ: 적용가격, ㄴ: 시장가격

③ ㄱ: 적용가격, ㄴ: 적용가격

[해설] 가축의 보험가액 및 손해액 산정(제14조)
① 가축에 대한 보험가액은 보험사고가 발생한 때와 곳에서 평가한 보험목적물의 수량에 적용가격을 곱하여 산정한다.
② 가축에 대한 손해액은 보험사고가 발생한 때와 곳에서 폐사 등 피해를 입은 보험목적물의 수량에 적용가격을 곱하여 산정한다.
③ 제1항 및 제2항의 적용가격은 보험사고가 발생한 때와 곳에서의 시장가격 등을 감안하여 보험약관에서 정한 방법에 따라 산정한다. 다만, 보험가입당시 보험가입자와 재해보험사업자가 보험가액 및 손해액 산정 방식을 별도로 정한 경우에는 그 방법에 따른다.

[정답] ④

50. 농업재해보험 손해평가요령상 농업시설물의 손해액 산정에 관한 설명이다. ( )에 들어갈 내용으로 옳은 것은?

> 보험가입당시 보험가입자와 재해보험사업자가 손해액 산정 방식을 별도로 정한 경우를 제외하고는, 농업시설물에 대한 손해액은 보험사고가 발생한 때와 곳에서 산정한 피해목적물의 (   )을 말한다.

① 감가상각액
② 재조달가액
③ 보험가입금액
④ 원상복구비용

정답 및 해설

[해설] 농업시설물의 보험가액 및 손해액 산정(제15조)
① 농업시설물에 대한 보험가액은 보험사고가 발생한 때와 곳에서 평가한 피해목적물의 재조달가액에서 내용연수에 따른 감가상각률을 적용하여 계산한 감가상각액을 차감하여 산정한다.
② 농업시설물에 대한 손해액은 보험사고가 발생한 때와 곳에서 산정한 피해목적물의 <u>원상복구비용</u>을 말한다.

[정답] ④

51. 작물의 분류에서 공예작물에 해당하는 것을 모두 고른 것은?

ㄱ. 목화	ㄴ. 아마	ㄷ. 모시풀	ㄹ. 수세미

① ㄱ, ㄹ
② ㄱ, ㄴ, ㄷ
③ ㄴ, ㄷ, ㄹ
④ ㄱ, ㄴ, ㄷ, ㄹ

정답 및 해설

[해설] 공예작물
* 전분작물 : 옥수수, 고구마, 감자 등
* 유료작물 : 참깨, 들깨, 아주까리, 유채, 해바라기, 땅콩, 콩, 아마, 목화 등
* 섬유작물 : 목화, 모시풀, 아마, 수세미, 삼, 어저귀, 왕골, 닥나무, 고리버들 등
* 당료작물 : 사탕무, 사탕수수 등

[정답] ④

52. 장기간 재배한 시설 내 토양의 일반적인 특성으로 옳지 않은 것은?

① 강우의 차단으로 염류농도가 높다.
② 노지에 비해 염류집적으로 토양 pH가 낮아진다.
③ 연작장해가 발생하기 쉽다.
④ 답압과 잦은 관수로 토양통기가 불량하다.

정답 및 해설

[해설] 자연강우가 없고, 인공관수만 있으므로 염류가 집적될 수 있다. 노지에 비해 염류집적으로 토양은 알칼리화되고 pH가 높아지는 경향이 있다.

[정답] ②

53. 토양 환경에 관한 설명으로 옳은 것은?

① 사양토는 점토에 비해 통기성이 낮다.
② 토양이 입단화되면 보수성이 감소된다.

③ 퇴비를 투입하면 지력이 감소된다.
④ 깊이갈이를 하면 토양의 물리성이 개선된다.

정답 및 해설

[해설] ① 사양토(모래질 토양)는 입자가 크고 통기성이 좋다. 반면, 점토는 입자가 매우 작고, 물과 공기가 잘 통하지 않아 통기성이 낮다.
② 토양이 입단화되면 보수성이 증가한다.
③ 퇴비는 유기물로, 토양에 공급되면 토양의 유기물 함량을 증가시키고, 토양 구조를 개선하여 지력을 향상시키는 효과가 있다.

[정답] ④

54. 작물의 요수량에 관한 설명으로 옳은 것은?

① 작물의 건물 1kg을 생산하는 데 소비되는 수분량(g)을 말한다.
② 내건성이 강한 작물이 약한 작물보다 요수량이 더 많다.
③ 호박은 기장에 비해 요수량이 높다.
④ 요수량이 작은 작물은 생육 중 많은 양의 수분을 요구한다.

정답 및 해설

[해설] ① 요수량(要水量, water requirement)은 작물 1g을 생산하는 데 소비되는 수분의 양 또는 증산계수를 말한다.
② 내건성이 강한 작물이 약한 작물보다 요수량이 더 적다.
④ 요수량이 작은 생육 중 적은 양의 수분을 요구한다.
* 요수량이 많은 작물 : 명아주, 호박, 콩과 작물(클로버, 알팔파 등)

[정답] ③

55. 플라스틱 파이프나 튜브에 미세한 구멍을 뚫어 물이 소량씩 흘러나와 근권부의 토양에 집중적으로 관수하는 방법은?

① 점적관수　　　　　　　　② 분수관수
③ 고랑관수　　　　　　　　④ 저면급수

정답 및 해설

[해설] 점적관수는 플라스틱 파이프나 튜브에 미세한 구멍을 통해 물을 소량씩 흘려보내어 식물의 근권부 토양에 직접적으로 물을 공급하는 관수 방법이다.

② 분수관수 : 일정 간격으로 구멍이 나 있는 플라스틱 파이프나 튜브에 압력이 가해진 물을 분출시켜 일정 범위의 표면을 적시는 방법
③ 고랑관수 : 시설 내의 고랑에 물을 대주어 근군에 수분을 공급하는 방법

[정답] ①

56. 다음 ( )에 들어갈 내용을 순서대로 옳게 나열한 것은?

작물에서 저온장해의 초기 증상은 지질성분의 이중층으로 구성된 (   )에서 상전환이 일어나며 지질성분에 포함된 포화지방산의 비율이 상대적으로 (   )수록 저온에 강한 경향이 있다.

① 세포막, 높을   ② 세포벽, 높을
③ 세포막, 낮을   ④ 세포벽, 낮을

[해설] 작물에서 저온장해의 초기 증상은 지질성분의 이중층으로 구성된 세포막에서 상전환이 일어나며 지질성분에 포함된 포화지방산의 비율이 상대적으로 낮을수록 저온에 강한 경향이 있다.

[정답] ③

57. 식물 생육에서 광에 관한 설명으로 옳지 않은 것은?

① 광포화점은 상추보다 토마토가 더 높다.
② 광보상점은 글록시니아보다 초롱꽃이 더 낮다.
③ 광포화점이 낮은 작물은 고온기에 차광을 해주어야 한다.
④ 광도가 증가할수록 작물의 광합성량이 비례적으로 계속 증가한다.

[해설] 광도가 증가할수록 작물의 광합성(탄소동화작용)량은 일정시점까지 계속 증가하다. 더 이상 증가하지 않는다.(광포화점)

[정답] ④

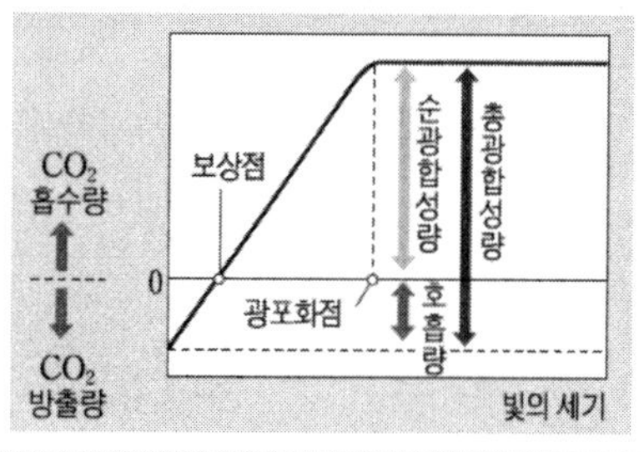

58. A지역에서 2차생장에 의한 벌마늘 피해가 일어났다. 이와 같은 현상이 일어나는 원인이 아닌 것은?

① 겨울철 이상고온
② 2~3월경의 잦은 강우
③ 흐린 날씨에 의한 일조량 감소
④ 흰가루병 조기출현

정답 및 해설

[해설] 벌 마늘은 2차생장이라고도 하는데, 잎생장이 활발한 4월부터 눈에 띄는 현상으로 잎사이에 새로운 잎이 자라나 옆줄기가 터지고 심하면 꽃줄기(장다리)가 생긴다.
여러 가지 기상조건 즉 온도, 광, 수분 등이 마늘의 생육에 큰 영향을 끼치는데, 특히 지나친 고온, 인편분화기를 전후한 다량의 강우시, 마늘에 대하여 인위적 저온처리를 하는 경우, 생육기간에 단일 조건 부여시에 벌마늘이 발생한다.

[정답] ④

59. 다음이 설명하는 식물호르몬은?

○ 극성수송 물질이다.
○ 합성물질로 4-CPA, 2,4-D 등이 있다.
○ 측근 및 부정근의 형성을 촉진한다.

① 옥신
② 지베렐린
③ 시토키닌
④ 아브시스산

정답 및 해설

[해설]
• 극성 수송 물질 : 식물 내에서 특정 방향으로만 이동하며, 주로 아래쪽으로 이동(기저 수송)한다.
• 합성물질 : 4-CPA(4-chlorophenoxyacetic acid), 2,4-D(2,4-dichlorophenoxyacetic acid) 등 인위적으로 합성된 옥신 유도체가 있다.
• 측근 및 부정근 형성 촉진 : 뿌리 발달을 돕고, 부정근(뿌리가 아닌 부위에서 발생하는 뿌리)의 형성을 촉진한다.

[정답] ①

60. 공기의 조성성분 중 광합성의 주원료이며 호흡에 의해 발생되는 것은?

① 이산화탄소 ② 질소
③ 산소 ④ 오존

[해설] 광합성은 엽록체에서 빛에너지를 이용하여 물과 이산화탄소로부터 유기물의 합성하는 과정을 말한다.
　　　물 + 이산화탄소 → 포도당 + 산소

[정답] ①

61. 채소 육묘에 관한 설명으로 옳은 것을 모두 고른 것은?

ㄱ. 직파에 비해 종자가 절약된다.
ㄴ. 토지이용도가 높아진다.
ㄷ. 수확기 및 출하기를 앞당길 수 있다.
ㄹ. 유묘기의 환경관리 및 병해충 방지가 어렵다.

① ㄱ, ㄷ ② ㄴ, ㄹ
③ ㄱ, ㄴ, ㄷ ④ ㄱ, ㄴ, ㄷ, ㄹ

[해설] ㄹ. 유묘기의 환경관리 및 병해충 방지가 어렵지 않다.(정밀한 관리와 집약적인 보호 가능)

[정답] ③

62. 파종 방법 중 조파(드릴파)에 관한 설명으로 옳은 것은?

① 포장 전면에 종자를 흩어 뿌리는 방법이다.
② 뿌림 골을 만들고 그곳에 줄지어 종자를 뿌리는 방법이다.
③ 일정한 간격을 두고 하나 내지 여러 개의 종자를 띄엄띄엄 파종하는 방법이다.
④ 점파할 때 한 곳에 여러 개의 종자를 파종하는 방법이다.

[해설] ① 포장 전면에 종자를 흩어 뿌리는 방법이다.(산파)
③ 일정한 간격을 두고 하나 내지 여러 개의 종자를 띄엄띄엄 파종하는 방법이다.(점파)
④ 점파할 때 한 곳에 여러 개의 종자를 파종하는 방법이다.(적파)

[정답] ②

63. 다음이 설명하는 취목 번식 방법으로 올바르게 짝지어진 것은?

ㄱ. 고무나무와 같은 관상 수목에서 줄기나 가지를 땅속에 휘어 묻을 수 없는 경우에 높은 곳에서 발근시켜 취목하는 방법
ㄴ. 모식물의 기부에 새로운 측지가 나오게 한 후 끝이 보일 정도로 흙을 덮어서 뿌리가 내리면 잘라서 번식시키는 방법

① ㄱ: 고취법, ㄴ: 성토법 ② ㄱ: 보통법, ㄴ: 고취법
③ ㄱ: 고취법, ㄴ: 선취법 ④ ㄱ: 선취법, ㄴ: 성토법

[해설] ㄱ: 고취법, ㄴ: 성토법

[정답] ①

64. 다음은 탄질비(C/N율)에 관한 내용이다. (   )에 들어갈 내용을 순서대로 옳게 나열한 것은?

작물체내의 탄수화물과 질소의 비율을 C/N율이라 하며, 과수재배에서 환상박피를 함으로서 환상박피 윗부분의 C/N율이 (   ), (   )이/가 (   )된다.

① 높아지면, 영양생장, 촉진 ② 낮아지면, 영양생장, 억제
③ 높아지면, 꽃눈분화, 촉진 ④ 낮아지면, 꽃눈분화, 억제

[해설] 작물체내의 탄수화물과 질소의 비율을 C/N율이라 하며, 과수재배에서 환상박피를 함으로서 환상박피 윗부분
의 C/N율이 높아지면, 꽃눈분화가 촉진된다.

* 탄질률(carbon-nitrogen ratio, C/N 率) : 잎에서 탄소동화작용에 의해 만들어진 탄수화물(C)과 뿌리에서 흡수한
질소(N) 성분의 비율에 의하여 가지의 생장, 꽃눈의 형성 및 열매에 영향을 준다는 이론

[정답] ③

65. 질소비료의 유효성분 중 유기태 질소가 아닌 것은?

① 단백태 질소
② 시안아미드태 질소
③ 질산태 질소
④ 아미노태 질소

[해설] 질산태 질소는 무기태 질소에 해당하며, 토양에서 식물이 직접 흡수할 수 있는 형태로, 유기태(단백테) 질소와
는 다르다. 무기태 질소는 주로 질산태(NO_3^-)와 암모늄태(NH_4^+)로 존재한다.

[정답] ③

66. 채소 작물에서 진균에 의한 병끼리 짝지어진 것은?

① 역병, 모잘록병
② 노균병, 무름병
③ 균핵병, 궤양병
④ 탄저병, 근두암종병

[해설] 진균은 곰팡이, 효모 등을 포함하는 미생물군을 말하며 균류라고 한다.
• 진균(곰팡이류)에 의한 병 : 노균병, 균핵병, 탄저병, 역병, 모잘록병, 잿빛썩음병 등
• 세균(박테리아)에 의한 병 : 무름병, 궤양병, 암종, 풋마름병 등

[정답] ①

67. 식용부위에 따른 분류에서 화채류끼리 짝지어진 것은?

① 양배추, 시금치

② 죽순, 아스파라거스

③ 토마토, 파프리카

④ 브로콜리, 콜리플라워

정답 및 해설

[해설] ① 양배추, 시금치 : 엽채류   ② 죽순, 아스파라거스 : 경채류   ③ 토마토, 파프리카 : 과채류

[정답] ④

68. 다음이 설명하는 과수의 병은?

○ 세균에 의한 병

○ 전염성이 강하고, 5~6월경 주로 발생

○ 꽃, 잎, 줄기 등이 검게 변하며 서서히 고사

① 대추나무 빗자루병

② 포도 갈색무늬병

③ 배 화상병

④ 사과 부란병

정답 및 해설

[해설] 화상병은 Erwinia amylovora 라는 세균이 사과, 배나무 등 장미과 식물에 일으키는 병으로, 전염성이 강하여 한번 발생하면 나무 전체가 고사될 수 있는 병이다.

① 대추나무 빗자루병 : 대추나무의 꽃눈이 잎눈으로 변하면서 작은 잎이 계속 나와 마치 빗자루와 같은 모습을 나타내는 질병이다.

② 포도 갈색무늬병 : 갈색무늬병은 캠벨얼리에 많이 발생하는 병으로 잎에만 발생한다. 심하게 발생하면 8~9월경에 조기낙엽 되어 과실의 품질과 수량이 떨어지고 결과모지가 약해져 이듬해 발아가 지연된다.

④ 사과 부란병 : 나무의 줄기 및 가지에 발생되어 가지 또는 나무전체를 말려 죽이거나 나무세력을 약하게 하여 과실수량에 심한 영향을 미치는 무서운 병이다. 본 병은 처음 나무껍질이 갈색으로 되며, 약간 부풀어오르고 쉽게 벗겨지며, 시큼한 냄새가 난다.

[정답] ③

69. 블루베리 작물에 관한 설명으로 옳지 않은 것은?

① 과실은 포도와 유사하게 일정기간의 비대정체기를 가진다.
② pH 5 정도의 산성토양에서 생육이 불량하다.
③ 묘목을 키우는 방법에는 삽목, 취목, 조직배양 등이 있다.
④ 한줄기 신장지에 작은 꽃자루가 있고 여기에 꽃이 붙는 단일화서이다.

정답 및 해설

[해설] 블루베리는 pH 4.5~5.5의 약산성 토양에서 가장 잘 자란다.

[정답] ②, ④

70. 호흡 급등형 과실인 것은?

① 포도
② 딸기
③ 사과
④ 감귤

정답 및 해설

[해설] 호흡 급등형 과실 : 배, 사과, 토마토, 멜론, 수박, 복숭아 등
호흡 비급등형 과실 : 감귤, 포도, 가지, 고추, 오이, 딸기, 파인애플 등

[정답] ③

71. 절화장미의 수명연장을 위해 자당을 사용하는 주된 목적은?

① pH 조절
② 미생물 억제
③ 과산화물가(POV) 증가
④ 양분 공급

정답 및 해설

[해설] 자당(sucrose)은 절화(절단된 꽃) 장미의 수명 연장을 위해 사용되며, 이는 주로 꽃이 필요한 에너지를 공급하기 위해서이다. 절화된 상태에서는 광합성을 통해 충분한 양분을 생산할 수 없기 때문에, 외부에서 자당과 같은 탄수화물을 공급하여 호흡 및 생리적 활동을 유지하도록 돕는다.

[정답] ④

72. 관목성 화목류끼리 짝지어진 것은?

① 철쭉, 목련, 산수유

② 라일락, 배롱나무, 이팝나무

③ 장미, 동백나무, 노각나무

④ 진달래, 무궁화, 개나리

정답 및 해설

[해설] ② 배롱나무(나무 백일홍) : 낙엽소교목
③ 노각나무 : 높이 15m까지 자라는 교목
- 관목(灌木) : 같은 뿌리에 여러 가지가 나와서 자라는 나무
- 교목(喬木) : 하나의 뿌리에 한가지로 자라는 것을 말하며, 줄기가 곧고 굵으며, 높이 자라는 나무로 향나무 따위의 큰키나무가 교목에 해당

[정답] ④

73. 온실의 처마가 높고 폭이 좁은 양지붕형 온실을 연결한 형태의 온실형은?

① 둥근지붕형

② 벤로형

③ 터널형

④ 쓰리쿼터형

정답 및 해설

[해설] 벤로형 온실은 처마가 높고 너비가 좁은 양 지붕형 온실을 연결, 골격률이 낮고, 투광률이 높으며, 시설비가 저렴하다.

[정답] ②

74. 다음이 설명하는 양액 재배방식은?

○ 고형배지를 사용하지 않음
○ 베드의 바닥에 일정한 기울기를 만들어 양액을 흘려보내는 방식
○ 뿌리의 일부는 공중에 노출하고, 나머지는 양액에 닿게 하여 재배

① 담액수경

② 박막수경

③ 암면경

④ 펄라이트경

[해설] ① 담액수경 : 물과 영양분이 포함된 양액을 20~30cm 깊이로 수조에 채워넣고, 물 위에 뜰 수 있는 스티로폼 (발포 폴리스티렌) 재질 등 물에 뜰 수 있는 부표, 혹은 거치식 판에 식물을 올려놓고, 뿌리가 양액에 닿을 수 있도록 만들어 둔 수경재배 방식
③ 암면경 : 암면은 현무암이나 제철소에서 부산물로 얻어지는 폐기물 등을 섬유화시킨 것으로 불용성 무기물이다. 암면을 성형화하여 그 위에 양액을 공급하면서 재배하는 방식이다.
④ 펄라이트경 : 펄라이트는 화산용암이나 마그마가 지표의 호수, 강 등으로 흘러들어 급격한 냉각에 의해 형성된 것으로, 이 펄라이트를 배지로 이용하여 재배하는 방식이다.

[정답] ②

75. 시설원예 피복자재에 관한 설명으로 옳지 않은 것은?

① 연질필름 중 PVC 필름의 보온성이 가장 낮다.
② PE 필름, PVC 필름, EVA 필름은 모두 연질필름이다.
③ 반사필름, 부직포는 커튼보온용 추가피복에 사용된다.
④ 한랭사는 차광피복재로 사용된다.

[해설] PVC 필름의 보온성이 가장 높다.

[정답] ①

손해평가사 1차 한권으로 끝내기

편 저 자 김대윤 편저
제 작 유 통 메인에듀(주)
초 판 발 행 2025년 12월 01일
초 판 인 쇄 2025년 12월 01일
마 케 팅 메인에듀(주)
주   소 서울시 강동구 천중로 23, 3층
전   화 1544-8513
정   가 35,000원

I S B N 979-11-89357-90-0